Technische Mechanik. Festigkeitslehre

Hans Albert Richard · Manuela Sander

Technische Mechanik. Festigkeitslehre

Lehrbuch mit Praxisbeispielen, Klausuraufgaben und Lösungen

5., erweiterte Auflage

Hans Albert Richard
Fachgruppe Angewandte Mechanik
Universität Paderborn
Paderborn, Deutschland

Manuela Sander
Lehrstuhl für Strukturmechanik
Universität Rostock
Rostock, Deutschland

ISBN 978-3-658-09307-5   ISBN 978-3-658-09308-2 (eBook)
DOI 10.1007/978-3-658-09308-2

Die Deutsche Nationalbibliothek verzeichnet diese Publikation in der Deutschen Nationalbibliografie; detaillierte bibliografische Daten sind im Internet über http://dnb.d-nb.de abrufbar.

Springer Vieweg
© Springer Fachmedien Wiesbaden 2006, 2008, 2011, 2013, 2015

Lektorat: Thomas Zipsner

Gedruckt auf säurefreiem und chlorfrei gebleichtem Papier.

Springer Fachmedien Wiesbaden GmbH ist Teil der Fachverlagsgruppe Springer Science+Business Media (www.springer.com)

Vorwort

Das vorliegende Lehr- und Übungsbuch „Technische Mechanik – Festigkeitslehre" mit anwendungsnahen Beispielen, Prüfungsaufgaben und Lösungen stellt den zweiten Teil eines dreibändigen Lehrbuches der Technischen Mechanik dar. Das didaktische Konzept des ersten Bandes „Technische Mechanik – Statik" wird dabei konsequent fortgesetzt. Unter dem Motto „Lasst Bilder und Skizzen sprechen" werden auch hier in einem Anfangskapitel Fragestellungen und Probleme der Festigkeitslehre dargestellt und formuliert. Dies soll die Motivation, sich mit dem Inhalt des Buches auseinander zu setzen, erhöhen und es dem Leser von Anfang an ermöglichen, auch notwendige Details in einem Gesamtzusammenhang zu sehen. Erst nach diesem Anfangskapitel werden dann alle wesentlichen Grundlagen und ihre Anwendungen dargestellt.

Diese Vorgehensweise hat sich in zahlreichen Lehrveranstaltungen, welche von den Autoren an der Universität Paderborn für Ingenieursstudenten der Fächer Maschinenbau, Wirtschaftsingenieurwesen, Elektrotechnik und Studierende angrenzender Gebiete, wie Technomathematik und Ingenieurinformatik, gehalten werden, bewährt. Sie führt zu einer hohen Aufmerksamkeit von Beginn an und einer aktiven Mitwirkung der Studierenden in Vorlesungen und Übungen.

Im Wesentlichen beschäftigt sich dieses Buch mit der Festigkeitsberechnung von Bau- und Maschinenteilen sowie verformbaren tragenden Strukturen. Betrachtet werden Belastungsarten und Belastungsfälle, Spannungen, Verzerrungen und Stoffgesetze. Weiterhin behandelt werden idealisierte Bau- und Maschinenteile wie Zug- und Druckstäbe, Stabsysteme, Balken und balkenartige Tragwerke bei Biegebelastung, Stäbe und Balken bei Torsionsbelastung und Stabilitätsprobleme bei Stäben und Balken. Dem schließt sich eine Untersuchung von ebenen Spannungs- und Verzerrungszuständen, von zusammengesetzten Beanspruchungen sowie von Formänderungsarbeit und elastischer Energie an.

Das Buch wendet sich an Studierende der Ingenieurwissenschaften und angrenzender Gebiete an Universitäten und Fachhochschulen. Es ist aber auch als Ratgeber für in der Praxis tätige Ingenieure gedacht, welche die Gelegenheit nutzen wollen, die wichtigen Grundlagen der Mechanik im Hinblick auf ihre derzeitigen Tätigkeiten in der Forschung, Produktentwicklung, Konstruktion und Berechnung aufzufrischen.

Die Technische Mechanik ist nicht allein durch das Lesen eines Buches erlernbar. Notwendig sind das selbständige Bearbeiten und Lösen von Fragestellungen. Dieses Buch soll daher auch als Arbeitsanleitung verstanden werden. Die zahlreichen Beispiele können und sollen vom Leser nachvollzogen werden. Durch *** gekennzeichnete Beispiele behandeln prüfungsrelevante Inhalte. Des Weiteren wird dem Lernenden anhand von formulierten Klausuraufgaben die Möglichkeit gegeben, völlig selbständig Fragestellungen und Probleme der Festigkeitslehre zu lösen und somit den eigenen Kenntnisstand zu überprüfen.

In diesem Sinne wünschen wir Ihnen viel Freude beim Erlernen und beim Anwenden der Technischen Mechanik.

Herzlich gedankt sei an dieser Stelle Frau cand.-Ing. Melanie Stephan für das Zeichnen der Bilder und das Übertragen der Texte und Formeln in das Manuskript. Den derzeitigen und den ehemaligen Mitarbeitern der Fachgruppe Angewandte Mechanik der Universität Paderborn danken wir für die Anregungen zu einigen Beispielen und Prüfungsaufgaben.

Weiterhin gilt unser Dank dem Vieweg Verlag für die gewährte Unterstützung und insbesondere Herrn Thomas Zipsner für das Lektorat und die wertvollen Hinweise.

Paderborn, März 2006   Hans Albert Richard und Manuela Sander

Vorwort zur 5. Auflage

Die äußerst positive Resonanz auf die vorangegangen Auflagen hat uns dazu bewogen, das Grundkonzept des Lehrbuchs Technische Mechanik. Festigkeitslehre konsequent fortzusetzen.

In der fünften Auflage wurde der Aufgabenteil in Kapitel 11 erneut erweitert, um Studierende noch besser auf Prüfungen vorzubereiten.

Danken möchten wir den Mitarbeitern des Lehrstuhls für Strukturmechanik der Universität Rostock sowie den Mitarbeitern der Fachgruppe Angewandte Mechanik der Universität Paderborn für die Anregungen zu den Prüfungsaufgaben. Dem Springer Vieweg Verlag und insbesondere Herrn Thomas Zipsner und Frau Imke Zander gilt unser Dank für die gewährte Unterstützung und die konstruktiven Diskussionen.

Dem Leser wünschen wir viel Erfolg beim Erlernen und Anwenden der Technischen Mechanik.

Paderborn und Rostock, März 2015   Hans Albert Richard und Manuela Sander

Inhaltsverzeichnis

1 Fragestellungen der Festigkeitslehre

Die Technische Mechanik beschäftigt sich mit der Lehre von Kräften und Momenten sowie den Bewegungen, Spannungen und Verformungen, welche diese bei Körpern, Bauteilen, Maschinen sowie anderen natürlichen oder technischen Strukturen hervorrufen. Die Festigkeitslehre ist ein wichtiges Teilgebiet der Technischen Mechanik. Sie beinhaltet die Lehre von den Spannungen und Verformungen in Bauteilen und Maschinen und vergleicht diese mit den zulässigen Materialkennwerten und den, z. B. in technischen Regelwerken festgelegten, Verformungsgrenzwerten.

Die Festigkeitslehre ist damit ein wichtiges Werkzeug für die ingenieurtechnische Bestimmung

- der mindestens erforderlichen Bauteilabmessungen,
- der zulässigen Belastungen von Maschinen und Strukturen,
- der zu verwendenden Werkstoffe oder
- der Sicherheiten gegen mögliches Werkstoff- und Bauteilversagen.

Sie baut dabei konsequent auf den Erkenntnissen der Statik auf. Für die Ermittlung der Verformungen muss allerdings die in der Statik verwendete Idealisierung der Bauteile und Strukturen als starre Körper aufgegeben werden.

Die Grundlagen der Festigkeitslehre dienen dem Ingenieur im Wesentlichen dazu,

- sich einen Überblick über die in einer Maschine oder einer tragenden Struktur vorliegenden Kraft- und Momentenübertragungsgegebenheiten zu verschaffen,
- die Spannungsverteilungen und die maximalen Spannungen in Bauteilen zu bestimmen,
- im Rahmen eines Festigkeitsnachweises die erforderlichen Abmessungen und / oder die zulässigen Belastungen von Maschinen und Anlagen zu ermitteln,
- die infolge der Belastung entstehenden Verformungen von Strukturen zu ermitteln und mit maximal zulässigen Werten zu vergleichen sowie
- die Sicherheiten gegen Bruch, Dauerbruch, plastische Verformung oder Instabilität zu bestimmen.

Bevor die Grundlagen und Methoden der Festigkeitslehre beschrieben werden, sollen die Aufgaben des Ingenieurs im Folgenden anhand von Fragestellungen der Festigkeitslehre erläutert werden.

Fragestellung 1-1 beschäftigt sich mit der Radsatzwelle eines Schienenfahrzeugs, Bild **1-1**a. Diese Radsatzwelle wurde bereits in Band 1: Technische Mechanik – Statik [1], Fragestellung 1-3, Beispiel 4-7 und Beispiel 5-4, eingehend untersucht. Dort wurden mit den Methoden der Statik die Radaufstandskräfte A und B und die Querkraft- und Biegemomentenverläufe in der Welle ermittelt. Das maximale Biegemoment M_{max}, Bild **1-1**b, tritt beim Lastfall Geradeausfahrt im mittleren Bereich der Welle auf.

Im Rahmen der Festigkeitslehre gilt es nun zu ermitteln, wie groß die maximale Spannung σ_{max} in der Welle ist, Bild **1-1**c, und ob das verwendete Material diese Spannung auch aushält. Es stellt sich also die Frage, ob Bruch oder Dauerbruch im Betrieb mit Sicherheit vermieden wird.

Von Bedeutung ist auch die Durchbiegung der Welle und die daraus resultierende Spurweitenänderung, Bild **1-1**d, da diese bestimmte Grenzwerte nicht überschreiten darf.

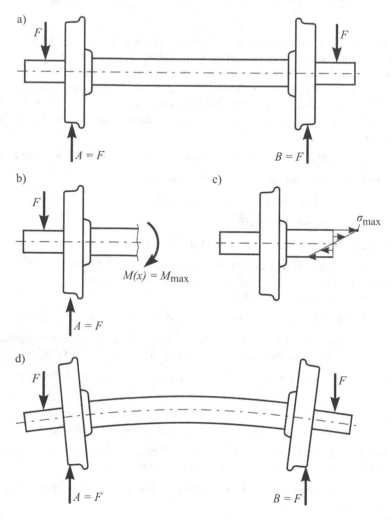

Bild 1-1 Bestimmung der Spannungen und Verformungen der Radsatzwelle eines Schienenfahrzeugs
  a) Belastete Radsatzwelle
  b) Schnittgröße $M(x) = M_{max}$ in der Radsatzwelle
  c) Normalspannungsverteilung und maximale Normalspannung in der Radsatzwelle
  d) Biegeverformung der Radsatzwelle

Bei Fragestellung 1-2 soll ein Wandkran, der eine Last F anhebt, Bild 1-2, mit den Methoden
der Festigkeitslehre untersucht werden. Mit den Gleichgewichtsbedingungen der Statik wurden
bereits die Auflagerkräfte bei A und B ermittelt (siehe Beispiel 7-3 in [1]). Mit den Methoden
der Statik konnten auch die Stabkräfte S_1 bis S_{11} bestimmt werden. In diesem Zusammenhang
ergeben sich nun weitere Fragen, die mit den Methoden der Festigkeitslehre gelöst werden
können:

a) Wie groß sind die Spannungen in den Stäben?

b) Welche Sicherheiten gegen plastische Verformung der Stäbe bestehen?

c) Kann das Ausknicken der druckbelasteten Stäbe sicher verhindert werden?

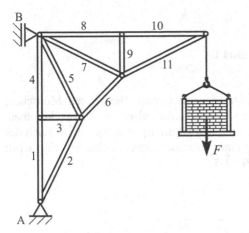

Bild 1-2
Wandkran hebt eine Last F

Bci der Kompressorwelle, Fragestellung 1-3, siehe Bild **1-3**, interessieren unter anderem die auftretenden Normal- und Schubspannungen in den Wellenabschnitten sowie Ort und Größe der maximalen Vergleichsspannung. Von großer Bedeutung sind auch die im Betrieb auftretenden Spannungsausschläge und die Sicherheiten gegen Gewalt- oder Ermüdungsbruch der Welle. Bei der Beantwortung dieser Fragen kann auf den Erkenntnissen der Statik aufgebaut werden. Die Ergebnisse für die Schnittgrößen $N(x)$, $Q(x)$ und $M(x)$ sind in [1], Beispiel 5-5, angegeben.

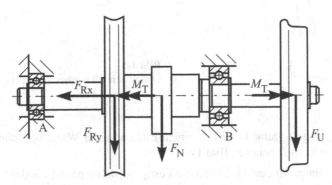

Bild 1-3 Welle eines Kompressors

Fragestellung 1-4 beschäftigt sich mit einem Druckbehälter, Bild 1-4, in dem im späteren Betrieb ein Innendruck von 20 bar herrschen soll. Für die Konstruktion des Behälters ist nun die erforderliche Wandstärke gesucht, damit eine zweifache Sicherheit gegen das Bersten des Behälters vorliegt.

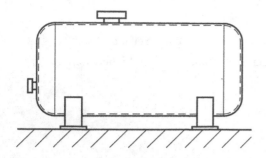

Bild 1-4
Druckbehälter

Fragestellung 1-5 betrachtet den Bewegungsapparat des Menschen. Bei älteren Menschen, aber auch bei Sportunfällen, kann es im Bereich des Oberschenkelhalses zu Brüchen kommen. Es ist daher von Bedeutung zu erfahren, welche maximalen Normalspannungen im Bereich des Oberschenkelhalses auftreten, wenn z. B. infolge einer extremen Sprungbelastung eine Kraft von $F = 1500$ N auf den Oberschenkel einwirkt, Bild 1-5.

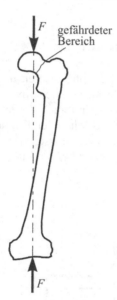

gefährdeter
Bereich

Bild 1-5
Oberschenkelknochen (Femur) eines Menschen

Eine Tragstruktur, Fragestellung 1-6, ist an einem Ende an einer Wand befestigt und am anderen Ende durch eine Kraft F belastet, Bild 1-6.

Folgende Fragen können mit den Methoden der Festigkeitslehre gelöst werden:

a) Wie groß sind die maximalen Normal-, Schub- und Vergleichsspannungen in der Tragstruktur?

b) Aus welchem Material muss die Struktur bestehen, damit die auftretenden Spannungen sicher ertragen werden können?

c) Wie groß ist die gespeicherte elastische Energie der belasteten Struktur?

d) Welche Verschiebung erfährt der Lastangriffspunkt infolge der Verformung der Struktur?

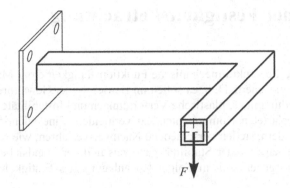

Bild 1-6
Tragstruktur

F

Diese und viele andere Fragestellungen lassen sich mit den Methoden der Festigkeitslehre lösen. Dieses Eingangskapitel soll das Interesse wecken, sich mit dem weiteren Inhalt des Buches auseinander zu setzen und auch notwendige Details in einem Gesamtzusammenhang zu sehen. Die Vermittlung der Grundlagen der Festigkeitslehre wird stets begleitet durch anwendungsnahe, aber auch abstrakte Beispiele. Ausgewählte Klausuraufgaben sollen eine selbständige Überprüfung des bereits gelernten Stoffes ermöglichen und Sicherheit beim Umgang mit ingenieurtechnischen Fragestellungen liefern.

Die Festigkeitslehre baut, wie die hier beschriebenen Fragestellungen verdeutlichen, unmittelbar auf den Erkenntnissen der Statik auf. Die Inhalte dieses Buches setzen daher die Kenntnis der Grundlagen der Statik voraus. Sollten diese nicht vorhanden oder bereits in Vergessenheit geraten sein, so sind diese unbedingt nachzuholen bzw. aufzufrischen. Hierbei kann z. B. das im Literaturverzeichnis unter [1] genannte Lehrbuch „Technische Mechanik – Statik" behilflich sein. Zudem wird in diesem zweiten Band der Lehrbuchreihe an mehreren Stellen auf den ersten Teil Bezug genommen. Die Methoden der Statik kommen somit auch in diesem Band zum Einsatz.

In der klassischen Festigkeitslehre werden die Verformungen als klein gegenüber den Bauteilabmessungen betrachtet. Dies stellt eine nachträgliche Rechtfertigung für die in der Statik verwendete Idealisierung der Bauteile als „starrer Körper" dar. Das bedeutet, die Schnittgrößen und die Spannungen werden bei statisch bestimmten Problemen am starren Körper betrachtet (Theorie erster Ordnung). Lediglich für die Ermittlung der Verformungen bei statisch bestimmten Problemen und für die Behandlung von statisch unbestimmten Problemen muss die Idealisierung „starrer Körper" aufgegeben werden.

2 Grundprinzipien einer Festigkeitsbetrachtung

Ziel einer Festigkeitsbetrachtung ist es, die strukturmechanische Funktionsfähigkeit einer Maschine oder eines Tragwerks dauerhaft zu sichern. D. h. es sollen im Betrieb weder Gewaltbrüche noch Dauerbrüche auftreten. Weiterhin gilt es, plastische Verformungen und Instabilitäten, wie z. B. das Ausknicken von druckbelasteten Komponenten, zu vermeiden. Eine wichtige Basis um derartiges Versagen zu verhindern, stellen verschiedene Nachweisverfahren, wie der Festigkeitsnachweis, der Verformungsnachweis, der Stabilitätsnachweis und der Standsicherheitsnachweis, dar. Das prinzipielle Vorgehen soll im Folgenden anhand eines Festigkeitsnachweises dargestellt werden.

2.1 Vorgehensweise beim Festigkeitsnachweis

Im Rahmen eines Festigkeitsnachweises werden aus den gegebenen Belastungen von Bauteilen und Strukturen zunächst die Schnittgrößen und daraus, mit den vorliegenden Querschnittsabmessungen der untersuchten Bauteile, eine maximal wirksame Spannung ermittelt. Diese wird dann mit der zulässigen Spannung verglichen, die sich prinzipiell aus dem entsprechenden Werkstoffkennwert und dem gewählten Sicherheitsfaktor ergibt, Bild **2-1**.

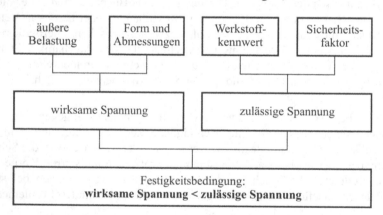

Bild 2-1 Grundlegende Vorgehensweise bei einem Festigkeitsnachweis

Der Festigkeitsnachweis ist erbracht, wenn die wirksame Spannung kleiner ist als die zulässige Spannung. Dies lässt sich auch wie folgt ausdrücken:

> *„Die Beanspruchung eines Bauteils muss für alle Belastungssituationen kleiner sein als die Tragfähigkeit."*

Sind die Belastungen und die Geometrie des Bau- oder Maschinenteils bekannt und ist der Werkstoff festgelegt, so ergibt sich mit dem Festigkeitsnachweis der *Sicherheitsfaktor* gegen Versagen. Werkstoffgrenzwerte sind hierbei z. B. die Streckgrenze oder die Zugfestigkeit des Materials.

Mit einer Festigkeitsbetrachtung kann aber auch die *zulässige Belastung* bestimmt werden, wenn die Geometrie und der Werkstoff des Bauteils bekannt sind und der Sicherheitsfaktor z. B. durch Regelwerke vorgegeben ist.

Bei der Produktentwicklung muss der Ingenieur aus der gegebenen Belastung, dem gewählten Werkstoff und dem Sicherheitsfaktor die *erforderlichen Abmessungen* der Maschinenstruktur ermitteln.

Letztlich kann es auch die Aufgabe des Konstrukteurs sein, den *geeigneten Werkstoff* für die Konstruktion auszuwählen, der die Festigkeitsbedingungen und / oder die ökonomischen Restriktionen am besten erfüllt.

Je nach Fragestellung liefert eine Festigkeitsbetrachtung demnach

- eine zulässige Belastung,
- erforderliche Bauteilabmessungen,
- einen geeigneten Werkstoff oder
- die vorhandene Sicherheit gegen Versagen,

siehe Bild **2-2**.

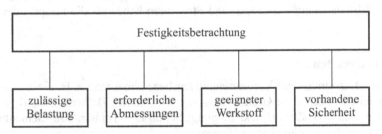

Bild 2-2 Ergebnisse einer Festigkeitsbetrachtung

Diese Festigkeitsnachweise werden im Allgemeinen an idealisierten Grundstrukturen wie Seilen, Stäben, Balken, Bogenträgern, Rahmen oder Scheiben (siehe Einzelkomponenten ebener Tragwerke, Kapitel 5.1 in [1]) durchgeführt. Dies bedeutet, dass jede Einzelkomponente und die Verbindungselemente einer komplexen Tragstruktur oder einer Maschine die Festigkeitsbedingung, siehe Bild **2-1**, erfüllen müssen, damit die Funktionsfähigkeit der Gesamtstruktur dauerhaft gesichert werden kann.

2.2 Äußere Belastung von Bau- und Maschinenteilen

Bei vielen Vorgängen in Natur und Technik treten Kräfte und Momente auf. Will man eine Maschine oder eine Tragstruktur sicher dimensionieren, so muss man die wirkenden Belastungen kennen. Diese können einzelne äußere Kräfte und Momente, aber auch Volumenkräfte sein (siehe z. B. Kapitel 2.1 in [1]: Äußere Kräfte und Momente). Die Lasten können je nach ihrer Bedeutung, ihrer Wirkung und ihres zeitlichen Verlaufs unterteilt werden in

- Lasten auf Gesamtstrukturen und Maschinen (Gesamtbelastungen),
- elementare Belastungen auf Einzelkomponenten (Belastungsarten),

- unterschiedlich zeitlich veränderliche Belastungen (Belastungsfälle).

Gesamtbelastungen, Belastungsarten und Belastungsfälle werden im Folgenden erläutert.

2.2.1 Gesamtbelastungen

Die auf Gesamtstrukturen einwirkenden Lasten werden eingeteilt in:

- Hauptlasten,

- Zusatzlasten,

- Sonderlasten.

Hauptlasten wirken im Allgemeinen permanent. Hierzu zählen die Eigenlasten (Gewichte), die Nutzlasten bzw. Betriebslasten, die Massenkräfte und die dynamischen Belastungen bzw. Stoßkräfte.

Zusatzlasten treten im Allgemeinen nicht permanent auf. Hierzu zählen z. B. die Windlasten, die Schneelasten oder Kräfte infolge von Wärmeentwicklung.

Sonderlasten sind z. B. Prüflasten (vor Inbetriebnahme einer Anlage) oder auch Kräfte, die beim Transport oder bei der Montage auftreten. Die Transport- und Montagelasten können völlig andere Wirkungen auf Maschinen und Strukturen haben als die Haupt- oder Zusatzlasten.

2.2.2 Belastungsarten

Als elementare Belastungs- und Verformungsarten bezeichnet man z. B. die Belastungen von Einzelkomponenten (idealisierte Grundstrukturen) wie Stäben, Balken, usw., Bild **2-3**. Diese Belastungsarten sind z. B. Zug, Druck, Biegung, Schub und Torsion. Die elementaren Belastungsarten lassen sich wie folgt charakterisieren:

Zug: Zugkräfte wirken in Richtung der Stabachse. Zwei Nachbarquerschnitte entfernen sich voneinander. Der Stab wird verlängert. Zugbelastungen treten z. B. auf bei Spindeln, Fachwerkstäben, Seilen, usw.

Druck: Druckkräfte wirken in Richtung der Stabachse. Zwei Nachbarquerschnitte nähern sich an. Der Stab wird verkürzt. Druckbelastungen treten z. B. auf bei Stützen, Pfeilern, Fachwerkstäben, usw. Bei langen schlanken Druckstäben muss die Gefahr des Ausknickens gesondert betrachtet werden.

Biegung: Durch Momente bzw. durch Kräfte quer zur Balkenachse wird der Balken gebogen, d. h. die Balkenachse wird gekrümmt. Dabei werden zwei Nachbarquerschnitte gegeneinander verdreht, d. h. ein Teil des Balkens wird verlängert, ein Teil verkürzt. Man unterscheidet reine Biegung, bei der das Biegemoment über die Balkenlänge konstant ist, und Querkraftbiegung, bei der im interessierenden Bereich neben dem Biegemoment noch eine Querkraft auftritt. Biegebelastungen treten z. B. auf bei Balken, Trägern, Wellen, Achsen, Rahmen, Bogenträgern, usw.

Schub: Kräfte wirken quer zur Balkenachse. Zwei Nachbarquerschnitte werden gegeneinander verschoben. Es tritt eine Abscherbewegung auf. Schubbelastungen treten z. B. auf beim Abscheren von Blechen oder bei Niet- oder Schraubenverbindungen sowie bei querkraftbelasteten Balken.

Torsion: Durch Torsionsmomente wird der Stab oder der Balken verdreht, wobei die Stabachse gerade bleibt. Zwei Nachbarquerschnitte vollziehen eine gegeneinander gerichtete Drehbewegung. Torsionsbelastungen liegen unter anderem bei Achsen, Wellen, Rohren, räumlichen Tragstrukturen, usw. vor.

Belastungsart	Einzelkomponente, Belastungssituation	Verformung
Zug	 $F \longleftarrow \boxed{} \longrightarrow F$	Verlängerung
Druck	 $F \longrightarrow \boxed{} \longleftarrow F$	Verkürzung
Biegung	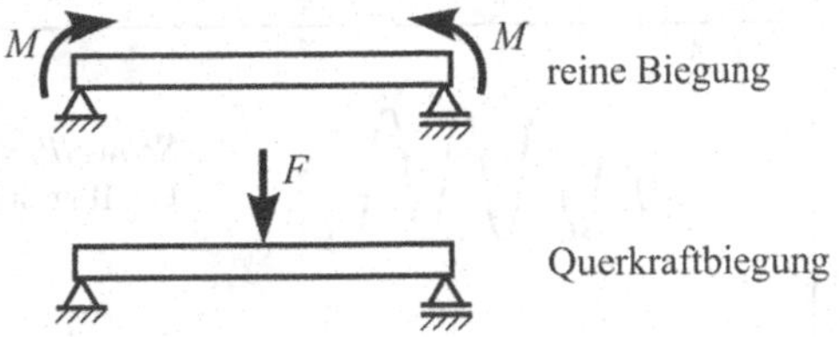 M ... M reine Biegung F ↓ Querkraftbiegung	Durchbiegung
Schub	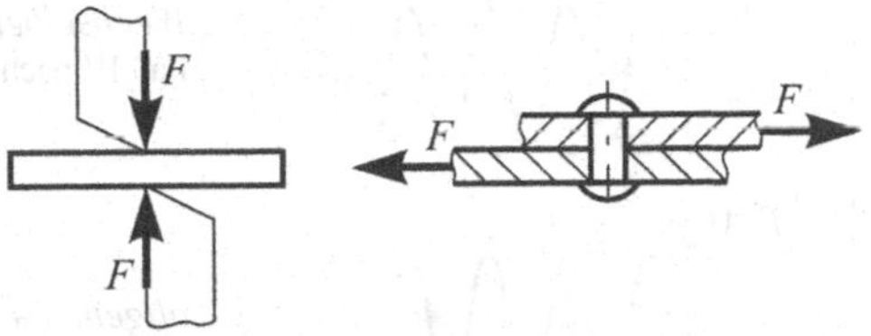 F ... F $F \longleftarrow \boxed{} \longrightarrow F$	Abscherung
Torsion	$M_T \longleftarrow \boxed{} \longrightarrow M_T$	Verdrehung

Bild 2-3 Elementare Belastungs- und Verformungsarten

In der Praxis treten diese elementaren Belastungs- und Verformungsarten häufig auch gleichzeitig auf. Bei linearem Belastungs- und Verformungsverhalten können dann die Einzelwirkungen überlagert werden.

Grundsätzlich gilt:

- Kräfte wirken als *Normal-* und / oder *Querkräfte*.
- Momente wirken als *Biege-* und / oder *Torsionsmomente*.

In den Querschnitten senkrecht zur Stab- oder Balkenachse führen

- Normalkräfte und Biegemomente zu *Normalspannungen* und
- Querkräfte und Torsionsmomente zu *Schubspannungen*.

2.2.3 Belastungsfälle

Belastungsfälle, auch Lastfälle genannt, beschreiben den zeitlichen Verlauf einer Belastung, siehe Bild **2-4**. Neben der *ruhenden* oder *konstanten Belastung* existieren auch die *zeitlich* *periodischen Belastungen*, wie Schwellbelastung, Wechselbelastung und allgemein periodische Belastung. Dabei entspricht die konstante Belastung Fall I nach BACH, die Schwellbelastung Fall II und die Wechselbelastung Fall III nach BACH. Da die zeitliche Veränderung nicht stoßartig, sondern eher kontinuierlich erfolgt, spricht man auch von quasistatischer Belastung.

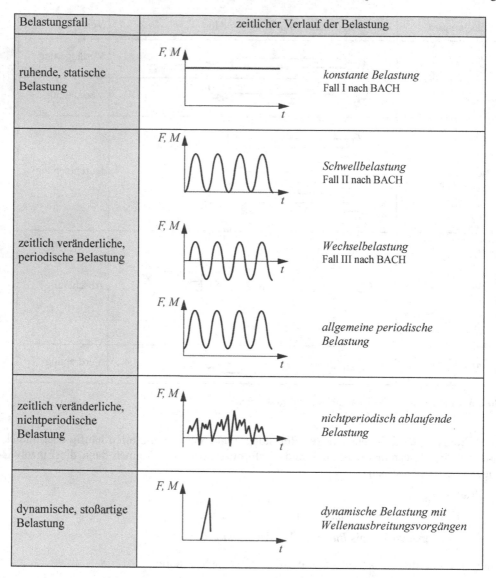

Belastungsfall	zeitlicher Verlauf der Belastung
ruhende, statische Belastung	*konstante Belastung* Fall I nach BACH
zeitlich veränderliche, periodische Belastung	*Schwellbelastung* Fall II nach BACH / *Wechselbelastung* Fall III nach BACH / *allgemeine periodische Belastung*
zeitlich veränderliche, nichtperiodische Belastung	*nichtperiodisch ablaufende Belastung*
dynamische, stoßartige Belastung	*dynamische Belastung mit Wellenausbreitungsvorgängen*

Bild 2-4 Grundlegende Belastungsfälle

Nichtperiodisch ablaufende Vorgänge, wie sie z. B. bei Verkehrsfahrzeugen vorkommen, können entweder als *stochastische* oder *deterministische Belastungen* auftreten. Sie können quasistatisch verlaufen, aber bei schnell verlaufenden Vorgängen auch mit erheblichen Trägheitswirkungen verbunden sein.

Bei einer *stoßartigen Belastung* wird in sehr kurzer Zeit eine hohe Kraft oder ein hohes Moment übertragen. Hierbei sind die Trägheitswirkungen erheblich und es kommt zu Wellenausbreitungsvorgängen in der Struktur.

2.3 Wirksame Spannungen

Die über den Bauteilquerschnitt verteilten inneren Kräfte, die Spannungen, hängen im Wesentlichen von der Art und Höhe der äußeren Belastung und von den Bauteilabmessungen ab. Dabei sind insbesondere die Form und die Abmessungen der interessierenden Querschnitte von Bedeutung. Während bei Zugbelastung die Querschnittsfläche entscheidend ist, siehe Kapitel 3.1 und 4.1.1, spielt bei Biegebelastung das Flächenträgheitsmoment oder das Widerstandsmoment der Querschnittsfläche eine entscheidende Rolle, siehe Kapitel 5.2.3. Bei Torsionsbelastung hat das Flächenträgheitsmoment und das Widerstandsmoment gegen Torsion eine wesentliche Bedeutung, Kapitel 7.1.1 und 7.2.1.

Man erkennt also, dass es für die Spannungsverteilungen keine allgemeingültigen Lösungen gibt. Vielmehr muss für jede Belastungsart eine spezifischen Lösung gefunden werden.

2.4 Werkstoffkennwerte

Im Rahmen eines Festigkeitsnachweises hat auch der verwendete Werkstoff eine große Bedeutung. Das Werkstoffverhalten ist dabei von Werkstoff zu Werkstoff grundsätzlich verschieden. Zudem ist der zu verwendende Werkstoffkennwert auch noch von der Belastungsart und dem Belastungsfall abhängig. Man erkennt, dass auch hier die jeweils vorliegende Belastungs- und Werkstoffsituation die Werkstoffauswahl beeinflusst. Welche Werkstoffkennwerte im Einzelnen zu verwenden sind, geht aus den nachfolgenden Kapiteln hervor. Kennwerte für häufig verwendete Werkstoffe sind im Anhang A1 angegeben.

2.5 Zulässige Spannungen

Werkstoffkennwerte stellen oft Grenzwerte dar. So gibt z. B. die Zugfestigkeit die maximal ertragbare Spannung in einem Zugstab an. Will man nun Gewaltbruch mit Sicherheit vermeiden, so darf der Werkstoff nicht bis zur Zugfestigkeit belastet werden. Abhängig von der Versagensart und dem Gefährdungspotential werden daher Sicherheitsfaktoren gewählt, um die der Werkstoffgrenzwert vermindert wird. Man erhält dann die zulässigen Spannungen. Bekanntlich müssen beim Festigkeitsnachweis, siehe Bild **2-1**, die wirksamen Spannungen kleiner sein als die zulässigen Spannungen, die Sicherheitszahlen müssen also größer eins sein.

Die Sicherheitsfaktoren werden im Allgemeinen in technischen Vorschriften fest vorgegeben. Eine Auswahl von Sicherheitsfaktoren findet sich in Anhang A2.

3 Spannungen, Verzerrungen, Stoffgesetze

Bei Bauteilen, Maschinen und Strukturen treten infolge äußerer Belastung, Kapitel 2.2, innere Spannungen und Verzerrungen auf. Diese gilt es mit den Methoden der Festigkeitslehre zu ermitteln und mit entsprechenden Grenzwerten zu vergleichen, siehe z. B. Kapitel 2.1.

In der Statik wurden die Resultierenden der inneren Kräfte, die so genannten Schnittgrößen, bestimmt, siehe Kapitel 5.6 in [1]. Beim Zugstab ist dies die Normalkraft N (Kapitel 5.6.4 in [1]). Bei Balken und Rahmen können bei ebener Belastung die Normalkraft N, die Querkraft Q und das Biegemoment M als Schnittgrößen ermittelt werden, Kapitel 5.6.5 in [1]. Bei räumlicher Belastung kommen i. Allg. noch eine Querkraft, ein Biegemoment und ein Torsionsmoment hinzu (vgl. Kapitel 8.3.4 in [1]).

Im Rahmen der Festigkeitslehre gilt es nun, aus diesen Schnittgrößen die verteilten inneren Kräfte, die Spannungen, zu ermitteln. Äußere Kräfte und Momente rufen aber neben den inneren Spannungen auch Verformungen oder Verzerrungen des Bauteils bzw. der Struktur hervor. Die Verformungen sind dabei abhängig von der Elastizität bzw. der Nachgiebigkeit des Materials. Der Zusammenhang zwischen Kräften und Verformungen bzw. zwischen Spannungen und Verzerrungen wird durch das so genannte Werkstoffgesetz oder Stoffgesetz beschrieben. Spannungen, Verzerrungen und Stoffgesetze werden nun eingehender untersucht.

3.1 Spannung als verteilte innere Kraft

Spannungen sind verteilte innere Kräfte, die in der klassischen Festigkeitslehre unmittelbar aus den Schnittgrößen ermittelt werden. Beim Zugstab, der durch die Kraft F belastet ist, erhält man im interessierenden Stabquerschnitt als Schnittgröße die Normalkraft $N = N(x)$, Bild **3-1**a, b. Die Normalkraft lässt sich mit den Gleichgewichtsbedingungen der Statik ermitteln, siehe z. B. Kapitel 5.6.4 in [1].
Man erhält mit $\Sigma F_{ix} = 0$

$$N(x) = F \tag{3.1}$$

als über die Stablänge konstante Normalkraft.

Mit der Querschnittsfläche A lässt sich die Spannung σ ermitteln:

$$\boxed{\sigma = \frac{N(x)}{A} = \frac{F}{A}} \tag{3.2}$$

Die Spannung ergibt sich somit als Kraft durch Fläche. Sie stellt die Intensität der inneren Kraft pro Flächeneinheit dar. Als Einheit für die Spannung kann z. B. N/m^2, N/mm^2 oder MPa gewählt werden. Für die gegebene Stabbelastung und für den Fall, dass die Querschnittsfläche über die gesamte Stablänge konstant ist, ist die Spannung gleichmäßig über den Stabquerschnitt, Bild **3-1**c, und die Stablänge verteilt.

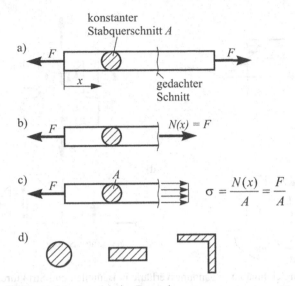

Bild 3-1 Ermittlung der Normalspannung beim Zugstab
  a) Belasteter Zugstab mit den Kräften F und dem Stabquerschnitt A
  b) Ermittlung der Normalkraft im Stab
  c) Normalspannung σ ist konstant über den Stabquerschnitt und die Stablänge
  d) Mögliche Querschnittsprofile des Stabs

Wirkt, wie in Bild **3-1** dargestellt, auf den Stab eine Zugkraft, so entstehen im Stabquerschnitt Zugspannungen und bei elastischen Stäben kommt es zu einer Stabverlängerung. Eine Druckkraft ruft dagegen eine Druckspannung und eine Stabverkürzung hervor.

Die errechnete Spannung σ ist eine Normalspannung, denn sie wirkt, wie in Bild **3-1**c dargestellt, senkrecht oder normal zur Querschnittsfläche. Nach Gleichung (3.2) hängt die Spannung lediglich von der Größe der wirkenden Kraft und von der Größe der Querschnittsfläche ab. Die Form der Querschnittsfläche ist dagegen nicht von Bedeutung. Bild **3-1**d zeigt Querschnittsprofile mit gleichem Flächeninhalt. Bei gleich großer äußerer Kraft ist die Spannung σ für diese Profile gleich groß.

Grundsätzlich gilt:

> *„Äußere Kräfte rufen in festen Körpern verteilte innere Kräfte, die Spannungen hervor. Diese sind, wie die Schnittgrößen, für sich im Gleichgewicht und können mit dem Schnittprinzip der Mechanik sichtbar gemacht werden."*

3.2 Allgemeine Spannungsdefinition

Bei allgemeiner Belastung eines Bauteils sind die Spannungen beliebig über den Querschnitt verteilt. Der in Kapitel 3.1 betrachtete Zugstab mit der konstanten Normalspannung σ stellt insofern einen Sonderfall dar. Bereits die Biegebelastung eines Balkens führt zu ungleichmäßiger Spannungsverteilung, Bild **3-2**a. Auch Störungen im Spannungsverlauf, z. B. durch Kerben, gekrümmte Randkonturen oder Löcher im betrachteten Bauteil, führen zu lokalen Spannungserhöhungen und somit zu ungleichmäßigen Spannungsverteilungen, siehe Bild **3-2**b, c.

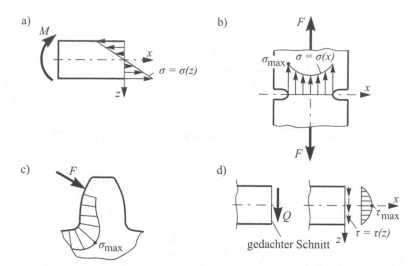

Bild 3-2 Beispiele für ungleichmäßige Spannungsverläufe in Bauteilen und Strukturen
   a) Linear über den Querschnitt verlaufende Normalspannung infolge der Biegebelastung eines Balkens
   b) Spannungserhöhung an Kerben
   c) Randspannungsverlauf bei einem Zahnrad
   d) Schubspannungsverteilung infolge einer Querkraft beim Balken

Neben den Normalspannungen treten auch Schubspannungen in entsprechend belasteten und/oder beliebig geformten Bauteilen auf. Die Schub- oder Tangentialspannungen wirken dabei tangential zur Querschnittsfläche. Beim Balken werden die Schubspannungen z. B. durch Querkräfte erzeugt, Bild **3-2**d.

Eine allgemeine Spannungsdefinition geht von einem Spannungsvektor $\vec{\sigma}$ aus, der sich für ein Flächenelement ΔA aus der dort wirkenden inneren Kraft $\Delta \vec{F}$ berechnen lässt:

$$\vec{\sigma} = \lim_{\Delta A \to 0} \frac{\Delta \vec{F}}{\Delta A} = \frac{d\vec{F}}{dA} \tag{3.3}.$$

Der Spannungsvektor $\vec{\sigma}$ ist dabei von der Größe und der Richtung der Kraft und der Größe und der Orientierung des Flächenelements abhängig.

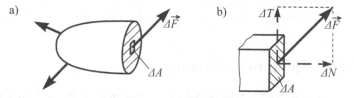

Bild 3-3 Zur Definition von Spannungsvektor $\vec{\sigma}$, Normalspannung σ und Schubspannung τ
   a) Beliebig belasteter Körper mit Kraftvektor $\Delta \vec{F}$, der an dem Flächenelement ΔA angreift
   b) Zerlegung von $\Delta \vec{F}$ in eine Komponente ΔN normal zur Schnittfläche und eine Komponente ΔT tangential zur Schnittfläche am vergrößert dargestellten Flächenelement ΔA

Zerlegt man die innere Kraft $\Delta \vec{F}$ in eine Komponente ΔN normal zu ΔA und eine Komponente ΔT tangential zu ΔA, so erhält man als Komponenten des Spannungsvektors $\vec{\sigma}$ die *Normalspannung*

$$\sigma = \lim_{\Delta A \to 0} \frac{\Delta N}{\Delta A} = \frac{dN}{dA} \tag{3.4}$$

und die *Tangential- oder Schubspannung*

$$\tau = \lim_{\Delta A \to 0} \frac{\Delta T}{\Delta A} = \frac{dT}{dA} \tag{3.5}.$$

Die Normal- und die Schubspannung können bei allgemeiner Belastung und bestimmter Bauteilgeometrie beliebig über den Querschnitt verteilt sein.

Nur in Sonderfällen, d. h. bei gleichmäßiger Kraftübertragung, gelten die einfachen Beziehungen

$$\sigma = \frac{N}{A} \tag{3.6}$$

und

$$\tau = \frac{Q}{A} \tag{3.7},$$

wobei N die Normalkraft und Q die Querkraft bedeuten.

3.3 Normal- und Schubspannungen beim Zugstab

Für den in Bild **3-4a** dargestellten Zugstab sollen die Spannungen in verschiedenen Schnittebenen ermittelt werden. Im Schnitt A – A wirkt die konstante Normalspannung σ, die sich aus der Kraft F und der Schnittfläche A errechnen lässt (siehe auch Kapitel 3.1):

$$\sigma = \frac{F}{A} \tag{3.8},$$

Bild **3-4b**. Im Schnitt A – A tritt keine Schubspannung auf.

Im Schnitt B – B tritt weder eine Normalkraft N noch eine Querkraft Q auf. Dementsprechend existiert auch keine Normalspannung σ und keine Schubspannung τ:

$$\sigma = 0 \qquad \tau = 0.$$

Besonders interessant ist der Schnitt C – C, bei dem die Schnittebene um einen beliebigen Winkel α geneigt ist. In diesem Schnitt lässt sich die Kraft F in eine Komponente F_N normal und eine Komponente F_T tangential zur Schnittfläche zerlegen. Dabei ist

$$F_N = F \cdot \cos \alpha \tag{3.9}$$

und

$$F_T = F \cdot \sin \alpha \tag{3.10}.$$

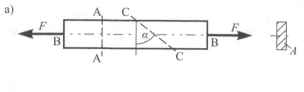

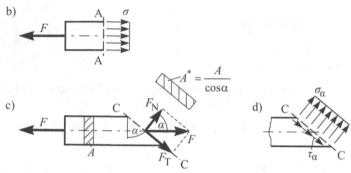

Bild 3-4 Normal- und Schubspannungen in verschiedenen Schnitten eines Zugstabs
 a) Zugstab mit den Schnitten A – A, B – B und C – C
 b) Konstante Normalspannung σ im Schnitt A – A
 c) Zerlegung der Kraft F in die Komponenten F_N normal und F_T tangential zur Schnittfläche C – C
 d) Normalspannung σ_α und Schubspannung τ_α im Schnitt C – C

Der Flächeninhalt A^* der Schnittfläche lässt sich aus der Querschnittfläche A und dem Winkel α bestimmen:

$$A^* = \frac{A}{\cos \alpha} \tag{3.11}.$$

Mit den Gleichungen (3.9), (3.10) und (3.11) erhält man dann die Normalspannung σ_α und die Schubspannung τ_α im Schnitt C – C:

$$\sigma_\alpha = \frac{F_N}{A^*} = \frac{F \cdot \cos\alpha \cdot \cos\alpha}{A} = \sigma \cdot \cos^2\alpha = \frac{\sigma}{2} \cdot (1 + \cos 2\alpha) \tag{3.12},$$

$$\tau_\alpha = \frac{F_T}{A^*} = \frac{F \cdot \sin a \cdot \cos a}{A} = \sigma \cdot \sin\alpha \cdot \cos\alpha = \frac{\sigma}{2} \cdot \sin 2\alpha \tag{3.13}.$$

Die Normalspannung σ_α ist maximal für $\alpha = 0°$. In diesem Fall ist

$$\sigma_{max} = \sigma_{0°} = \sigma = \frac{F}{A} \tag{3.14}$$

(siehe auch Gleichung (3.8)) und $\tau_\alpha = 0$.

Die Schubspannung τ_α erreicht bei $\alpha = 45°$ ihren Maximalwert. In diesem Fall gilt

$$\tau_{max} = \tau_{45°} = \frac{\sigma}{2} \tag{3.15}$$

und

$$\sigma_\alpha = \sigma_{45°} = \frac{\sigma}{2} \tag{3.16}$$

Versagt ein Stab durch Gewaltbruch, so tritt Trennbruch ein, wenn σ_{max} für den Bruch verantwortlich ist. In diesem Fall wird der Stab senkrecht zur Stabachse durchtrennt. Gleitbruch tritt dagegen auf, wenn die maximale Schubspannung für den Bruch verantwortlich ist. In diesem Fall gleitet das Material unter $\alpha = 45°$, d. h. in den Ebenen der maximalen Schubspannung, bis zum Bruch.

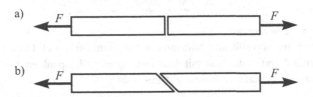

Bild 3-5 Trenn- und Gleitbruch beim Zugstab
   a) Bei sprödem Material führt die maximale Normalspannung zum Trennbruch
   b) Bei zähem Material bewirkt die maximale Schubspannung einen Gleitbruch

Ob bei einem Zugstab im Grenzfall ein Trennbruch oder ein Gleitbruch entsteht, hängt davon ab, ob es sich um ein sprödes oder ein zähes Material handelt.

3.4 Verschiebungen und Verzerrungen

Alle festen Körper ändern unter der Einwirkung von Kräften und Momenten ihre Größe und ihre Gestalt. D. h. bei Belastung treten in allen Bauteilen und Strukturen Verformungen auf.

Die Art der Verformung hängt von den globalen Belastungen und den daraus resultierenden lokalen Spannungen ab.

Grundsätzlich gilt:

   „Normalspannungen erzeugen Längenänderungen,

   Schubspannungen bewirken Winkeländerungen."

Bei der Betrachtung der Verformungen geht man idealerweise davon aus, dass es sich bei dem Material um ein stetiges Medium, ein Kontinuum, handelt, bei dem die Verformungen ebenfalls stetig sind. Die Untersuchung der Verformungen ist dabei ein rein geometrisches Problem. Man vergleicht die Situation nach der Verformung mit dem Zustand vor der Verformung.

3.4.1 Verformungen bei einachsigem Zug

Die Verformungsgrößen eines Zugstabs können durch den Vergleich des belasteten und verformten Stabs mit der unbelasteten und unverformten Situation ermittelt werden, Bild **3-6**. Bei Belastung durch die Kraft F verlängert sich der Stab. Dabei erfahren alle Stabquerschnitte eine Verschiebung $u(x)$. Der Kraftangriffspunkt verschiebt sich dabei um $u(x = l) = \Delta l$, was der Gesamtverlängerung des Stabs um Δl entspricht.

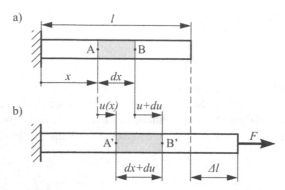

Bild 3-6 Verformungen beim Zugstab
  a) Unbelasteter und unverformter Stab mit den Messpunkten A und B im Abstand dx
  b) Belasteter und verformter Stab mit den verschobenen Messpunkten A' und B' im Abstand
     $dx + du$ und der Gesamtverlängerung Δl des Stabes

Bringt man am unverformten Stab, Bild **3-6**a, zwischen den Punkten A und B einen Messaufnehmer mit der Messlänge dx an, so kann man mit diesem Messgerät am belasteten und verformten Stab eine Länge $dx + du$ messen. Um ein Verformungsmaß zu erhalten, muss man den Abstand der Punkte A' und B' mit dem Abstand der Punkte A und B, d. h. die Messlänge $dx + du$ mit der Ausgangsmessstrecke $dx,$ vergleichen. Dazu führt man als Verformungsmaß die *Dehnung* als bezogene Längenänderung ein, die sich allgemein wie folgt darstellen lässt:

$$\text{Dehnung} = \frac{\text{Länge nach der Verformung - Länge vor der Verformung}}{\text{Länge vor der Verformung}} \, .$$

Für das betrachtete Stabelement (mit der Ausgangslänge dx) ergibt sich somit:

$$\varepsilon_{\mathrm{x}}(x) = \frac{\overline{\mathrm{A'B'}} - \overline{\mathrm{AB}}}{\overline{\mathrm{AB}}} = \frac{dx + du - dx}{dx}$$

und daraus die allgemeingültige Definition für die Dehnung:

$$\boxed{\varepsilon = \varepsilon(x) = \frac{du}{dx}} \qquad\qquad (3.17).$$

Die Dehnung ε ist eine dimensionslose Größe, die meist in % oder in ‰ angegeben wird. Gleichung (3.17) zeigt, dass es sich bei der Dehnung um die Ableitung der Verschiebungsfunktion $u(x)$ nach der Stabkoordinate x handelt.

Die Gesamtverlängerung Δl eines in Stabrichtung belasteten Stabs ergibt sich durch Integration von Gleichung (3.17) nach Trennung der Variablen:

$$\int\limits_{u=0}^{\Delta l} du = \int\limits_{x=0}^{l} \varepsilon(x)\, dx$$

mit der Beziehung

$$\Delta l = \int_0^l \varepsilon(x)\,dx \qquad\qquad (3.18).$$

Für den Fall einer konstanten Dehnung über die Stablänge gilt für Stabverlängerung

$$\Delta l = \varepsilon \cdot l \qquad\qquad (3.19)$$

bzw. die Dehnung

$$\varepsilon = \frac{\Delta l}{l} \qquad\qquad (3.20).$$

Die Gleichungen (3.19) und (3.20) gelten für den mit einer Zugkraft belasteten Zugstab, Bild **3-6** und z. B. für die Längenänderung von Fachwerkstäben, bei denen die Dehnung über die Stablänge ebenfalls konstant ist. Fälle mit nichtkonstanter Dehnung werden z. B. in den Kapiteln 4.1.2 und 4.1.3 behandelt.

Ist ein Stab durch eine Druckkraft belastet, so verkürzt er sich. Negative Dehnungen werden häufig auch als Stauchungen bezeichnet.

3.4.2 Verformungen durch Schubbelastungen

Eine quadratische Scheibe, Bild **3-7a**, die durch zwei entgegengesetzt gerichtete, gleich große Kräftepaare (siehe Kapitel 3.3 in [1]) belastet ist, erfährt eine Schubbeanspruchung. Durch die entgegengesetzt wirkenden Kräfte am oberen und am unteren Rand der Scheibe liegt Gleichgewicht in horizontaler Richtung (x-Richtung) vor. Die entgegengesetzt wirkenden Kräfte am linken und am rechten Rand der Scheibe liefern Gleichgewicht in vertikaler Richtung (y-Richtung). Alle Kräfte zusammen erfüllen das Momentengleichgewicht (siehe Kapitel 4.1 in [1]).

Infolge der Belastung ändert die Scheibe ihre Gestalt. Die Scheibe erfährt eine Winkeländerung um den Winkel γ, Bild **3-7b**. Im Inneren der Scheibe entsteht ein reiner Schubspannungszustand. Dies wird an dem Scheibenelement in Bild **3-7c** deutlich. Die Schubspannungen, die im Allgemeinen mit τ bezeichnet werden, treten immer paarweise auf, siehe auch Bild **3-7e**.

Aus Gleichgewichtsbetrachtungen für das Scheibenelement erhält man den *Satz von den zugeordneten Schubspannungen*:

> *„Schubspannungen auf senkrechten Ebenen sind stets gleich groß und paarweise zu einer Kante hin oder von einer Kante weggerichtet."*

Infolge der Belastung erfährt die Scheibe und somit auch das Scheibenelement eine Winkeländerung um den Winkel γ, Bild **3-7b** und Bild **3-7d**. Es wird somit deutlich, dass Schubspannungen, Bild **3-7c**, Winkeländerungen, Bild **3-7d**, hervorrufen.

Als Maß für die Winkeländerung gilt

$$\gamma \approx \tan\gamma = \frac{\overline{DD'}}{\overline{CD}} \qquad\qquad (3.21).$$

Diese Beziehung gilt für kleine Winkel. γ wird Schubverformung oder auch Schiebung genannt.

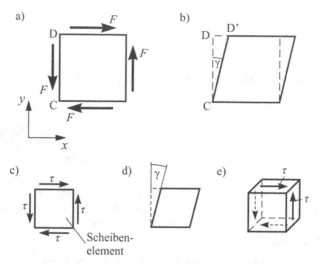

Bild 3-7 Verformungen durch Schubbelastung
    a) Zwei entgegengesetzt wirkende Kräftepaare bewirken eine Schubbelastung der Scheibe
    b) Winkeländerung der Scheibe infolge einer Schubbelastung
    c) Schubspannungen an einem Scheibenelement
    d) Winkeländerung am Scheibenelement infolge der Schubspannungen
    e) Zugeordnete Schubspannungen an einem Volumenelement

3.4.3 Allgemeine Formänderungen: Verzerrungen

Bei allgemeiner Belastung eines Bauteils treten sowohl Normalspannungen als auch Schubspannungen auf, Bild **3-8**a. Diese führen gleichzeitig zu Längen- und Winkeländerungen und somit zu Dehnungen und Schubverformungen, Bild **3-8**b. Zusammengenommen werden Dehnungen und die Schubverformungen (Schiebungen) als Verzerrungen bezeichnet, Bild **3-8**c.

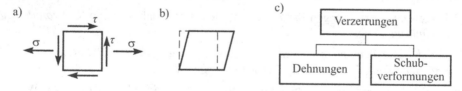

Bild 3-8 Allgemeine Verformungen
    a) Am Scheibenelement wirken Normal- und Schubspannungen
    b) Infolge der Belastung verzerrtes Scheibenelement (Überlagerung von Dehnung und Schub-
       verformung)
    c) Einteilung der Verzerrungen

Auch bei allgemeiner Belastung bzw. allgemeiner Formänderung bewirken die Normalspannungen die Dehnungen und die Schubspannungen die Schubverformungen.

3.5 Zusammenhänge zwischen Spannungen und Verzerrungen: Stoffgesetze

Die bisher verwendeten Definitionen für Spannungen und Verzerrungen gelten unabhängig vom Materialverhalten. Bei einem Zugstab ist die Spannung lediglich abhängig von der wirkenden Last F und der Querschnittsfläche A, siehe Kapitel 3.2. Die Dehnung ε ergibt sich durch rein geometrische Betrachtungen mit dem Quotienten aus der Stabverlängerung Δl und der Ausgangslänge l des Stabes, siehe Kapitel 3.4.1.

Der Zusammenhang zwischen Spannungen und Verzerrungen ist jedoch materialabhängig. Er muss experimentell durch geeignete Versuche ermittelt werden. Die Relation zwischen der Spannung σ und der Dehnung ε wird im einachsigen Fall im Rahmen der Werkstoffprüfung durch einen Zugversuch ermittelt.

3.5.1 Zugversuch

Beim Zugversuch nach DIN-EN 10002-1 wird ein genormter Probestab, siehe Bild **3-9a**, in einer Prüfmaschine durch kontinuierliche Erhöhung der Zugkraft bis zum Bruch belastet, Bild **3-9b**. Während dieses Versuches wird permanent die Kraft F sowie die Stabverlängerung Δl gemessen und in einem Kraft-Verlängerungs-Messschrieb dargestellt, Bild **3-9c**.

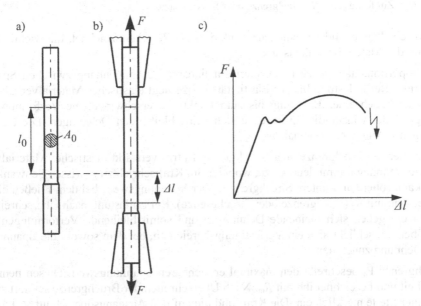

Bild 3-9 Durchführung eines Zugversuches
    a) Unbelastete Zugprobe mit der Messlänge l_0 und dem Querschnitt A_0
    b) Beim Zugversuch wird die Probe durch kontinuierliche Erhöhung der Kraft F bis zum Bruch belastet und dabei die Längenänderung Δl gemessen
    c) Kraft-Verlängerungs-Diagramm für einen zähen Stahl

Aus diesen Messdaten erhält man mit $\sigma = F/A_0$, siehe Kapitel 3.2, und $\varepsilon = \Delta l/l_0$, siehe Kapitel 3.4.1, ein σ-ε-Diagramm als so genannte Spannungs-Dehnungs-Kurve, Bild **3-10**.

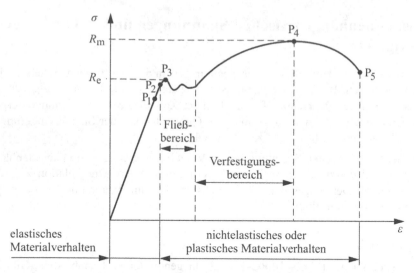

Bild 3-10 Charakteristische Spannungs-Dehnungs-Kurve für einen Stahl S235JR
P_1: Proportionalitätsgrenze, P_2: Elastizitätsgrenze, P_3: Streckgrenze oder Fließgrenze, P_4: Bruchgrenze, P_5: Zerreißgrenze;
R_m: Zugfestigkeit, R_e: Fließgrenze oder Streckgrenze

Im Verlauf der Kurve sind verschiedene Punkte P_1 bis P_5 gekennzeichnet, die wichtig für die Beurteilung des Materialverhaltens sind.

Bis zur Proportionalitätsgrenze P_1 existiert ein linearer Zusammenhang zwischen Spannung und Dehnung. Bei Belastung bis zur Elastizitätsgrenze liegt elastisches Materialverhalten vor. Dies bedeutet, nach einer Belastung bis zum Punkt P_2 verschwindet die Verformung nach Entlastung wieder vollständig. Es ergeben sich keine bleibenden Dehnungen. Die Punkte P_1 und P_2 liegen i. Allg. dicht beieinander.

Beim Erreichen der Fließgrenze oder Streckgrenze P_3 tritt verstärkt plastisches Materialverhalten ein. Die Dehnung nimmt deutlich zu, wobei es im Kraftschrieb zu gewissen Schwankungen kommen kann (obere und untere Streckgrenze). Der Spannungswert, bei dem Fließen einsetzt, bezeichnet man mit R_e (Fließgrenze oder Streckgrenze). Bei Entlastung nach Überschreiten der Streckgrenze ergeben sich bleibende Dehnungen und somit bleibende Verformungen. Nach dem Fließbereich schließt sich ein Verfestigungsbereich an, bei dem sowohl die Spannung als auch die Dehnung zunehmen.

Die Bruchgrenze P_4 beschreibt den maximal erreichbaren Spannungswert. Diesen nennt man Zugfestigkeit und bezeichnet ihn mit R_m. Nach Überschreiten der Bruchgrenze schnürt sich der Stab an einer Stelle merklich ein. Die Kraft und die auf den Ausgangsquerschnitt A_0 bezogene Spannung fällt ab und es kommt zum Zerreißen des Stabs, P_5. Die Bruchdehnung ε_B, vielfach auch mit A bezeichnet[1], ist dabei ein Maß für die Verformbarkeit des Materials.

---

[1] Die Bruchdehnung wird häufig mit A bezeichnet. Um aber eine Verwechslung mit der Querschnittsfläche A zu vermeiden, wird hier für die Bruchdehnung die Bezeichnung ε_B verwendet.

Die für die Festigkeitsbetrachtung wichtigen Kennwerte sind R_m und R_e. Sie werden i. Allg. in N/mm² oder MPa angegeben. Der Wert der Bruchdehnung ε_B in % zeigt, ob es sich um ein zähes oder ein sprödes Material handelt.

Für den Werkstoff S235JR ergeben sich die Festigkeitskennwerte $R_m = 360$ N/mm² = 360 MPa und $R_e = 235$ N/mm² = 235 MPa. Die Bruchdehnung ε_B beträgt 26%, was auf sehr zähes Materialverhalten hinweist. Dagegen liegen bei dem Werkstoff EN-GJL-250 die Werte bei $R_m = 250$ N/mm² und $\varepsilon_B = 0,5\%$. Es handelt sich somit um ein sehr sprödes Material.

3.5.2 Spannungs-Dehnungs-Kurven für verschiedene Materialien

Bild **3-10** zeigt die charakteristische Spannungs-Dehnungs-Kurve für einen zähen Stahl. Hochfeste Stähle zeigen dagegen ein völlig anderes Verhalten, Bild **3-11**a.

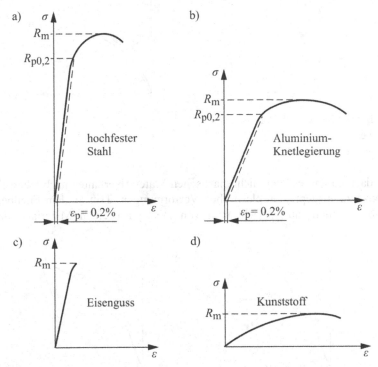

Bild 3-11 Charakteristische Spannungs-Dehnungs-Kurven für unterschiedliche Materialgruppen
R_m: Zugfestigkeit, $R_{p0,2}$: 0,2%-Dehngrenze (technische Streckgrenze)
a) hochfester Stahl b) Aluminium-Knetlegierung c) Eisenguss d) Kunststoff

Der Übergang vom elastischen in das plastische Materialverhalten ist bei diesen Stählen nicht durch einen ausgeprägten Fließbereich gekennzeichnet. Zur Festlegung eines entsprechenden Festigkeitswertes verwendet man die Spannung, bei der eine 0,2%-ige bleibende Dehnung (plastische Verformung) vorliegt. Den Kennwert bezeichnet man dann mit $R_{p0,2}$.

Auch bei den anderen in Bild **3-11** dargestellten Materialgruppen liegt keine ausgeprägte Streckgrenze vor. Auch hier gelten die Festigkeitskennwerte R_m und $R_{p0,2}$. Zudem fällt auf, dass der Anstieg der Kurve im elastischen Bereich bei Aluminium und Kunststoff sehr viel flacher ist als bei Stahl.

Festigkeitskennwerte und Bruchdehnungen für zahlreiche Materialien sind im Anhang A1 und in [2] und [3] angegeben.

3.5.3 Elastisches und nichtelastisches Materialverhalten

Bei elastischem Materialverhalten treten keine Plastifizierungen und somit bei Entlastung keine bleibenden Verformungen auf. Es handelt sich bei Be- und Entlastung um einen reversiblen Vorgang, bei dem Belastungs- und Entlastungskurve stets identisch sind, Bild **3-12**.

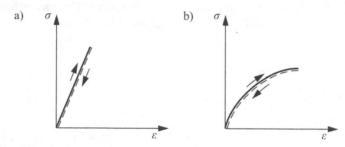

Bild 3-12 Elastisches Materialverhalten
   a) Linear-elastisch
   b) Nichtlinear-elastisch

Im Gegensatz dazu kommt es beim nicht-elastischen Materialverhalten nach Überschreiten der Elastizitätsgrenze zu ausgeprägten plastischen Verformungen. Tritt ab dem Fließbeginn keine Spannungserhöhung mehr auf, spricht man von ideal-plastischem Materialverhalten, Bild **3-13a**.

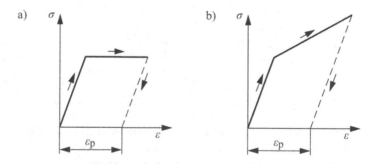

Bild 3-13 Nicht-elastisches Verhalten
   a) Elastisch/ideal-plastisch
   b) Elastisch/plastisch mit Verfestigung

Erhöht sich die Spannung bei zunehmender plastischer Verformung, bezeichnet man das Materialverhalten als plastisch mit Verfestigung, Bild **3-13b**.

Charakteristisch für nicht-elastisches Materialverhalten ist, dass Belastungs- und Entlastungskurve nicht mehr zusammenfallen und bleibende Verformungen auftreten.

3.5.4 HOOKEsches Gesetz bei Zug

Bei technischen Bauteilen soll Bruch und bleibende Verformung vermieden werden. Die Belastung wird dabei so gewählt, dass eine ausreichende Sicherheit gegen plastische Verformungen vorliegt. In diesem Bereich verhalten sich die meisten Materialien linear-elastisch, Bild 3-14.

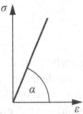

Bild 3-14

Linear-elastischer Bereich der Spannungs-Dehnungs-Kurve
Elastizitätsmodul $E \cong \tan \alpha$

Es existiert also ein eindeutiger und linearer Zusammenhang zwischen Spannung und Dehnung, der durch das HOOKEsche Gesetz

$$\boxed{\sigma = E \cdot \varepsilon} \tag{3.22}$$

beschrieben werden kann.

Die Spannung σ ist also der Dehnung ε proportional. Proportionalitätsfaktor ist der Elastizitätsmodul E, der ein Maß für den Anstieg der Spannungs-Dehnungs-Kurve darstellt, Bild 3-14.

Der Elastizitätsmodul von Stahl ist für alle Stahlsorten weitgehend konstant und beträgt 210000 N/mm². Bei Aluminiumlegierungen ist E erheblich kleiner mit $\approx$ 70000 N/mm². Die Werte für Kunststoffe sind sehr stark materialabhängig. Sie liegen im Mittel bei 1000 – 3000 N/mm². Detailliertere Angaben können dem Anhang A1 sowie [2] und [3] entnommen werden.

Gleichung (3.22) ist gültig für einachsige Zug- oder Druckbelastung. Bei Schubbelastung und bei mehrachsiger Belastung gelten andere Gesetzmäßigkeiten, siehe Kapitel 3.5.7 und 8.4.

Der lineare Zusammenhang zwischen Spannung und Dehnung ist mathematisch sehr viel einfacher zu behandeln als nichtlineares Materialverhalten. Dies kommt den weiteren Betrachtungen in diesem Buch zu Gute, in denen überwiegend lineares Material- und Bauteilverhalten untersucht wird.

3.5.5 Querdehnung

Beim Zugversuch, Kapitel 3.5.1, werden neben der axialen Dehnung auch Querdehnungen festgestellt. Wird ein Stab, Bild **3-15**, in x-Richtung verlängert, zieht er sich in y- und in z-Richtung zusammen.

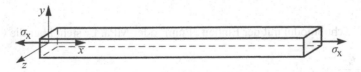

Bild 3-15 Zugstab mit einachsiger Zugbelastung zur Verdeutlichung der Querdehnung

Für die Dehnung ε_x in Längsrichtung ergibt sich dann mit dem HOOKEschen Gesetz, Gleichung (3.22),

$$\varepsilon_x = \frac{1}{E} \cdot \sigma_x \qquad (3.23).$$

Für die Querdehnungen in y- und z-Richtung gilt

$$\boxed{\varepsilon_y = \varepsilon_z = -v \cdot \varepsilon_x = -\frac{v}{E}\sigma_x} \qquad (3.24).$$

Die Querdehnungen ε_y und ε_z sind negativ (Querkontraktionen). Sie stehen im direkten Zusammenhang mit der Längsdehnung ε_x. Proportionalitätsfaktor ist die Querdehnzahl v, die sich im Gültigkeitsbereich des HOOKEschen Gesetzes als Materialkonstante erweist. Für technische Werkstoffe liegen die Werte zwischen 0,25 und 0,36, wobei für Stahl $v = 0{,}3$ gilt. Gummi nimmt mit $v = 0{,}5$ eine Sonderstellung ein. Weitere v-Werte sind in Anhang A3 und in [4] angegeben.

3.5.6 Volumendehnung

Bei der Verformung von technischen Bauteilen tritt i. Allg. eine Volumenänderung ein. Die Volumendehnung ergibt sich als Dehnungssumme e der Dehnungen ε_x, ε_y und ε_z in x-, y- und z-Richtung:

$$\boxed{e = \frac{\Delta V}{V} = \varepsilon_x + \varepsilon_y + \varepsilon_z} \qquad (3.25).$$

ΔV ist hierbei die Volumenänderung und V das Volumen des Körpers. Für den Zugstab in Bild **3-15**, Kapitel 3.5.5, ergibt sich eine Volumendehnung von

$$e = \varepsilon_x + \varepsilon_y + \varepsilon_z = \varepsilon_x - v \cdot \varepsilon_x - v \cdot \varepsilon_x = (1 - 2v) \cdot \varepsilon_x \qquad (3.26).$$

Man erkennt, dass die Volumendehnung u. a. von der Querdehnzahl abhängt. Für technische Werkstoffe mit $v = 0{,}25 ... 0{,}36$ ergibt sich somit bei elastischer Verformung eine Volumendehnung. Nur für Gummi und für Flüssigkeiten ist $e = 0$.

3.5.7 HOOKEsches Gesetz bei Schub

Infolge von Schubbelastungen treten Winkeländerungen und somit Schubverformungen auf, die auch Schiebungen genannt werden, Kapitel 3.4.2.

Der Zusammenhang zwischen der Schubspannung τ und der Schubverformung γ wird durch das HOOKEsche Gesetz für Schubbelastung beschrieben:

$$\boxed{\tau = G \cdot \gamma} \qquad (3.27).$$

G ist hierbei der Schubmodul mit der Einheit N/mm² oder MPa. Er steht über die Gleichung

$$G = \frac{E}{2 \cdot (1 + v)} \qquad (3.28)$$

in unmittelbarem Zusammenhang mit dem Elastizitätsmodul E (siehe Kapitel 3.5.4 und Anhang A1). Für Stähle und viele Metalle ist $\nu \approx 0.3$ und somit

$$G \approx \frac{3}{8} E \tag{3.29}.$$

Man erkennt, ein isotroper, elastischer Körper hat zwei unabhängige Materialkonstanten, nämlich E und G oder E und ν.

Beispiel 3-1

Ein Stab aus Stahl mit der Länge l und der Querschnittsfläche A ist mit einer Kraft F belastet.

Man bestimme für den belasteten Stab:

a) die wirkende Spannung σ,

b) die Dehnung ε und die Stabverlängerung Δl,

c) die Querdehnung ε_q und

d) die Volumendehnung.

Wie ändern sich die Werte, wenn der Stahlstab durch einen Stab aus Aluminium ersetzt wird?

geg.: $F = 16$ kN, $A = 100$ mm², $l = 1$ m, $E_{Stahl} = 210000$ N/mm², $E_{Aluminium} = 70000$ N/mm², $\nu_{Stahl} = 0{,}3$, $\nu_{Aluminium} = 0{,}34$

Lösung:

a) Wirkende Spannung σ

Stahl: $\sigma = \dfrac{F}{A} = \dfrac{16000\,\text{N}}{100\,\text{mm}^2} = 160\,\dfrac{\text{N}}{\text{mm}^2}$

Aluminium: $\sigma = \dfrac{F}{A} = 160\,\dfrac{\text{N}}{\text{mm}^2}$

b) Dehnung ε und Stabverlängerung Δl

Stahl: $\varepsilon = \dfrac{\sigma}{E} = \dfrac{160\,\text{N/mm}^2}{210000\,\text{N/mm}^2} = 0{,}00076 = 0{,}76\,\text{‰}$

$\Delta l = \varepsilon \cdot l = 0{,}00076 \cdot 1000\,\text{mm} = 0{,}76\,\text{mm}$

Aluminium: $\varepsilon = \dfrac{\sigma}{E} = \dfrac{160 \text{ N/mm}^2}{70000 \text{ N/mm}^2} = 0{,}0023 = 2{,}3\,‰$

$\Delta l = \varepsilon \cdot l = 0{,}0023 \cdot 1000 \text{mm} = 2{,}3 \text{ mm}$

c) Querdehnung ε_q

Stahl: $\varepsilon_q = -v \cdot \varepsilon = -\dfrac{v}{E} \cdot \sigma = -\dfrac{0{,}3 \cdot 160 \text{ N/mm}^2}{210000 \text{N/mm}^2} = -0{,}00023 = -0{,}23\,‰$

Aluminium: $\varepsilon_q = -v \cdot \varepsilon = -\dfrac{v}{E} \cdot \sigma = -0{,}00078 = -0{,}78\,‰$

d) Volumendehnung e

Stahl: $e = (1 - 2v) \cdot \varepsilon_x = (1 - 2 \cdot 0{,}3) \cdot 0{,}76\,‰ = 0{,}30\,‰$

Aluminium: $e = (1 - 2v) \cdot \varepsilon_x = (1 - 2 \cdot 0{,}34) \cdot 2{,}3\,‰ = 0{,}73\,‰$

Beispiel 3-2   ✱✱✱

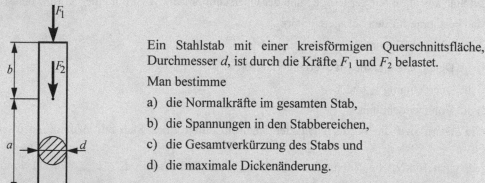

Ein Stahlstab mit einer kreisförmigen Querschnittsfläche, Durchmesser d, ist durch die Kräfte F_1 und F_2 belastet.

Man bestimme

a) die Normalkräfte im gesamten Stab,

b) die Spannungen in den Stabbereichen,

c) die Gesamtverkürzung des Stabs und

d) die maximale Dickenänderung.

geg.: $F_1 = F$, $F_2 = 2F$, $F = 50$ kN, $a = 0{,}5$ m, $b = 0{,}3$ m, $d = 50$ mm, $E = 210000$ N/mm²,
       $v = 0{,}3$

Lösung:

a) Normalkräfte im gesamten Stab

Bereich I: $0 < x < b$ Bereich II: $b < x < a + b$

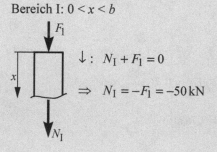

$\downarrow: \quad N_I + F_1 = 0$ $\downarrow: \quad N_{II} + F_1 + F_2 = 0$

$\Rightarrow N_I = -F_1 = -50 \text{kN}$ $\Rightarrow N_{II} = -(F_1 + F_2)$

$= -(50 \text{kN} + 100 \text{kN})$

$= -150 \text{kN}$

b) Spannungen in den einzelnen Stabbereichen

Bereich I: $\sigma_\mathrm{I} = \dfrac{N_\mathrm{I}}{A} = \dfrac{-F_1}{A} = \dfrac{-50000\,\mathrm{N}}{1963,5\,\mathrm{mm}^2} = -25,5\,\dfrac{\mathrm{N}}{\mathrm{mm}^2}$

Bereich II: $\sigma_\mathrm{II} = \dfrac{N_\mathrm{II}}{A} = \dfrac{-(F_1 + F_2)}{A} = \dfrac{-150000\,\mathrm{N}}{1963,5\,\mathrm{mm}^2} = -76,4\,\dfrac{\mathrm{N}}{\mathrm{mm}^2}$

c) Stabverkürzung Δl

$$\Delta l = \Delta l_\mathrm{I} + \Delta l_\mathrm{II} = \varepsilon_\mathrm{I} \cdot l_\mathrm{I} + \varepsilon_\mathrm{II} \cdot l_\mathrm{II} = \dfrac{\sigma_\mathrm{I}}{E} \cdot b + \dfrac{\sigma_\mathrm{II}}{E} \cdot a$$

$$= \dfrac{-25,5\,\mathrm{N/mm}^2}{210000\,\mathrm{N/mm}^2} \cdot 300\,\mathrm{mm} + \dfrac{-76,4\,\mathrm{N/mm}^2}{210000\,\mathrm{N/mm}^2} \cdot 500\,\mathrm{mm} = -0,22\,\mathrm{mm}$$

d) maximale Dickenänderung

$$\varepsilon_\mathrm{qII} = -\dfrac{v}{E} \cdot \sigma_\mathrm{II} = -\dfrac{0,3}{210000\,\mathrm{N/mm}^2} \cdot \left(-76,39\,\dfrac{\mathrm{N}}{\mathrm{mm}^2}\right) = 0,00011 = 0,11\text{‰}$$

$$\Delta d_\mathrm{II} = \varepsilon_\mathrm{qII} \cdot d = 0,00011 \cdot 50\,\mathrm{mm} = 0,0055\,\mathrm{mm}$$

3.6 Wärmedehnung und Wärmespannung

Jedes Material dehnt sich bei Erwärmung aus. Es vergrößert sein Volumen, sofern es nicht an seiner Ausdehnung gehindert wird. Wird ein Stab, Bild **3-16**, um ΔT erwärmt und kann er sich frei ausdehnen, so entsteht eine Stabverlängerung Δl und somit eine *Wärmedehnung* ε_T.

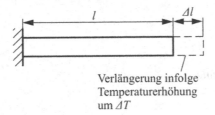

Verlängerung infolge
Temperaturerhöhung
um ΔT

Bild 3-16 Stabverlängerung infolge einer Erwärmung

Diese errechnet sich mit dem Wärmeausdehnungskoeffizienten α_T und der Temperaturdifferenz ΔT:

$$\boxed{\varepsilon_\mathrm{T} = \alpha_\mathrm{T} \cdot \Delta T} \tag{3.30}.$$

Der Wärmeausdehnungskoeffizient α_T ist materialabhängig. Er beträgt für Stahl im Mittel $1,2 \cdot 10^{-5}\,\mathrm{K}^{-1}$, für Aluminiumlegierungen $2,4 \cdot 10^{-5}\,\mathrm{K}^{-1}$ und für Plexiglas $7 \cdot 10^{-5}\,\mathrm{K}^{-1}$ (Werte für weitere Materialien sind im Anhang A3 und in [4] zu finden).

Die Temperaturdifferenz ΔT wird in Kelvin, abgekürzt K, angegeben. Ausgehend von der Dehnungsdefinition in Gleichung (3.20) erhält man die erwärmungsbedingte Längenänderung Δl des Stabs in Bild **3-16**:

$$\Delta l = \varepsilon_T \cdot l = l \cdot \alpha_T \cdot \Delta T \tag{3.31}.$$

Wärmedehnungen können auch elastischen Dehnungen überlagert sein. In diesem Fall ergibt sich eine Gesamtdehnung ε_{ges} aus der elastischen Dehnung ε und der thermischen Dehnung ε_T:

$$\varepsilon_{ges} = \varepsilon + \varepsilon_T \tag{3.32}.$$

Wird die Wärmedehnung eines Körpers nicht behindert, so entstehen keine Wärmespannungen. Diese treten nur auf, wenn sich der Körper oder der Stab nicht ausdehnen kann, Bild **3-17**.

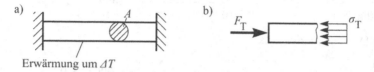

Erwärmung um ΔT

Bild 3-17 Entstehung von Wärmespannungen infolge von Temperaturerhöhung und Verformungsbehinderung

    a) Eingespannter Stab kann sich bei Erwärmung nicht ausdehnen

    b) Freigeschnittener Stab mit der Wärmespannung σ_T und der Stabkraft F_T, die bei der Erwärmung um ΔT entstehen

In diesem Fall tritt keine Längenänderung und keine Gesamtdehnung auf. Somit gilt mit Gleichung (3.32)

$$\varepsilon_{ges} = \varepsilon + \varepsilon_T = 0 \tag{3.33}.$$

Mit $\varepsilon = \sigma_T / E$ nach dem HOOKEschen Gesetz, Gleichung (3.22), und Gleichung (3.30) erhält man

$$\frac{\sigma_T}{E} + \alpha_T \cdot \Delta T = 0$$

und daraus die *Wärmespannung*

$$\boxed{\sigma_T = -E \cdot \alpha_T \cdot \Delta T} \tag{3.34}$$

oder

$$\sigma_T = -E \cdot \varepsilon_T \tag{3.35}.$$

Bei Staberwärmung entsteht also eine Druckspannung (siehe auch Bild **3-17**b). In Anlehnung an Gleichung (3.2), Kapitel 3.1, ergibt sich somit bei Erwärmung eine Druckkraft

$$F_T = A \cdot \sigma_T = -E \cdot A \cdot \alpha_T \cdot \Delta T \tag{3.36}$$

im Stab, Bild **3-17**b.

Beispiel 3-3

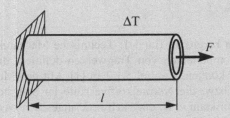

Eine Rohrleitung wird mit einer Kraft F belastet. Gleichzeitig ändert sich die Temperatur um ΔT.

Man bestimme die Längenänderung des Rohrs für die Fälle, dass das Rohr aus Stahl, einer Aluminiumlegierung oder einer Magnesiumlegierung hergestellt ist.

geg.: $F = 5$ kN, $l = 300$ mm, $A = 50$ mm², $\alpha_{T,Stahl} = 1{,}2 \cdot 10^{-5}$ K^{-1}, $\alpha_{T,Al} = 2{,}4 \cdot 10^{-5}$ K^{-1},

$\alpha_{T,Mg} = 2{,}6 \cdot 10^{-5}$ K^{-1}, $E_{Stahl} = 210000$ N/mm², $E_{Al} = 70000$ N/mm²,

$E_{Mg} = 44000$ N/mm², $\Delta T = 40$ K

Lösung:

Längenänderung: $\Delta l = \varepsilon \cdot l + \varepsilon_T \cdot l = \dfrac{\sigma}{E} \cdot l + l \cdot \alpha_T \cdot \Delta T = \dfrac{F}{A \cdot E} \cdot l + l \cdot \alpha_T \cdot \Delta T$

Stahl: $\Delta l = \dfrac{5000 \, \text{N} \cdot 300 \, \text{mm}}{50 \, \text{mm}^2 \cdot 210000 \, \text{N/mm}^2} + 300 \, \text{mm} \cdot 1{,}2 \cdot 10^{-5} \, \text{K}^{-1} \cdot 40 \, \text{K} = 0{,}29 \, \text{mm}$

Al-Legierung: $\Delta l = \dfrac{5000 \, \text{N} \cdot 300 \, \text{mm}}{50 \, \text{mm}^2 \cdot 70000 \, \text{N/mm}^2} + 300 \, \text{mm} \cdot 2{,}4 \cdot 10^{-5} \, \text{K}^{-1} \cdot 40 \, \text{K} = 0{,}72 \, \text{mm}$

Mg-Legierung: $\Delta l = \dfrac{5000 \, \text{N} \cdot 300 \, \text{mm}}{50 \, \text{mm}^2 \cdot 44000 \, \text{N/mm}^2} + 300 \, \text{mm} \cdot 2{,}6 \cdot 10^{-5} \, \text{K}^{-1} \cdot 40 \, \text{K} = 0{,}99 \, \text{mm}$

Beispiel 3-4

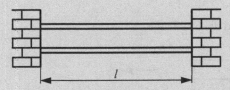

Ein Stahlträger der Länge l ist an seinen Enden fest mit einem Mauerwerk verbunden. Infolge von Temperaturschwankungen wird er im Extremfall um ΔT erwärmt.

Man bestimme die infolge der Temperaturerhöhung entstehende Wärmespannung σ_T (das Mauerwerk kann als starr angesehen werden) und die entstehende Druckkraft im Träger bei einem Trägerquerschnitt A.

geg.: $E_{Stahl} = 210000$ N/mm², $\alpha_{T,\,Stahl} = 1{,}2 \cdot 10^{-5}$ K^{-1}, $\Delta T = 50$ K, $A = 2530$ mm²

Lösung:

Wärmespannung:

$\sigma_T = -E_{Stahl} \cdot \alpha_{T,\,Stahl} \cdot \Delta T = -210000 \, \text{N/mm}^2 \cdot 1{,}2 \cdot 10^{-5} \, \text{K}^{-1} \cdot 50 \, \text{K} = -126 \, \text{N/mm}^2$

Kraft im Träger: $F_T = A \cdot \sigma_T = 2530 \, \text{mm}^2 \cdot (-126 \, \text{N/mm}^2) = -318{,}78 \, \text{kN}$

4 Stäbe und Stabsysteme

Stäbe und statisch bestimmte Stabsysteme werden bereits in Band 1: Technische Mechanik. Statik [1] behandelt. Dort sind Stäbe als Einzelkomponenten von Tragwerken definiert, die Zug- und Druckkräfte in Stabrichtung aufnehmen können, Kapitel 5.1.2 in [1]. Mit den Methoden der Statik konnten dann die Normalkraft bzw. die Normalkraftverläufe im Stab bestimmt werden. Als statisch bestimmtes Stabsystem kann z. B. ein Fachwerk angesehen werden, Kapitel 7 in [1], das aus Stäben aufgebaut ist, die idealerweise mit reibungsfreien Gelenken miteinander verbunden sind. Für Fachwerke können mit den Methoden der Statik die Auflagerreaktionen und die Stabkräfte ermittelt werden.

Im Rahmen der Festigkeitslehre interessiert nun: Welche Spannungen werden in den Stäben übertragen? Welche Verformungen entstehen bei Belastung? Wie lassen sich statisch unbestimmte Stabprobleme lösen?

4.1 Spannungen und Verformungen bei Stäben

Bei Stäben hängen die Spannungen und Verformungen von unterschiedlichen Gegebenheiten ab. So erhält man bei Stäben mit konstantem Querschnitt, Stäben mit veränderlichem Querschnitt und Stäben, bei denen die Belastung über die Stablänge veränderlich ist, jeweils andere Ergebnisse. Daher werden diese Fälle im Nachfolgenden getrennt behandelt.

4.1.1 Stäbe mit konstanter Normalkraft und konstantem Querschnitt

Bei dem Stab in Bild **4-1** liegt eine über die Stablänge konstante Normalkraft $N(x) = N = F$ und ein konstanter Stabquerschnitt $A(x) = A$ vor. In diesem Fall errechnet sich die Normalspannung nach Gleichung (3.2) mit der wirkenden Last F und der Querschnittsfläche A:

$$\sigma = \frac{F}{A}.$$

Die Spannung ist konstant über den Querschnitt und die Stablänge.

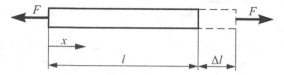

Bild 4-1 Stab mit konstanter Normalkraft $N(x) = F$ und konstantem Querschnitt A

Die Dehnung im Stab ist dann entsprechend dem HOOKEschen Gesetz bei Zug, Kapitel 3.5.4, ebenfalls über den Querschnitt und die Stablänge konstant. Sie errechnet sich mit den Gleichungen (3.20), (3.22) und (3.8):

$$\varepsilon = \frac{\Delta l}{l} = \frac{\sigma}{E} = \frac{F}{E \cdot A} \tag{4.1}$$

Durch Umstellen von Gleichung (4.1) erhält man die Längenänderung Δl des Stabes, Bild **4-1**:

$$\boxed{\Delta l = \frac{F \cdot l}{E \cdot A}}$$

(4.2).

Die Längenänderung ist somit abhängig von der wirkenden Kraft F, der Stablänge l, dem Elastizitätsmodul E des Stabmaterials und der Querschnittsfläche A des Stabs. Das Produkt $E \cdot A$ nennt man auch *Dehnsteifigkeit*.

Ein elastischer Stab ist vergleichbar mit einer Feder (z. B. Spiralfeder). Bei Federn wird die Nachgiebigkeit durch die Federkonstante c definiert. Die Federverlängerung Δl lässt sich dann aus der Federkraft F und der Federkonstanten mit der Beziehung

$$\Delta l = \frac{F}{c}$$

(4.3)

berechnen. Vergleicht man nun Gleichung (4.3) mit Gleichung (4.2), so erhält man für den Stab mit konstanter Normalkraft und konstantem Querschnitt die Federkonstante

$$\boxed{c = \frac{E \cdot A}{l}}$$

(4.4).

4.1.2 Stäbe mit veränderlichem Querschnitt

Bei dem Stab in Bild **4-2** liegt eine konstante Normalkraft $N(x) = F$ und eine über die Stablänge veränderliche Querschnittsfläche $A(x)$ vor. Ist die Funktion $A(x)$ bekannt, z. B. $A(x) = f(A_0, A_1, x)$, so errechnet sich die Spannung $\sigma(x)$ mit der Beziehung

$$\sigma(x) = \frac{F}{A(x)}$$

(4.5).

Die Spannung im Stabquerschnitt verändert sich entsprechend der Querschnittsänderung über die Stablänge. Sie ist maximal an der Stelle mit dem geringsten Querschnitt.

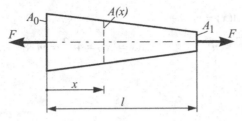

Bild 4-2 Stab (oder Scheibe) mit konstanter Normalkraft $N(x) = F$ und veränderlichem Querschnitt $A(x)$

Die Dehnung im Stab lässt sich mit dem HOOKEschen Gesetz bei Zug, Kapitel 3.5.4, aus der Spannung $\sigma(x)$ ermitteln:

$$\varepsilon(x) = \frac{\sigma(x)}{E}$$

(4.6).

Ist $\varepsilon(x)$ eine stetige Funktion und somit integrierbar, so kann die gesamte Längenänderung des Stabs in Anlehnung an Gleichung (3.18) ermittelt werden:

$$\Delta l = \int_{x=0}^{l} \varepsilon(x)dx = \frac{1}{E} \cdot \int_{x=0}^{l} \sigma(x)dx \qquad (4.7).$$

Die Federkonstante errechnet sich aus der Kraft F und der Längenänderung Δl mit

$$c = \frac{F}{\Delta l} \qquad (4.8),$$

wobei für Δl das Ergebnis der Integration nach Gleichung (4.7) einzusetzen ist.

Beispiel 4-1   ***

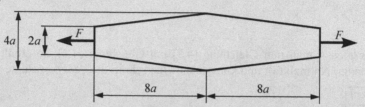

Der gezeichnete Flachstab ist, wie dargestellt, durch die Kraft F belastet. Man bestimme die Spannung und die Dehnung im Stab sowie die Gesamtverlängerung des Stabs.

geg.: F, a, Dicke $t = a$

Lösung:

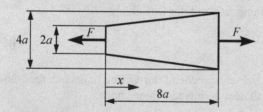

Die Stabverlängerung ergibt sich aus den Verlängerungen der Teilbereiche:

$$\Delta l = \Delta l_1 + \Delta l_2 \text{ mit } \Delta l_1 = \Delta l_2$$

a) Ermittlung von $A(x)$: $A(x) = m \cdot x + n$

$A(x=0) = 2a \cdot t = 2a^2 = n$ $A(x=8a) = 4a^2 = m \cdot 8a + 2a^2$ $\Rightarrow$ $m = \frac{1}{4}a$

$A(x) = \frac{1}{4}a \cdot x + 2a^2$

b) Spannung im Stab

$$\sigma(x) = \frac{F}{A(x)} = \frac{F}{0{,}25a \cdot x + 2a^2}$$

$$\sigma(x=0) = \frac{F}{2a^2}$$

$$\sigma(x=8a) = \frac{F}{4a^2}$$

b) Dehnung im Stab

$$\varepsilon(x) = \frac{\sigma(x)}{E} = \frac{F}{E \cdot A(x)} = \frac{F}{E \cdot (0{,}25a \cdot x + 2a^2)}$$

c) Stabverlängerung des ersten Teilbereichs

$$\Delta l_1 = \int\limits_{x=0}^{8a} \varepsilon(x)dx = \frac{4F}{E \cdot a} \int\limits_{x=0}^{8a} \frac{dx}{x+8a} = \frac{4F}{E \cdot a} \left[\ln|x+8a|\right]\Big|_0^{8a} = \frac{4F}{E \cdot a} \ln 2$$

c) Gesamtverlängerung des Stabs:

$$\Delta l = 2 \cdot \Delta l_1 = \frac{8F}{E \cdot a} \ln 2$$

4.1.3 Stäbe mit veränderlicher Belastung

Betrachtet werden Stäbe mit abschnittsweise und kontinuierlich veränderlicher Belastung.

4.1.3.1 Stäbe mit abschnittsweise veränderlicher Belastung

Für Stäbe, bei denen über die Stablänge mehrere Einzelkräfte wirken (Mehrbereichsproblem, siehe Abschnitt 5.6.4 in [1]), lassen sich die Normalkräfte N_i, die Spannungen σ_i, die Dehnungen ε_i und die Stabverlängerungen Δl_i in den Abschnitten $i = I, II, ..., n$ bestimmen.

Demnach gilt:

$$\sigma_i = \frac{N_i}{A}, \qquad \varepsilon_i = \frac{\sigma_i}{E} \qquad \text{und} \qquad \Delta l_i = \frac{N_i \cdot l_i}{E \cdot A} \tag{4.9}.$$

Die Gesamtverlängerung des Stabs errechnet sich dann mit

$$\Delta l = \sum_{i=1}^{n} \Delta l_i \tag{4.10},$$

siehe auch Beispiel 3-2.

Neben den Stäben mit abschnittsweise veränderlicher Belastung existieren auch Stäbe mit kontinuierlich veränderlicher Belastung. Diese ergibt sich, wenn man den Einfluss von Volumen- oder Massenkräften (siehe Kapitel 2.1 in [1]) berücksichtigt. Im Folgenden werden daher Stäbe mit Schwerkraft- und Fliehkrafteinfluss untersucht.

4.1.3.2 Stäbe mit Schwerkrafteinfluss

Betrachtet wird ein Stab, Bild **4-3a**, der lediglich durch die Schwerkraft, d.h. sein Eigengewicht, belastet ist. Mit dem Teilvolumen

$$V(x) = A \cdot x \tag{4.11},$$

des Stabs, Bild **4-3**b, und dem spezifischen Gewicht $\gamma = \rho \cdot g$ (ρ: Dichte, g: Schwerebeschleunigung) des Stabmaterials erhält man das Teilgewicht

$$G(x) = V(x) \cdot \gamma = A \cdot x \cdot \gamma$$

und somit die Normalkraft

$$N(x) = G(x) = A \cdot \gamma \cdot x \qquad\qquad (4.12),$$

Bild **4-3**c. Diese steigt mit der Stabkoordinate x (Höhe) linear an. Die maximale Normalkraft N_{max} im Stab entspricht dabei dem Gesamtgewicht G_{ges} des Stabs

$$N_{max} = N(x = l) = G_{ges} = A \cdot l \cdot \gamma .$$

Mit der Normalkraft $N(x)$ und der Querschnittsfläche A ergibt sich (nach Gleichung (3.2)) die Spannung

$$\boxed{\sigma(x) = \frac{N(x)}{A} = \gamma \cdot x} \qquad\qquad (4.13),$$

Bild **4-3**d. Die Dehnung lässt sich mit dem HOOKEschen Gesetz bei Zug, Gleichung (3.22), wie folgt berechnen:

$$\varepsilon(x) = \frac{\sigma(x)}{E} = \frac{\gamma}{E} \cdot x \qquad\qquad (4.14).$$

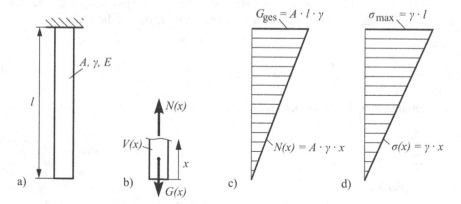

Bild 4-3 Stab unter Schwerkrafteinfluss
    a) Stab mit konstanter Querschnittsfläche A, spezifischem Gewicht γ und Elastizitätsmodul E
    b) Teilstück des Stabs der Länge x mit dem Teilvolumen $V(x)$, dem Teilgewicht $G(x)$ und der Normalkraft $N(x)$
    c) Normalkraft $N(x)$ im Stab infolge der Eigengewichtsbelastung
    d) Normalspannung $\sigma(x)$ im Stab infolge des Eigengewichts des Stabs

Die Längenänderung Δl des Stabs erhält man nach Gleichung (3.18) mit der Beziehung

$$\Delta l = \int_{x=0}^{l} \varepsilon(x)\,dx = \frac{\gamma}{E} \cdot \int_{x=0}^{l} x\,dx = \frac{\gamma \cdot l^2}{2E} \qquad\qquad (4.15).$$

Spannung und Dehnung nehmen mit der Koordinate x linear zu, siehe z. B. Bild **4-3d**. Die maximale Spannung tritt am oberen Stabende, d. h. bei $x = l$, auf und beträgt

$$\sigma_{max} = \gamma \cdot l \qquad (4.16).$$

Durch Vergleich mit der Zugfestigkeit R_m des Stabmaterials, siehe Kapitel 3.5.1 und Anhang A1, erhält man die Reißlänge

$$l_R = \frac{R_m}{\gamma} \qquad (4.17).$$

Diese drückt aus, bei welcher Länge ein Stab unter reinem Schwerkrafteinfluss abreißen würde.

4.1.3.3 Stäbe mit Fliehkrafteinfluss

Bild **4-4** zeigt einen rotierenden Stab unter Fliehkrafteinfluss. Die Fliehkraft (Zentrifugalkraft) errechnet sich mit der Beziehung

$$F_z = m \cdot r \cdot \omega^2 \qquad (4.18),$$

(siehe auch Kapitel 2.1 in [1]). Für das Teilvolumen $V(x) = A \cdot x$ ergibt sich mit der Dichte ρ des Stabmaterials die Teilmasse

$$m(x) = V(x) \cdot \rho = A \cdot x \cdot \rho \qquad (4.19).$$

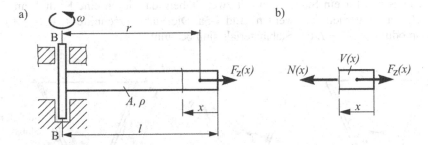

Bild 4-4 Stab unter Fliehkrafteinfluss
   a) Stab rotiert mit der Winkelgeschwindigkeit ω um die Achse B - B
   b) Normalkraft $N(x)$ im Stab infolge der Zentrifugalkraft (Fliehkraft)

In Gleichung (4.18) stellt r den Abstand des Schwerpunkts der Teilmasse von der Rotationsachse dar:

$$r = l - \frac{x}{2},$$

Bild **4-4a**. Mit der Rotationsgeschwindigkeit (Winkelgeschwindigkeit) ω erhält man dann die Fliehkraft

$$F_z(x) = A \cdot x \cdot \rho \cdot \left(l - \frac{x}{2}\right) \cdot \omega^2 \qquad (4.20)$$

und somit auch die Normalkraft

$$N(x) = F_z(x) = A \cdot \rho \cdot \omega^2 \cdot \left(l \cdot x - \frac{x^2}{2} \right) \tag{4.21}$$

des Stabs. Daraus lassen sich die Spannung

$$\sigma(x) = \frac{N(x)}{A} = \rho \cdot \omega^2 \cdot \left(l \cdot x - \frac{x^2}{2} \right) \tag{4.22}$$

und letztlich auch die Dehnung $\varepsilon(x)$ im Stab und die Stabverlängerung Δl ermitteln.

Die maximale Spannung tritt an dem an der Rotationsachse befestigten Stabende, d. h. bei $x = l$, auf:

$$\sigma_{max} = \sigma(x = l) = \frac{1}{2} \rho \cdot \omega^2 \cdot l^2 \tag{4.23}.$$

4.2 Statisch bestimmte Stabsysteme

Besteht ein Tragwerk aus mehreren Stäben, so spricht man von einem Stabsystem. Ein Stabsystem ist statisch bestimmt, wenn man allein mit den Gleichgewichtsbedingungen der Statik die Stabkräfte ermitteln kann. Aus den Stabkräften lassen sich dann auch die Spannungen in den Stäben, die Stabverlängerungen und die Verschiebungen der Lastangriffspunkte errechnen. Dies soll für ein Stabsystem mit zwei Stäben, das durch eine Kraft F im Gelenkpunkt P belastet ist, verdeutlicht werden, Bild **4-5a**. Die Stabquerschnitte $A_1 = A_2 = A$ und der Elastizitätsmodul $E_1 = E_2 = E$ des Stabmaterials sind bekannt.

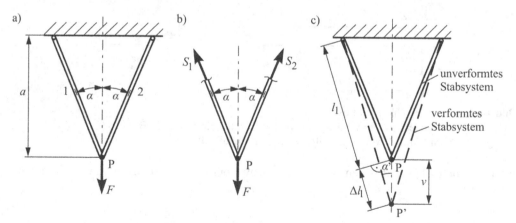

Bild 4-5 Ermittlung der Kräfte, Spannungen und Verformungen bei einem statisch bestimmten Stabsystem
    a) Stabsystem mit zwei Stäben, das durch eine Kraft F belastet ist
    b) Freischnitt des Lastangriffspunktes P mit den Stabkräften S_1 und S_2
    c) Vergleich von verformtem und unverformtem Stabsystem

Die Stabkräfte S_1 und S_2, Bild **4-5b**, lassen sich mit den Gleichgewichtsbedingungen der ebenen Statik, siehe Kapitel 2.4.4 und 4.1 in [1], ermitteln:

$$\leftarrow: \quad S_1 \cdot \sin \alpha - S_2 \cdot \sin \alpha = 0 \tag{4.24},$$

$$\uparrow: \quad S_1 \cdot \cos \alpha + S_2 \cdot \cos \alpha - F = 0 \tag{4.25}.$$

Aus Gleichung (4.24) folgt $S_1 = S_2 = S$ und mit Gleichung (4.25) ergibt sich

$$S = S_1 = S_2 = \frac{F}{2 \cos \alpha} \tag{4.26}.$$

Mit den Stabkräften lassen sich nun die wirkenden Normalspannungen in den Stäben ermitteln. In Anlehnung an Gleichung (3.2) gilt:

$$\sigma = \sigma_1 = \sigma_2 = \frac{S}{A} = \frac{F}{2A \cdot \cos \alpha} \tag{4.27}.$$

Bei dem symmetrischen Stabsystem sind die Stablängen l_1 und l_2 gleich groß:

$$l = l_1 = l_2 = \frac{a}{\cos \alpha}.$$

Somit ergeben sich mit Gleichung (4.2) die Stabverlängerungen

$$\Delta l = \Delta l_1 = \Delta l_2 = \frac{S \cdot l}{E \cdot A} = \frac{F \cdot a}{2E \cdot A \cdot \cos^2 \alpha} \tag{4.28}.$$

Die Verschiebung v des Lastangriffspunktes, Bild **4-5c**, errechnet sich aus der Stabverlängerung Δl und dem Winkel α' (mit $\alpha' = \alpha$ für kleine Verformungen):

$$v = \frac{\Delta l}{\cos \alpha} = \frac{F \cdot a}{2E \cdot A \cdot \cos^3 \alpha} \tag{4.29}.$$

Bei den Fachwerken, die in [1] untersucht wurden, handelt es sich ebenfalls um statisch bestimmte Stabsysteme. Die Ermittlung der Stabkräfte erfolgt mit den Methoden der Statik, siehe Kapitel 7.3 und 7.4 in [1]. Mit diesen Stabkräften lassen sich dann die Spannungen und Längenänderungen der Stäbe bestimmen, siehe z. B. Beispiel 4-2.

Beispiel 4-2   **✳✳✳**

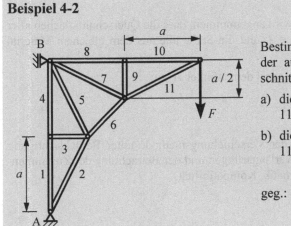

Bestimmen Sie für den skizzierten Wandkran, der aus Stäben mit einer konstanten Querschnittsfläche A aufgebaut ist,

a) die Spannungen in den Stäben 1, 10 und 11 sowie

b) die Längenänderung der Stäbe 1, 10 und 11.

geg.: $F = 25$ kN, $a = 2$ m, $A = 250$ mm², $E = 210000$ N/mm²

Lösung:

a) Spannungen in den Stäben 1, 10 und 11

Stabkräfte: $S_1 = 25$ kN, $S_{10} = 50$ kN, $S_{11} = -56$ kN (siehe Beispiel 7-3 in [1])

$$\sigma_1 = \frac{S_1}{A} = \frac{25\,\text{kN}}{250\,\text{mm}^2} = 100\,\frac{\text{N}}{\text{mm}^2}, \qquad \sigma_{10} = \frac{S_{10}}{A} = \frac{50\,\text{kN}}{250\,\text{mm}^2} = 200\,\frac{\text{N}}{\text{mm}^2}$$

$$\sigma_{11} = \frac{S_{11}}{A} = \frac{-56\,\text{kN}}{250\,\text{mm}^2} = -224\,\frac{\text{N}}{\text{mm}^2}$$

b) Längenänderung der Stäbe 1, 10 und 11

$$\Delta l_1 = \frac{S_1 \cdot a}{E \cdot A} = \frac{25\,\text{kN} \cdot 2\,\text{m}}{210000\,\text{N/mm}^2 \cdot 250\,\text{mm}^2} = 0,95\,\text{mm}$$

$$\Delta l_{10} = \frac{S_{10} \cdot a}{E \cdot A} = \frac{50\,\text{kN} \cdot 2\,\text{m}}{210000\,\text{N/mm}^2 \cdot 250\,\text{mm}^2} = 1,9\,\text{mm}$$

$$\Delta l_{11} = \frac{S_{11} \cdot \sqrt{a^2 + (a/2)^2}}{E \cdot A} = \frac{-56\,\text{kN} \cdot \sqrt{4\,\text{m}^2 + 1\,\text{m}^2}}{210000\,\text{N/mm}^2 \cdot 250\,\text{mm}^2} = -2,4\,\text{mm}$$

4.3 Statisch unbestimmte Stabsysteme

Bei statisch unbestimmten Systemen reichen die Gleichgewichtsbedingungen zur Ermittlung der Stabkräfte nicht aus. Es muss zusätzlich die Verformungsfähigkeit der Stäbe betrachtet werden. Zur Ermittlung der gesuchten Größen stehen mit der Verschiebungsmethode und der Superpositionsmethode zwei Konzepte zur Verfügung. Diese werden nachfolgend anhand eines Stabsystems mit drei Stäben, die am gemeinsamen Gelenkpunkt durch eine Kraft F belastet sind, Bild **4-6**a, verdeutlicht.

4.3.1 Verschiebungsmethode

Für das in Bild **4-6**a gezeigte Stabsystem wird angenommen, dass die Querschnittsflächen aller Stäbe gleich groß sind, d. h. $A_1 = A_2 = A_3 = A$, und die Stäbe alle aus dem gleichem Material bestehen, d. h. $E_1 = E_2 = E_3 = E$.

Die Stablängen ergeben sich mit der Höhe a und dem Winkel α zu:

$$l_1 = l_3 = \frac{a}{\cos\alpha}, \qquad l_2 = a.$$

Die Lösung dieses Problems erfolgt mit der Verschiebungsmethode unter Berücksichtigung der Gleichgewichtsbedingungen, der Stabverlängerungen und der Betrachtung der Zusammenhänge zwischen den Verformungen (Kinematik, Kompatibilität).

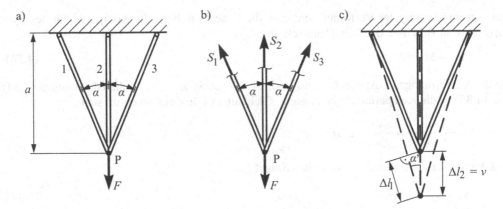

Bild 4-6 Ermittlung der Kräfte und Verformungen bei einem statisch unbestimmten Stabsystem
    a) Stabsystem mit drei Stäben, das durch eine Kraft F belastet ist
    b) Freischnitt mit den Stabkräften S_1, S_2 und S_3
    c) Verformungen des Stabsystems

Für das freigeschnittene System erhält man mit den Gleichgewichtsbedingungen

$$\leftarrow: \quad S_1 \cdot \sin\alpha - S_3 \cdot \sin\alpha = 0 \tag{4.30},$$

$$\uparrow: \quad S_1 \cdot \cos\alpha + S_2 + S_3 \cdot \cos\alpha - F = 0 \tag{4.31}.$$

Aus Gleichung (4.30) ergibt sich

$$S_1 = S_3 \tag{4.32}$$

und mit den Gleichungen (4.31) und (4.32) folgt

$$2S_1 \cdot \cos\alpha + S_2 = F \tag{4.33}.$$

Zur Ermittlung der Stabkräfte $S_1 = S_3$ und S_2 steht somit nur eine Gleichung für zwei Unbekannte zur Verfügung. Die Gleichgewichtsbedingungen reichen somit nicht aus, um die Stabkräfte zu ermitteln. Es handelt sich um ein einfach statisch unbestimmtes Stabsystem. Durch Betrachtung der Stabverlängerungen, d. h. der Verformungsfähigkeit des Systems, und der Zusammenhänge zwischen den Verformungen der Stäbe muss nun eine weitere Gleichung gefunden werden, die in Verbindung mit Gleichung (4.33) die Ermittlung der Stabkräfte ermöglicht.

Die Stabverlängerungen der Stäbe ergeben sich mit dem HOOKEschen Gesetz in Anlehnung an Gleichung (4.2).

Für Stab 1 und Stab 3 gilt somit

$$\Delta l_1 = \Delta l_3 = \frac{S_1 \cdot l_1}{E_1 \cdot A_1} = \frac{S_1 \cdot a}{E \cdot A \cdot \cos\alpha} \tag{4.34}$$

und für Stab 2

$$\Delta l_2 = \frac{S_2 \cdot l_2}{E_2 \cdot A_2} = \frac{S_2 \cdot a}{E \cdot A} \tag{4.35}.$$

Der Zusammenhang der Verformungen, d. h. die Kinematik bzw. die Kompatibilität des Systems, wird in Bild **4-6**c deutlich. Demnach gilt:

$$\Delta l_1 = \Delta l_3 = \Delta l_2 \cdot \cos\alpha' \tag{4.36}$$

Da die Verformungen i. Allg. sehr klein sind, ist $\alpha' = \alpha$. Setzt man nun die Gleichungen (4.34) und (4.35) in die Kompatibilitätsbedingung, Gleichung (4.36), ein, so ergibt sich

$$\frac{S_1 \cdot a}{E \cdot A \cdot \cos\alpha} = \frac{S_2 \cdot a}{E \cdot A} \cdot \cos\alpha$$

und daraus der Zusammenhang zwischen S_1 und S_2:

$$S_1 = S_2 \cdot \cos^2\alpha \tag{4.37}$$

Mit den Gleichungen (4.37) und (4.33) erhält man

$$2S_2 \cdot \cos^3\alpha + S_2 = F$$

und somit die Stabkraft S_2:

$$S_2 = \frac{F}{1 + 2\cos^3\alpha} \tag{4.38}$$

Gleichung (4.37) ergibt dann auch die Stabkräfte

$$S_1 = S_3 = \frac{F \cdot \cos^2\alpha}{1 + 2\cos^3\alpha} \tag{4.39}$$

Die Verschiebung v des Kraftangriffspunktes entspricht der Verlängerung von Stab 2:

$$v = \Delta l_2 = \frac{F \cdot a}{E \cdot A \cdot (1 + 2\cos^3\alpha)} \tag{4.40}$$

Mit dieser Methode können also die Stabkräfte und daraus die Spannungen $\sigma_1 = \sigma_3 = S_1/A$, $\sigma_2 = S_2/A$, die Stabverlängerungen $\Delta l_1 = \Delta l_3$ und Δl_2 sowie die Verschiebung v des Kraftangriffspunktes ermittelt werden.

Zur Anwendung kommen kann aber auch die Superpositionsmethode, die nachfolgend beschrieben wird.

4.3.2 Superpositionsmethode

Auch diese Methode soll an dem in Bild **4-6**a gezeigten Stabsystem verdeutlicht werden. Es handelt sich um ein einfach statisch unbestimmtes System mit einer statisch überzähligen Stabkraft, z. B. S_2 in Bild 4-7a. Die statisch überzählige Kraft wird als unbekannte Größe mit X bezeichnet. Bei der Superpositionsmethode überlagert man nun die Verformungen, die sich für die statisch bestimmten Systeme, Bild 4-7b, c und d, ergeben.

Als statisch bestimmtes Grundsystem gilt dann das Stabsystem, das aus den Stäben 1 und 3 besteht (hier lässt man den Stab, in dem die statisch überzählige Kraft X wirkt, weg). Für das statisch bestimmte Grundsystem werden die Verschiebungen v_F und v_X des Lastangriffspunktes

P für die Belastung mit der äußeren Kraft F und die Belastung mit der statisch Überzähligen X ermittelt.

Die Belastung des Stabs 2 mit der statisch Überzähligen X liefert die Verlängerung Δl_2 des Stabs. Die Kompatibilität bzw. die Kinematik (Geometrie) der Verformungen verlangt nun, dass die Gesamtverlängerung v_{ges} des Grundsystems gleich der Stabverlängerung Δl_2 des Stabs 2 ist.

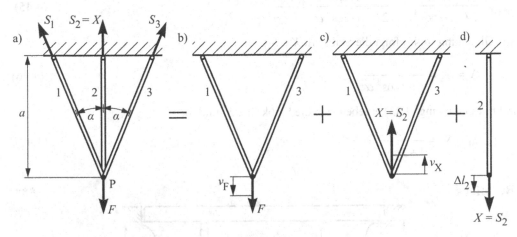

Bild 4-7 Ermittlung der Stabkräfte und der Verformungen für ein statisch unbestimmtes Stabsystem
  a) Freigeschnittenes System mit der äußeren Kraft F und den Stabkräften S_1, S_2 und S_3, bei dem die Stabkraft S_2 als statisch überzählige Kraft X ausgewählt wurde
  b) Statisch bestimmtes Grundsystem, bestehend aus den Stäben 1 und 3, belastet durch die Kraft F, die zu einer Verschiebung des Kraftangriffspunktes P um v_F führt
  c) Statisch bestimmtes Grundsystem (Stäbe 1 und 3), belastet durch die statisch Überzählige X, die den Kraftangriffspunkt P um v_X verschiebt
  d) Stab 2, belastet durch die statisch Überzählige X, mit der Stabverlängerung Δl_2

Die Verschiebung v_F des Grundsystems, Bild 4-7b, durch die Kraft F erhält man mit Gleichung (4.29)

$$v_F = \frac{F \cdot a}{2E \cdot A \cdot \cos^3 \alpha} \tag{4.41}.$$

Die Verschiebung v_X des Grundsystems, Bild 4-7c, durch die statisch Überzählige X ergibt sich ebenfalls mit Gleichung (4.29):

$$v_X = \frac{X \cdot a}{2E \cdot A \cdot \cos^3 \alpha} \tag{4.42}.$$

Die Stabverlängerung Δl_2 des Stabs 2, Bild 4-7d, infolge der statisch überzähligen Kraft X, errechnet sich mit Gleichung (4.2):

$$\Delta l_2 = \frac{X \cdot a}{E \cdot A} \tag{4.43}.$$

Betrachtet man alle Verformungen, so erkennt man, dass die Gesamtverschiebung $v_{\text{ges}} = v_F - v_X$ des Grundsystems der Stabverlängerung Δl_2 des Stabs 2 gleichzusetzen ist:

$$v_{ges} = v_F - v_X = \Delta l_2 \qquad (4.44).$$

Setzt man in diese kinematische Beziehung (Kompatibilitätsbedingung) die Verschiebungen v_F, v_X und die Längenänderung Δl_2 ein, so erhält man eine Gleichung, mit der sich die statisch überzählige Kraft X ermitteln lässt:

$$\frac{F \cdot a}{2E \cdot A \cdot \cos^3 \alpha} - \frac{X \cdot a}{2E \cdot A \cdot \cos^3 \alpha} = \frac{X \cdot a}{E \cdot A} \qquad (4.45).$$

Aus Gleichung (4.45) folgt die Stabkraft $X = S_2$:

$$X = S_2 = \frac{F}{1 + 2\cos^3 \alpha} \qquad (4.46)$$

und mit Gleichung (4.33) ergeben sich die Stabkräfte S_1 und S_3:

$$S_1 = S_3 = \frac{F \cdot \cos^2 \alpha}{1 + 2\cos^3 \alpha} \qquad (4.47).$$

Beispiel 4-3 ***

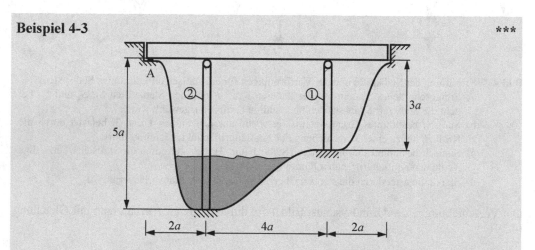

Eine Brücke mit einem Eigengewicht G_B ist über die Pfeiler ① und ② sowie ein Festlager A abgestützt. Die Brücke wurde bei einer Temperatur T_0 montiert. Im Sommer erwärmt sich der Pfeiler ① um ΔT, während sich der Pfeiler ② aufgrund der Umspülung eines Flusses nicht erwärmt.

Bestimmen Sie unter Berücksichtigung des Eigengewichts der Brücke

a) die Kräfte in den Pfeilern ① und ② sowie

b) die entsprechenden Spannungen.

Bei den Betrachtungen kann die Brücke als unverformbar (starr) angesehen werden.

geg.: $G_B = 240$ kN, $a = 3$ m, Stabquerschnitt: $A = 10000$ mm², $\Delta T = 40$ K, $\alpha_T = 1{,}2 \cdot 10^{-5}$ K^{-1}, $E = 210000$ N/mm²

Lösung:

Freischnitt:

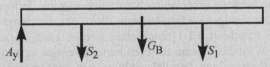

a) Kräfte in den Pfeilern ① und ②

Gleichgewichtsbedingung:

$$\widehat{A}: \quad S_2 \cdot 2a + S_1 \cdot 6a + G_B \cdot 4a = 0 \quad \Rightarrow \quad S_2 = -3S_1 - 2G_B \tag{1}$$

Verformungen der Stäbe:

Stab 1: $\quad \Delta l_1 = \dfrac{S_1 \cdot 3a}{E \cdot A} + 3a \cdot \alpha_T \cdot \Delta T \qquad$ (Überlagerung von elastischer und thermischer Verformung) $\tag{2}$

Stab 2: $\quad \Delta l_2 = \dfrac{S_2 \cdot 5a}{E \cdot A} \tag{3}$

Kinematik:

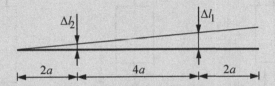

aus Strahlensatz folgt: $\quad \dfrac{\Delta l_1}{6a} = \dfrac{\Delta l_2}{2a} \quad \Rightarrow \quad \Delta l_1 = 3\Delta l_2 \tag{4}$

Durch Einsetzen von (2) bzw. (3) und (1) in (4) ergibt sich

$$\frac{S_1 \cdot 3a}{E \cdot A} + 3a \cdot \alpha_T \cdot \Delta T = \frac{3 \cdot (-3S_1 - 2G_B) \cdot 5a}{E \cdot A}$$

$$\Rightarrow \quad S_1 = -\frac{5}{8} G_B - \frac{1}{16} E \cdot A \cdot \alpha_T \cdot \Delta T$$

$$= -\frac{5}{8} \cdot 240000\,\text{N} - \frac{1}{16} \cdot 210000\,\frac{\text{N}}{\text{mm}^2} \cdot 10000\,\text{mm}^2 \cdot 1{,}2 \cdot 10^{-5}\,\text{K}^{-1} \cdot 40\,\text{K}$$

$$= -213\,\text{kN}$$

Mit (1) folgt: $S_2 = 159\,\text{kN}$

b) Spannungen in den Pfeilern ① und ②

$$\sigma_1 = \frac{S_1}{A} = \frac{-213\,\text{kN}}{10000\,\text{mm}^2} = -21{,}3\,\frac{\text{N}}{\text{mm}^2}$$

$$\sigma_2 = \frac{S_2}{A} = \frac{159\,\text{kN}}{10000\,\text{mm}^2} = 15{,}9\,\frac{\text{N}}{\text{mm}^2}$$

4.4 Reihen- und Parallelschaltung elastischer Stabsysteme

Elastische Stäbe können beliebig miteinander kombiniert werden. Je nach Kopplung kann das Gesamtsystem mehr oder weniger verformbar sein. Wird das elastische Stabsystem, das auch als Federsystem (siehe Abschnitt 4.1.1) angesehen werden kann, weicher, spricht man von einer Reihenschaltung. Wird das System dagegen härter (weniger verformungsfähig) liegt eine Parallelschaltung vor. Reihen- und Parallelschaltung von Stäben und Federsystemen sowie auch Kombinationen davon werden nachfolgend beschrieben.

4.4.1 Reihenschaltung von Stäben

Bei der Reihenschaltung von Stäben, Bild **4-8**, handelt es sich um ein statisch bestimmtes Problem. Die am Stabsystem angreifende Kraft wirkt in beiden Stabteilen. Die Gesamtverformung des Systems ist größer als die Verformungen der einzelnen Stäbe. Dementsprechend ist die Federkonstante des Gesamtsystems geringer als die Federkonstanten der Teilsysteme (Stäbe).

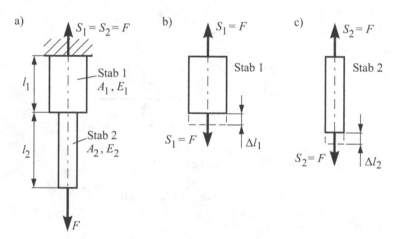

Bild 4-8 Reihenschaltung von Stäben
  a) Stabsystem mit zwei Stäben in Reihenschaltung
  b) Stab 1 (Länge l_1, Querschnittsfläche A_1, Elastizitätsmodul E_1), belastet durch $S_1 = F$, Stabverlängerung Δl_1
  c) Stab 2 (Länge l_2, Querschnittsfläche A_2, Elastizitätsmodul E_2), belastet durch $S_2 = F$, Stabverlängerung Δl_2

Mit dem Schnittprinzip von EULER/LAGRANGE und der Anwendung von Gleichgewichtsbedingungen in vertikaler Richtung lässt sich berechnen, dass die Stabkräfte in beiden Teilsystemen (Stäben) gleich groß, nämlich gleich der äußeren Kraft F, sind.

$$S_1 = S_2 = F \tag{4.48}.$$

In Anlehnung an Gleichung (4.2) errechnet sich die Stabverlängerung Δl_1 für Stab 1

$$\Delta l_1 = \frac{F \cdot l_1}{E_1 \cdot A_1} \tag{4.49}.$$

Da jeder elastische Stab auch als Feder angesehen werden kann, erhält man analog zu Gleichung (4.4) die Federkonstante für Stab 1

$$c_1 = \frac{E_1 \cdot A_1}{l_1}$$ (4.50).

Für Stab 2 gilt

$$\Delta l_2 = \frac{F \cdot l_2}{E_2 \cdot A_2}$$ (4.51)

und

$$c_2 = \frac{E_2 \cdot A_2}{l_2}$$ (4.52).

Die Gesamtverlängerung Δl des Stabsystems ergibt sich nun als Addition der Stabverlängerungen Δl_1 und Δl_2:

$$\Delta l = \Delta l_1 + \Delta l_2 = \frac{F \cdot l_1}{E_1 \cdot A_1} + \frac{F \cdot l_2}{E_2 \cdot A_2}$$ (4.53).

Ausgehend von Gleichung (4.3) ergibt sich die Gesamtfederkonstante c mit der Kraft F und der Gesamtverlängerung Δl

$$c = \frac{F}{\Delta l} = \frac{F}{F \cdot \left(\dfrac{l_1}{E_1 \cdot A_1} + \dfrac{l_2}{E_2 \cdot A_2} \right)}$$ (4.54).

Durch Einsetzen der Federkonstanten c_1 und c_2, Gleichungen (4.50) und (4.52), erhält man

$$c = \frac{1}{\dfrac{1}{c_1} + \dfrac{1}{c_2}}$$ (4.55)

bzw.

$$\boxed{\frac{1}{c} = \frac{1}{c_1} + \frac{1}{c_2}}$$ (4.56).

Bei zwei Federn lässt sich diese Gleichung wie folgt umformen

$$c = \frac{c_1 \cdot c_2}{c_1 + c_2}$$ (4.57).

Liegen Stabsysteme mit mehr als zwei in Reihe geschalteten Stäben (Gesamtzahl n) vor, gilt für die Gesamtfederkonstante

$$\boxed{\frac{1}{c} = \sum_{i=1}^{n} \frac{1}{c_i}}$$ (4.58).

Bei Reihenschaltung wird somit die gesamte Feder weicher (verformbarer). Ist die Gesamtfe-derkonstante c bekannt, lässt sich, nach Gleichung (4.54), die Gesamtverlängerung des Stabsystems auch mit der Beziehung

$$\Delta l = \frac{F}{c} \quad .$$

(4.59)

ermitteln.

4.4.2 Parallelschaltung von Stäben

Bei der Parallelschaltung von Stäben, Bild 4-9a, handelt es sich um ein statisch unbestimmtes System. Die am System angreifende Kraft teilt sich entsprechend den Elastizitäten der Stäbe auf die Stäbe auf. Beim gekoppelten System ist die Gesamtverformung (Verschiebung des Kraftangriffspunktes) der Längenänderung der Stäbe gleichzusetzen. Das Gesamtsystem verformt sich jedoch wesentlich weniger als ein durch die angreifende Kraft belasteter einzelner Stab. Die Federkonstante des Gesamtsystems ist demnach größer als die Federkonstanten der Teilsysteme (Stäbe).

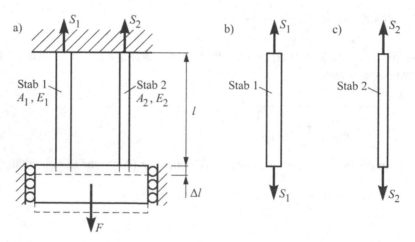

Bild 4-9 Parallelschaltung von Stäben
a) Stabsystem aus zwei Stäben in Parallelschaltung (statisch unbestimmtes Stabsystem mit $\Delta l_1 = \Delta l_2 = \Delta l$)
b) Stab 1 (Länge l_1, Querschnittsfläche A_1, Elastizitätsmodul E_1), belastet durch S_1, Stabver-längerung $\Delta l_1 = \Delta l$
c) Stab 2 (Länge l_2, Querschnittsfläche A_2, Elastizitätsmodul E_2), belastet durch S_2, Stabver-längerung $\Delta l_2 = \Delta l$

Für das Stabsystem in Bild 4-9a ergibt sich die Gleichgewichtsbedingung in vertikaler Richtung

$$\uparrow: \quad S_1 + S_2 - F = 0$$

bzw.

$$S_1 + S_2 = F$$

(4.60).

Dies bedeutet, allein mit den Gleichgewichtsbedingungen der ebenen Statik lassen sich die Stabkräfte nicht ermitteln. Es handelt sich somit um ein statisch unbestimmtes Problem. Daher sind zusätzlich die Verformungen der Stäbe zu betrachten.

In Anlehnung an Gleichung (4.2) errechnet sich die Stabverlängerung Δl_1 für Stab 1, Bild 4-9b, mit

$$\Delta l_1 = \frac{S_1 \cdot l_1}{E_1 \cdot A_1} \qquad (4.61).$$

Daraus erhält man durch Vergleich mit Gleichung (4.3) die Federkonstante

$$c_1 = \frac{E_1 \cdot A_1}{l_1} \qquad (4.62)$$

und durch Umstellung von Gleichung (4.61) auch eine Beziehung für S_1:

$$S_1 = \frac{E_1 \cdot A_1}{l_1} \cdot \Delta l_1 = c_1 \cdot \Delta l_1 \qquad (4.63).$$

Für Stab 2, Bild 4-9c, gilt analog

$$\Delta l_2 = \frac{S_2 \cdot l_2}{E_2 \cdot A_2} \qquad (4.64),$$

$$c_2 = \frac{E_2 \cdot A_2}{l_2} \qquad (4.65),$$

$$S_2 = \frac{E_2 \cdot A_2}{l_2} \cdot \Delta l_2 = c_2 \cdot \Delta l_2 \qquad (4.66).$$

Beim gekoppelten Stabsystem ergibt die Kinematik (Kompatibilität) der Verformung, siehe Bild 4-9a:

$$\Delta l = \Delta l_1 = \Delta l_2 \qquad (4.67),$$

d. h. die Gesamtverformung Δl des Systems ist gleich den Verformungen Δl_1 und Δl_2 der Teilsysteme. Zusätzlich gilt in diesem Beispiel, Bild 4-9a, $l = l_1 = l_2$.

In Anlehnung an Gleichung (4.3) gilt für die Gesamtfederkonstante

$$c = \frac{F}{\Delta l} \qquad (4.68).$$

Mit Gleichung (4.60) und den Gleichungen (4.63) und (4.66) sowie Gleichung (4.67) erhält man

$$c = \frac{F}{\Delta l} = \frac{S_1 + S_2}{\Delta l} = \frac{(c_1 + c_2) \cdot \Delta l}{\Delta l}$$

bzw.

$$\boxed{c = c_1 + c_2}$$ (4.69).

Ist die Gesamtfederkonstante c bekannt, erhält man mit Gleichung (4.68) die Verschiebung des Kraftangriffspunktes

$$v = \Delta l = \frac{F}{c}$$ (4.70)

und mit den Gleichungen (4.63) und (4.66) die Stabkräfte S_1 und S_2:

$$S_1 = \frac{c_1}{c} \cdot F$$ (4.71),

$$S_2 = \frac{c_2}{c} \cdot F$$ (4.72).

Liegen Stabsysteme mit mehr als zwei parallel geschalteten Stäben vor, gilt für die Gesamtfederkonstante

$$\boxed{c = \sum_{i=1}^{n} c_i}$$ (4.73).

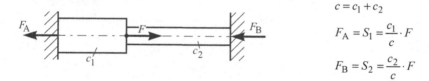

$$c = c_1 + c_2$$

$$F_A = S_1 = \frac{c_1}{c} \cdot F$$

$$F_B = S_2 = \frac{c_2}{c} \cdot F$$

Bild 4-10   Parallelgeschaltetes Stabsystem

Bei Parallelschaltung wird die gesamte Feder also härter (weniger verformbar). Eine Parallelschaltung liegt daher auch bei dem Stabsystem in Bild **4-10** vor.

4.4.3 Kombinationen

Eine Kombination von Reihen- und Parallelschaltung existiert bei dem Stabsystem in Bild **4-11**. Hierbei sind jeweils die Stäbe 1 und 2 sowie 3 und 4 in Reihe geschaltet, während das System 1,2, bestehend aus den Stäben 1 und 2, mit dem System 3,4, bestehend aus den Stäben 3 und 4, parallelgeschaltet ist.

Für die Federkonstanten gilt somit

$$\frac{1}{c_{1,2}} = \frac{1}{c_1} + \frac{1}{c_2}, \qquad \frac{1}{c_{3,4}} = \frac{1}{c_3} + \frac{1}{c_4}$$

und

$$c = c_{1,2} + c_{3,4}.$$

Die Stabkraft in den Stäben 1 und 2 und die Auflagerkraft F_A ergibt sich mit

$$S_1 = S_2 = F_A = \frac{c_{1,2}}{c} \cdot F$$

und die Stabkraft in den Stäben 3 und 4 und die Auflagerkraft F_B mit

$$S_3 = S_4 = F_B = \frac{c_{3,4}}{c} \cdot F .$$

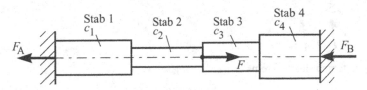

Bild 4-11 Kombination von Reihen- und Parallelschaltung

Beispiel 4-4 ***

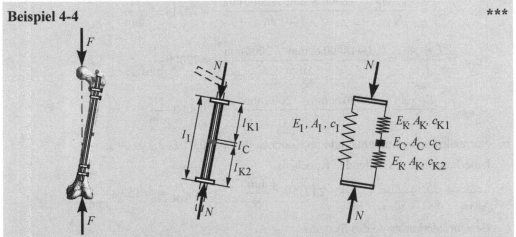

Nach einer Oberschenkelfraktur wird dem Patienten sehr häufig ein Implantat (Marknagel) zur Stabilisierung des Knochens eingesetzt. Für die Übertragung der Normalkraft kann als Ersatzsystem ein Federsystem, bestehend aus einer Feder, die die Steifigkeit des Implantats widerspiegelt, und ein in Reihe geschaltetes Federsystem, das die Steifigkeit des gebrochenen Knochens darstellt, verwendet werden. Die Federkonstante des Implantats wird mit c_I bezeichnet. Das Federsystem des Knochens besteht aus den Federkonstanten c_{K1} und c_{K2} für den oberen und unteren Teilbereich des Knochens sowie aus der Federkonstanten c_C für den heilenden Knochen (Kallus).

Man bestimme die Teilfederkonstanten des Systems und die Normalkräfte im Implantat sowie im heilenden Knochen für die Fälle, dass der E-Modul des Kallus 1% und 100% des E-Moduls des gesunden Knochens besitzt.

geg.: $N = 2500$ N, $E_I = 210000$ N/mm², $A_I = 200$ mm², $E_K = 18000$ N/mm²,
$A_K = A_C = 2000$ mm², $l_{K1} = l_{K2} = 140$ mm, $l_C = 5$ mm, $l_I = 285$ mm

Lösung:

Die Feder, die das Implantat darstellt und das Gesamtfedersystem des Knochens sind parallel geschaltet.

Die Gleichgewichtsbedingung ist mit:

$$\uparrow: \quad N = N_I + N_K \tag{1}$$

erschöpft.

a) Teilfederkonstanten des Systems

$$c_I = \frac{E_I \cdot A_I}{l_I} = \frac{210000\,\text{N/mm}^2 \cdot 200\,\text{mm}^2}{285\,\text{mm}} = 147368,4\,\frac{\text{N}}{\text{mm}}$$

$$c_{K1} = c_{K2} = \frac{E_K \cdot A_K}{l_{K1}} = \frac{18000\,\text{N/mm}^2 \cdot 2000\,\text{mm}^2}{140\,\text{mm}} = 257142,9\,\frac{\text{N}}{\text{mm}}$$

$$c_{C1\%} = \frac{E_C \cdot A_C}{l_C} = \frac{0,01 \cdot 18000\,\text{N/mm}^2 \cdot 2000\,\text{mm}^2}{5\,\text{mm}} = 72000\,\frac{\text{N}}{\text{mm}}$$

$$c_{C100\%} = \frac{E_C \cdot A_C}{l_C} = \frac{18000\,\text{N/mm}^2 \cdot 2000\,\text{mm}^2}{5\,\text{mm}} = 7200000\,\frac{\text{N}}{\text{mm}}$$

b) Normalkräfte im Implantat und im Knochen für $E_C = 0,01 \cdot E_K$

Federkonstante des heilenden Knochens

$$\frac{1}{c_{K1\%}} = \frac{1}{c_{K1}} + \frac{1}{c_{C1\%}} + \frac{1}{c_{K2}} = 2,17 \cdot 10^{-5}\,\frac{\text{mm}}{\text{N}} \quad \Rightarrow \quad c_{K1\%} = 46153,8\,\frac{\text{N}}{\text{mm}}$$

Gesamtfederkonstante des Systems

$$c_{ges} = c_I + c_{K1\%} = 193522,3\,\frac{\text{N}}{\text{mm}}$$

Normalkraft im Implantat   Normalkraft im Knochen

$$N_{I1\%} = \frac{c_I}{c_{ges}} \cdot N = 1903,8\,\text{N} \qquad N_{K1\%} = \frac{c_{K1\%}}{c_{ges}} \cdot N = 596,2\,\text{N}$$

c) Normalkräfte im Implantat und im Knochen für $E_C = E_K$

Federkonstante des heilenden Knochens

$$\frac{1}{c_{K100\%}} = \frac{1}{c_{K1}} + \frac{1}{c_{C100\%}} + \frac{1}{c_{K2}} = 7,92 \cdot 10^{-6}\,\frac{\text{mm}}{\text{N}} \quad \Rightarrow \quad c_{K100\%} = 126315,8\,\frac{\text{N}}{\text{mm}}$$

Gesamtfederkonstante des Systems

$$c_{ges} = c_I + c_{K100\%} = 273684,2\,\frac{\text{N}}{\text{mm}}$$

Normalkraft im Implantat	Normalkraft im Knochen
$N_{I100\%} = \dfrac{c_I}{c_{ges}} \cdot N = 1346,2\,\mathrm{N}$	$N_{K100\%} = \dfrac{c_{K100\%}}{c_{ges}} \cdot N = 1153,8\,\mathrm{N}$

4.5 Festigkeitsnachweis bei Stäben

Liegen für die in diesem Kapitel behandelten Stäbe und Stabsysteme die Stabkräfte vor, so gilt es zu überprüfen, ob diese auch von den Stäben ertragen werden. Im Rahmen des Festigkeitsnachweises, siehe auch Kapitel 2.1, werden aus den Stabkräften und den Stabquerschnitten eines Systems die wirksamen Spannungen ermittelt und mit den zulässigen Spannungen verglichen. Für einen Stab mit der Stabkraft S und dem Stabquerschnitt A ergibt sich in Anlehnung an Gleichung (3.2) die Normalspannung σ im Stab:

$$\sigma = \frac{S}{A} \qquad (4.74).$$

Die zulässige Spannung, siehe auch Kapitel 2.4, ergibt sich aus dem Werkstoffkennwert und dem Sicherheitsfaktor. Soll plastische Verformung des Stabes ausgeschlossen werden, so ist der Werkstoffkennwert R_e oder $R_{p0,2}$ entscheidend, siehe Kapitel 2.4 und Anhang A1. Mit dem Sicherheitsfaktor S_F, siehe Anhang A2, erhält man die zulässige Spannung

$$\sigma_{zul} = \frac{R_e}{S_F} \text{ oder } \sigma_{zul} = \frac{R_{p0,2}}{S_F} \qquad (4.75).$$

Der Festigkeitsnachweis ist erbracht, wenn die Festigkeitsbedingung

$$\boxed{\sigma \leq \sigma_{zul}} \qquad (4.76)$$

erfüllt ist.

Soll Bruch verhindert werden, so gilt für σ_{zul}:

$$\sigma_{zul} = \frac{R_m}{S_B} \qquad (4.77).$$

Werte für die Zugfestigkeiten unterschiedlicher Werkstoffe und die Sicherheiten können den Tabellen A1 und A2 im Anhang entnommen werden.

Für druckbelastete Stäbe reicht der Festigkeitsnachweis unter Umständen nicht aus. Es muss zusätzlich noch überprüft werden, ob die Stäbe nicht ausknicken. Dieser Fall wird in Kapitel 9 behandelt.

Beispiel 4-5   ***

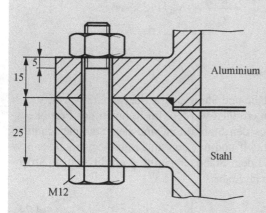

Aluminium

Stahl

M12

Eine Flanschverbindung eines Stahlrohrs und eines Aluminiumrohrs wird durch eine Schraube M12 mit einer Vorspannkraft F_V verschraubt. Im Betrieb wirkt eine statische Betriebskraft F_B.

Man bestimme:

a) die Federkonstanten für die Flanschverbindung und die Schraube,

b) die Klemmkraft F_{Kl} zwischen den Flanschteilen bei Betriebslast und

c) die mittlere Spannung in der Schraube sowie die Sicherheit gegen Bruch der Schraube.

geg.: $F_V = 30$ kN, $F_B = 15$ kN, $A_{Flansch} = 350$ mm², $A_{Gewinde} = 84{,}3$ mm², $E_{Al} = 70000$ N/mm², $E_{Stahl} = 210000$ N/mm², $E_{Schraube} = 210000$ N/mm², $R_{m,\,Schraube} = 1000$ N/mm²

Lösung:

a) Federkonstante der Flanschverbindung (Reihenschaltung)

$$\frac{1}{c_F} = \frac{1}{c_{F,\,Stahl}} + \frac{1}{c_{F,\,Al}} = \frac{l_{Stahl}}{E_{Stahl} \cdot A_{Flansch}} + \frac{l_{Al}}{E_{Al} \cdot A_{Flansch}}$$

$$= \frac{25\,\text{mm}}{210000\,\text{N/mm}^2 \cdot 350\,\text{mm}^2} + \frac{15\,\text{mm}}{70000\,\text{N/mm}^2 \cdot 350\,\text{mm}^2} = 9{,}52 \cdot 10^{-7} \frac{\text{mm}}{\text{N}}$$

$$\Rightarrow \quad c_F = 1050000 \frac{\text{N}}{\text{mm}}$$

Federkonstante der Schraube (unter Vernachlässigung der Nachgiebigkeit des Schraubenkopfes und der Mutter, Reihenschaltung)

$$\frac{1}{c_S} = \frac{35\,\text{mm}}{210000\,\text{N/mm}^2 \cdot \left(\frac{12}{2}\,\text{mm}\right)^2 \cdot \pi} + \frac{5\,\text{mm}}{210000\,\text{N/mm}^2 \cdot 84{,}3\,\text{mm}^2} = 1{,}756 \cdot 10^{-6} \frac{\text{mm}}{\text{N}}$$

$$\Rightarrow \quad c_S = 569445 \frac{\text{N}}{\text{mm}}$$

Federkennlinie der Schraube: $F_S = c_S \cdot \Delta l_S$

Federkennlinie des Flansches: $F_F = c_F \cdot \Delta l_F$

b) Klemmkraft F_{kl} zwischen den Flanschteilen bei Betriebslast

Die Betriebskraft F_B teilt sich auf in den Betriebkraftanteil F_{BS} der Schraube und den Betriebkraftanteil F_{BF} des Flansches. Da eine Parallelschaltung von Flansch und Schraube vorliegt, gilt:

$$c_{ges} = c_S + c_F = 569445 \ \text{N/mm} + 1050000 \ \text{N/mm} = 1619445 \ \text{N/mm}$$

und

$$F_{BS} = \frac{c_S}{c_{ges}} F_B = \frac{569445}{1619445} \cdot 15 \ \text{kN} = 5,3 \ \text{kN} \qquad \text{(siehe Gleichungen (4.71) und (4.72))}$$

$$F_{BF} = \frac{c_F}{c_{ges}} F_B = \frac{1050000}{1619445} \cdot 15 \ \text{kN} = 9,7 \ \text{kN}$$

Für die Klemmkraft F_{klB} bei Betriebslast gilt:

$$F_{Kl} = F_V - F_{BF} = 30 \ \text{kN} - 9,7 \ \text{kN} = 20,3 \ \text{kN}$$

c) Spannung in der Schraube sowie die Sicherheit gegen Bruch bei Betriebslast

Bei Betriebslast ergibt sich die Schraubenkraft F_S aus der Vorspannkraft F_V und dem Betriebskraftanteil F_{BS}:

$$F_S = F_V + F_{BS} = 30 \ \text{kN} + 5,3 \ \text{kN} = 35,3 \ \text{kN}$$

$$\sigma_S = \frac{F_S}{A_{Gewinde}} = \frac{35,3 \ \text{kN}}{84,3 \ \text{mm}^2} = 418,7 \ \frac{\text{N}}{\text{mm}^2} \qquad \text{(ohne Kerbwirkung!)}$$

$$S_B = \frac{R_m}{\sigma_S} = \frac{1000 \ \text{N/mm}^2}{418,7 \ \text{N/mm}^2} = 2,4$$

Erläuterung am Kraft-Verformungs-Diagramm:

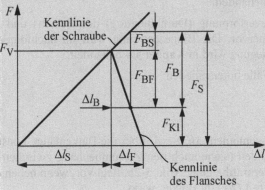

5 Biegung von Balken und balkenartigen Tragwerken

Balken und balkenartige Tragwerke, wie z. B. Bogenträger, Rahmen und Gelenkträger, werden bereits in Band 1: Technische Mechanik. Statik [1] behandelt. Balken sind Einzelkomponenten von Tragwerken, die durch Einzelkräfte, Streckenlasten und/oder Biegemomente belastet sind und im Inneren Normalkräfte, Querkräfte und Biegemomente übertragen können, siehe z. B. Kapitel 5.1.3 und 5.6.5 in [1] und Bild **5-1**.

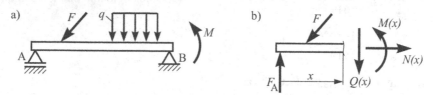

Bild 5-1 a) Belastung eines Balkens durch Einzelkraft, Streckenlast und Biegemoment
b) Freigeschnittener Balkenteil mit den Schnittgrößen $N(x)$, $Q(x)$ und $M(x)$

Aufgabe der Festigkeitslehre ist es, mit den Schnittgrößen $N(x)$, $Q(x)$ und $M(x)$ die im Balken wirkenden Spannungen zu bestimmen und mit den Werkstoffkennwerten zu vergleichen. Weiterhin gilt es, die auftretenden Verformungen zu ermitteln.

5.1 Schnittgrößen und ihre Wirkung

Die Normalkraft $N(x)$ bewirkt eine Längenänderung des Balkens und eine konstante Normalspannung im Balkenquerschnitt. Dies bedeutet, die Normalkraftbelastung eines Balkens ist der Normalkraftbelastung eines Stabes gleichzusetzen, siehe z. B. Kapitel 4.1.

Die Querkraft $Q(x)$ führt zu Schubverformungen und zu Schubspannungen im Balkenquerschnitt. Diese werden später in Kapitel 6 behandelt.

Das Biegemoment $M(x)$ ruft eine Biegeverformung (Durchbiegung) des Balkens und eine Normalspannung im Balkenquerschnitt hervor. Die Biegespannung wird im nachfolgenden Kapitel 5.2 näher untersucht. Die Durchbiegung wird in Kapitel 5.4 behandelt.

Bei Biegung werden grundsätzlich zwei Fälle unterschieden:

- *reine Biegung* und

- *Querkraftbiegung*.

Bei reiner Biegung, Bild **5-2a**, ist das Biegemoment $M(x) = M$ über die Balkenlänge konstant. In diesem Fall ist keine Querkraft vorhanden (siehe auch den Zusammenhang zwischen den Schnittgrößen in Kapitel 5.7.4 in [1]). Querkraftbiegung, Bild **5-2b**, liegt vor, wenn neben dem Biegemoment $M(x)$ auch noch eine Querkraft $Q(x)$ im Balken wirkt.

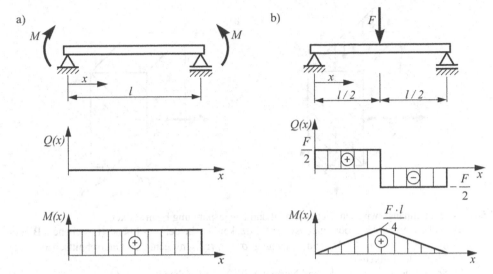

Bild 5-2 Vergleich von reiner Biegung und Querkraftbiegung
a) Reine Biegung mit $M(x) = M$ = konst.
b) Querkraftbiegung mit $M(x)$ und $Q(x)$

5.2 Normalspannung infolge des Biegemoments

Das Biegemoment $M(x)$ ruft neben einer Durchbiegung des Balkens in den Balkenquerschnitten eine Normalspannung $\sigma = \sigma_x\,(z)$ in Balkenlängsrichtung, Bild **5-3a**, hervor. Diese gilt es mit den Methoden der technischen Balkenbiegetheorie zu ermitteln.

Dabei geht man von folgenden Annahmen aus:

- Die Balkenlänge ist sehr viel größer als die größte Querschnittsabmessung. Die Balkenachse ist im unbelasteten Zustand gerade. Sie verbiegt sich erst bei Belastung.

- Die äußeren Kräfte wirken alle in einer Lastebene (x-z-Ebene in Bild **5-3a**). Der Momentenvektor steht dann senkrecht auf dieser Ebene (zeigt in Richtung der y-Achse, Bild **5-3a**. Es liegt somit eine einachsige oder gerade Biegung vor.

- Infolge der Biegebelastung wird die Balkenachse gekrümmt, d. h. zwei Nachbarquerschnitte werden gegeneinander verdreht. Dabei bleiben die Querschnitte eben und normal (senkrecht) zur Balkenachse (siehe Bild **5-4b**).

5.2.1 Berechnung der Normalspannung

Die Berechnung der Normalspannung $\sigma = \sigma_x\,(z)$ im Stabquerschnitt ist ein statisch unbestimmtes Problem. Sie erfolgt unter Beachtung der

- Gleichgewichtsbedingungen,

- des Stoffgesetzes und der

- Verformungsgeometrie (Kinematik, Kompatibilität).

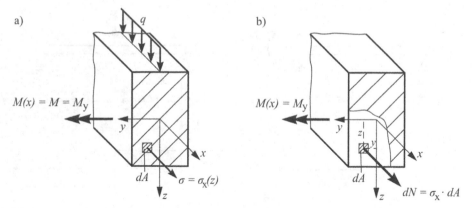

Bild 5-3 Zusammenhang zwischen Biegemoment und Biegespannung beim Balken
  a) Balken mit x-y-z–Koordinatensystem, Streckenlast in der x-z–Ebene (Lastebene), Biege-
     moment $M(x) = M = M_y$ und Spannung $\sigma = \sigma_x \, (z)$ senkrecht zur Querschnittsebene (y-z-
     Ebene des Balkens)
  b) Schnittmoment $M(x) = M_y$ und Normalkraft dN am Flächenelement dA

Die Gleichgewichtsbedingung in x-Richtung liefert unter Beachtung von Bild **5-3**b

$$\searrow^x\!: \quad N = \int dN = \int_A \sigma_x \, dA = 0 \tag{5.1},$$

da die Normalkraft N bei reiner Biegebelastung nicht vorhanden ist.

Die Momentenbedingung um die y-Achse, siehe Bild **5-3**b, liefert

$$^y\!\!\leftarrow\!: \quad M(x) = M = M_y = \int z \, dN = \int_A \sigma_x z \, dA \tag{5.2}.$$

Mit der Gleichgewichtsbedingung um die z-Achse folgt

$$^z\!\!\downarrow\!: \quad M_z = -\int y \, dN = -\int_A \sigma_x y \, dA = 0 \tag{5.3},$$

da bei Belastung des Balkens in der x-z-Ebene, Bild **5-3**a, kein M_z vorhanden ist.

Mit diesen Gleichgewichtsbetrachtungen sind die Aussagen der Statik erschöpft. Weitere Informationen erhält man über das Stoffgesetz und die Betrachtung der Verformungsgeometrie
bei der Balkenbiegung.

Als Stoffgesetz wird in Anlehnung an Gleichung (3.22) das HOOKEsche Gesetz bei Zug verwendet:

$$\sigma_x = E \cdot \varepsilon_x \tag{5.4}.$$

Die Dehnung ε_x lässt sich durch den Vergleich eines verformten und eines unverformten Balkens ermitteln, Bild **5-4**. Dazu betrachtet man zwei Nachbarquerschnitte (AB und CD) im
Abstand dx, Bild **5-4**a, die sich um den Winkel $d\varphi$ verdrehen, Bild **5-4**b. Die oberen Fasern
werden durch die Momentenbelastung des Balkens mit $M(x) = M$ verkürzt, die unteren Fasern
verlängert. Dazwischen liegt die neutrale Schicht, die bei Biegung weder verlängert noch verkürzt wird.

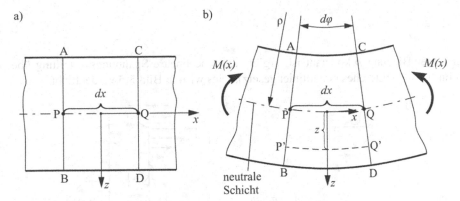

Bild 5-4 Vergleich eines unverformten und eines verformten Balkenelements
  a) Unverformtes Balkenelement der Länge dx
  b) Belasteter und verformter Balken mit gekrümmter Balkenachse (neutraler Schicht) und verdrehten Nachbarquerschnitten

Mit dem Krümmungsradius ρ der neutralen Schicht (auch Balkenachse oder neutrale Faser genannt) und dem Winkel $d\varphi$, Bild **5-4**b, lässt sich die Länge dx des gebogenen Balkenelements ermitteln:

$$dx = \rho \cdot d\varphi \tag{5.5}.$$

Die Krümmung κ der Balkenachse errechnet sich demnach mit

$$\kappa = \frac{1}{\rho} = \frac{d\varphi}{dx} \tag{5.6}$$

bzw. gilt

$$d\varphi = \frac{dx}{\rho} \tag{5.7}.$$

Die Länge der Faser zwischen P' und Q' ergibt sich in Anlehnung an Gleichung (5.5) unter Verwendung von Gleichung (5.7):

$$\overset{\frown}{P'Q'} = (\rho + z)\,d\varphi = (\rho + z)\frac{dx}{\rho} = \left(1 + \frac{z}{\rho}\right)dx \tag{5.8}.$$

Die Dehnung, die als Längenänderung dividiert durch Ausgangslänge definiert ist, siehe Kapitel 3.4.1, erhält man für das betrachtete Balkenelement, Bild **5-4**, mit

$$\varepsilon_x = \frac{\overset{\frown}{P'Q'} - \overline{PQ}}{\overline{PQ}} = \frac{\left(1 + \dfrac{z}{\rho}\right)dx - dx}{dx} = \frac{z}{\rho} \tag{5.9}.$$

Für $z > 0$ liegt eine Ausdehnung, für $z < 0$ eine Verkürzung der Fasern vor.

Setzt man Gleichung (5.9) in Gleichung (5.4) ein, so erhält man die Spannung $\sigma_x = \sigma_x\,(z)$:

$$\sigma_x = \frac{E}{\rho} \cdot z \tag{5.10}.$$

Da bei reiner Biegung ρ konstant ist, ergibt sich eine lineare Spannungsverteilung über den Querschnitt (NAVIERsches Geradliniengesetz). Dies wird in Bild **5-5** verdeutlicht.

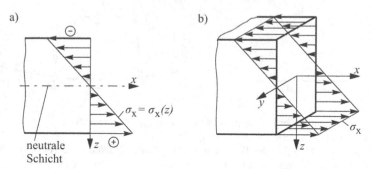

Bild 5-5 Biegespannungsverteilung über den Balkenquerschnitt
   a) Spannungsdarstellung in der Seitenansicht des Balkens
   b) Verdeutlichung der Spannungsverteilung in perspektivischer Darstellung

Mit Gleichung (5.2) und Gleichung (5.10) lässt sich der Zusammenhang zwischen dem Biege-moment M und dem Verhältnis E/ρ aus Elastizitätsmodul E und Krümmungsradius ρ herstellen:

$$M = \int_A \sigma_x z \, dA = \frac{E}{\rho} \int z^2 dA = \frac{E}{\rho} \cdot I_y \tag{5.11}$$

bzw.

$$\frac{E}{\rho} = \frac{M}{I_y} \tag{5.12}.$$

Setzt man Gleichung (5.12) in Gleichung (5.10) ein, so ergibt sich die Biegespannungsvertei-lung $\sigma_x = \sigma_x\,(z)$ in Abhängigkeit vom Biegemoment $M(x) = M$:

$$\boxed{\sigma_x = \frac{M}{I_y} \cdot z} \tag{5.13}.$$

I_y ist dabei das axiale Flächenträgheitsmoment der Querschnittsfläche bezüglich der y-Achse. Nach Gleichung (5.11) folgt

$$I_y = \int z^2 dA \tag{5.14}.$$

Flächenträgheitsmomente für Querschnittsflächen von Balken werden in Kapitel 5.3 ausführ-lich behandelt.

Setzt man in Gleichung (5.1) σ_x, entsprechend Gleichung (5.10), ein, so erhält man

$$\int_A \sigma_x \, dA = \frac{E}{\rho} \int_A z \, dA = \frac{E}{\rho} \cdot S_y = 0 \tag{5.15}$$

In dieser Beziehung stellt $S_y = \int z\,dA$ das statische Moment, siehe Kapitel 9.2.6 in [1], dar. Da nach Gleichung (5.15) $S_y = 0$ gilt, ist die y-Achse eine Schwerpunktsachse. Es bleibt damit festzuhalten:

> *„Die neutrale Schicht (neutrale Faser) verläuft durch den Flächenschwerpunkt der Querschnittsfläche."*

5.2.2 Unterscheidung von einachsiger und/oder schiefer Biegung

Bei dem in Bild **5-3** gezeigten Balken wirkt die Belastung q in der x-z-Ebene und der Momentenvektor M zeigt in y-Richtung. Einachsige Biegung liegt vor, wenn die y-Achse eine Hauptachse des Querschnittsprofils ist. Dies lässt sich zeigen, wenn man in Gleichung (5.3) die Gleichung (5.10) einsetzt. Man erhält dann

$$-\int_A \sigma_x \cdot y\,dA = -\frac{E}{\rho} \int_A z \cdot y\,dA = 0 \tag{5.16}.$$

Hieraus folgt, dass für den untersuchten Balken das zentrifugale Flächenträgheitsmoment, siehe Kapitel 5.3.1.2,

$$I_{zy} = -\int_A z \cdot y\,dA = 0 \tag{5.17}$$

ist.

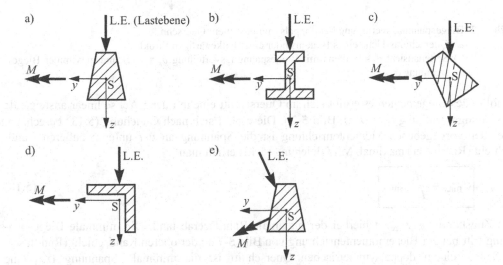

Bild 5-6 Zur Unterscheidung von einachsiger und schiefer Biegung (zweiachsiger Biegung)
- a) Einachsige Biegung, y und z sind Hauptachsen: $I_{yz} = 0$, Lastebene und Biegemomentenvektor fallen mit je einer Hauptachse zusammen
- b) Einachsige Biegung bei einem Doppel-T-Profil eines Balkens
- c) Schiefe oder zweiachsige Biegung, y und z sind keine Hauptachsen, $I_{yz} \neq 0$
- d) Schiefe Biegung bei einem Winkelprofil, y und z sind keine Hauptachsen
- e) Schiefe Biegung, y und z sind zwar Hauptachsen, aber Lastebene und Momentenvektor fallen nicht mit einer Hauptachse zusammen

I_{yz} ist immer Null, wenn die y- oder die z-Achse Symmetrieachse ist. In diesem Fall sind beide Achsen Hauptachsen, siehe Kapitel 5.3.7. Biegung um nur eine Hauptachse nennt man einachsige oder gerade Biegung. Diese liegt bei dem in Kapitel 5.2.1 betrachteten Balken vor. Schiefe oder zweiachsige Biegung ergibt sich, wenn die Lastebene bzw. der Momentenvektor nicht mit einer Hauptachse zusammenfällt. Bild **5-6** zeigt Beispiele für einachsige und schiefe (zweiachsige) Biegung.

In den nachfolgenden Kapiteln 5.2.3, 5.4 und 5.5 wird weiterhin einachsige Biegung und im Kapitel 5.6 schiefe Biegung behandelt.

5.2.3 Biegespannungsverteilung und maximale Biegespannung bei einachsiger Biegung

Bei dem in Bild **5-7** gezeigten Balken liegt einachsige Biegung vor. y und z sind Hauptachsen, die Lastebene (L.E.) fällt mit der x-z-Ebene zusammen und der Momentenvektor $M(x) = M = M_y$ wirkt in y-Richtung, Bild **5-7a**.

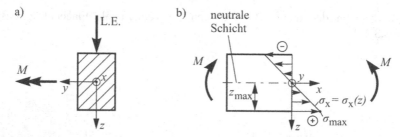

Bild 5-7 Biegespannungsverteilung bei doppelsymmetrischem Querschnitt
      a) Querschnittsfläche eines Balkens oder einer balkenartigen Struktur
      b) Seitenansicht des Balkens mit Biegespannungsverteilung $\sigma_x = \sigma_x(z)$ und maximaler Biege-
          spannung σ_{max}

Infolge des Biegemomentes ergibt sich im Querschnitt eine mit der z-Achse linear ansteigende Spannungsverteilung $\sigma_x = \sigma_x(z)$, Bild **5-7b**. Diese lässt sich nach Gleichung (5.13) berechnen. Bei der vorgegebenen Momentenrichtung ist die Spannung an der unteren äußeren Randschicht (Randfaser) maximal. Mit Gleichung (5.13) erhält man

$$\boxed{\sigma_{max} = \frac{M}{I_y} \cdot z_{max}}$$
(5.18)

als Zugspannung. z_{max} ist hierbei der maximale Randfaserabstand. Die minimale Biegespannung tritt bei der Biegemomentenrichtung von Bild **5-7** an der oberen Randschicht (Randfaser) auf. Bei einem doppelsymmetrischen Querschnitt ist die minimale Spannung σ_{min} eine Druckspannung, die betragsmäßig genau so groß wie die maximale Spannung ist: $|\sigma_{max}| = |\sigma_{min}|$.

Für $z = 0$ ist $\sigma_x = 0$, d.h. die x-y-Ebene stellt somit die neutrale Schicht bzw. die x-Achse die neutrale Faser des Biegebalkens dar. Die neutrale Faser verläuft stets durch den Flächenschwerpunkt der Querschnittsfläche. Die lineare Spannungsverteilung $\sigma_x = \sigma_x(z)$ gilt prinzipiell auch bei einfachsymmetrischem Querschnittsprofilen, Bild **5-8**. Durch die veränderte Lage der neutralen Schicht ist in diesem Fall $|\sigma_{max}| > |\sigma_{min}|$.

Zeigt das Biegemoment allerdings in die entgegengesetzte Richtung, ist die betragsmäßig größte Spannung eine Druckspannung.

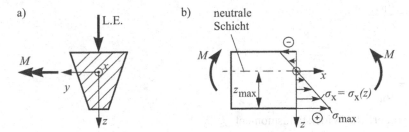

Bild 5-8 Biegespannungsverteilung bei einfachsymmetrischem Querschnitt
   a) Querschnittsprofil des Balkens mit dem Koordinatenursprung im Schwerpunkt der Fläche
   b) Spannung $\sigma_x = \sigma_x(z)$ und maximale Biegespannung σ_{max} infolge des Biegemomentes M

Da man im Ingenieurbereich i. Allg. die betragsmäßig maximale Spannung $|\sigma_{max}|$ ermittelt, um sie mit den zulässigen Spannungen zu vergleichen, gilt anstatt Gleichung (5.18) auch

$$|\sigma_{max}| = \frac{M}{I_y} \cdot |z_{max}| \tag{5.19}.$$

Mit dem Widerstandsmoment gegen Biegung

$$W_B = \frac{I_y}{|z_{max}|} \tag{5.20},$$

siehe auch Kapitel 5.3.3, lässt sich die maximale Biegespannung auch wie folgt berechnen:

$$\sigma_{max} = \frac{M}{W_B} \tag{5.21},$$

wobei σ_{max} die betragsmäßig größte Spannung im Balkenquerschnitt beschreibt.

Außer bei Balken treten Biegemomente auch bei balkenartigen Strukturen wie Rahmen, Bogenträgern und Gelenkträgern auf. Soweit auch dort einachsige Biegung vorliegt, gelten auch in diesen Fällen die hier dargestellten Gesetzmäßigkeiten.

5.2.4 Festigkeitsnachweis bei Biegung

Im Rahmen der Festigkeitsbetrachtung, Kapitel 2.1, wird die maximale Biegespannung σ_{max} mit der zulässigen Spannung σ_{zul} verglichen. Die Festigkeitsbedingung lautet somit

$$\sigma_{max} \leq \sigma_{zul} \tag{5.22}.$$

σ_{max} ist nach Gleichung (5.21) zu ermitteln. Die zulässige Spannung ergibt sich aus dem Werkstoffkennwert und dem Sicherheitsfaktor. Soll plastische Verformung verhindert werden, gilt σ_{zul} nach Gleichung (4.75), bei Berechnung gegen Bruch ist σ_{zul} nach Gleichung (4.77) zu verwenden.

Mit den Gleichungen (5.21) und (5.22), sowie (4.75) und (4.77) können neben den vorhandenen Sicherheiten

$$S_F = \frac{R_{p0,2}}{\sigma_{max}} \qquad\qquad (5.23)$$

und

$$S_B = \frac{R_m}{\sigma_{max}} \qquad\qquad (5.24)$$

auch das erforderliche Widerstandsmoment

$$W_{Berf} \geq \frac{M}{\sigma_{zul}} \qquad\qquad (5.25)$$

oder das maximal zulässige Biegemoment

$$M_{max} \leq W_B \cdot \sigma_{zul} \qquad\qquad (5.26)$$

errechnet werden.

Die Materialkennwerte $R_{p0,2}$ und R_m sowie die erforderlichen Sicherheiten S_F und S_B sind im Anhang A1 und A2 angegeben.

Beispiel 5-1   ***

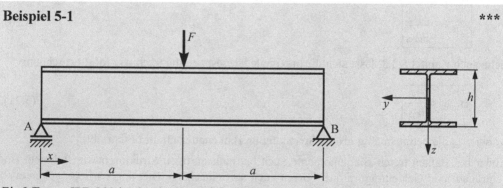

Ein I-Träger IPB 200 ist durch eine Kraft F belastet.

Man bestimme:

a) die Biegemomentenverteilung längs des Trägers,

b) die Biegespannungsverteilung im Trägerquerschnitt,

c) die maximale Biegespannung sowie

d) das erforderliche Widerstandsmoment, wenn die Kraft verdoppelt wird und eine zweifache Sicherheit gegen plastische Verformung vorliegen soll.

geg.: $F = 40$ kN, $a = 3$ m, $h = 200$ mm, $I_y = 5700 \cdot 10^4$ mm^4, $W_B = 570 \cdot 10^3$ mm^3, $R_{p0,2} = 240$ N/mm^2

Lösung:

a) Biegemomentenverteilung

Bereich I: $0 < x < a$

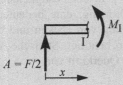

$\widehat{I}: \quad M_{\mathrm{I}}(x) - \frac{F}{2} \cdot x = 0 \quad \Rightarrow \quad M_{\mathrm{I}}(x) = \frac{F}{2} \cdot x$

$M_{\mathrm{I}}(x = 0) = 0$

$M_{\mathrm{I}}(x = a) = 60000\,\mathrm{Nm} = M_{\max}$

Bereich II: $a < x < 2a$

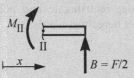

$\widehat{II}: \quad M_{\mathrm{II}}(x) = \frac{F}{2} \cdot (2a - x)$

$M_{\mathrm{II}}(x = a) = 60000\,\mathrm{Nm} \quad M_{\mathrm{II}}(x = 2a) = 0$

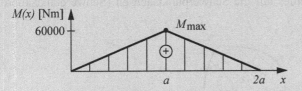

b) Biegespannungsverteilung

$\sigma_{\mathrm{x}}(x,z) = \frac{M(x)}{I_y} \cdot z \qquad \sigma_{\mathrm{x}}(x = a, z) = \frac{M_{\max}}{I_y} \cdot z = 1{,}053\,\frac{\mathrm{N}}{\mathrm{mm}^3} \cdot z$

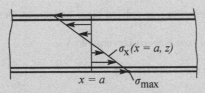

c) Maximale Biegespannung

$\sigma_{\max} = \frac{M_{\max}}{W_{\mathrm{B}}} = \frac{60000 \cdot 10^3\,\mathrm{Nmm}}{570 \cdot 10^3\,\mathrm{mm}^3} = 105{,}3\,\mathrm{N/mm}^2$

d) Erforderliches Widerstandsmoment, wenn die Kraft verdoppelt wird und eine zweifache Sicherheit gegen plastische Verformung vorliegen soll

$M_{\max} = 2\frac{F}{2} \cdot a = 120000\,\mathrm{Nm} \qquad \sigma_{\mathrm{zul}} = \frac{R_{\mathrm{p0,2}}}{S_{\mathrm{F}}} = \frac{240\,\mathrm{N/mm}^2}{2} = 120\,\mathrm{N/mm}^2$

$W_{\mathrm{Berf}} \geq \frac{M_{\max}}{\sigma_{\mathrm{zul}}} = \frac{120000 \cdot 10^3\,\mathrm{Nmm}}{120\,\mathrm{N/mm}^2} = 1000\,\mathrm{cm}^3$

Dies erfordert einen Träger IPB 260.

5.3 Flächenträgheitsmomente

In der Statik werden Flächenmomente 1. Ordnung, die so genannten statischen Momente, zur Schwerpunktsberechnung verwendet, siehe z. B. Kapitel 9.2.6 in [1]. In der Festigkeitslehre spielen dagegen die Flächenträgheitsmomente, als Momente 2. Ordnung, eine bedeutende Rolle. Flächenträgheitsmomente werden insbesondere bei der Biegung von Balken und balkenartigen Tragwerken und bei der Torsion von Stäben und Balken benötigt. Statische Momente kommen bei der Ermittlung von Schubspannungen infolge der Querkraft vor.

5.3.1 Definition der Flächenträgheitsmomente

Bei den Flächenträgheitsmomenten unterscheidet man u. a. axiale, zentrifugale und polare Flächenträgheitsmomente. Diese sollen zunächst definiert und später berechnet werden.

5.3.1.1 Axiale Flächenträgheitsmomente

Axiale Flächenträgheitsmomente werden auf die Schwerpunktsachsen (Schwerpunktskoordinaten) bezogen.

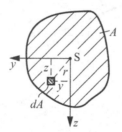

Bild 5-9 Definition der Flächenträgheitsmomente anhand einer beliebigen Querschnittsfläche A eines
             Balkens oder eines Stabes
             y, z: Koordinaten ausgehend vom Flächenschwerpunkt S
             dA: Teilfläche des Querschnitts
             r: Abstand der Teilfläche vom Schwerpunkt

Bezüglich der y-Achse, Bild **5-9**, gilt somit

$$I_y = \int_A z^2\, dA \tag{5.27}.$$

Dieses Flächenträgheitsmoment wird z. B. bei der Berechnung der Biegespannung, Kapitel 5.2.1 und 5.2.3, sowie bei der Ermittlung der Durchbiegung von Biegebalken, Kapitel 5.4, benötigt.

Für das axiale Flächenträgheitsmoment bezüglich der z-Achse gilt

$$I_z = \int_A y^2\, dA \tag{5.28}.$$

I_z wird benötigt, wenn die Biegung um die z-Achse erfolgt.

5.3.1.2   Zentrifugales Flächenträgheitsmoment

Das zentrifugale Flächenträgheitsmoment, auch Deviationsmoment genannt, ist wie folgt definiert:

$$I_{yz} = I_{zy} = -\int_A y \cdot z \, dA \qquad (5.29).$$

Mit I_{yz} kann man z. B. ermitteln, ob es sich bei y und z um Hauptachsen, Kapitel 5.3.7, handelt. Diese liegen vor, wenn $I_{yz} = 0$ ist. $I_{yz} = 0$ ergibt sich für alle Querschnitte, die mindestens eine Symmetrieachse besitzen. I_{yz}, das zudem auch größer oder kleiner als null sein kann, ist u. a. bei der Behandlung von schiefer Biegung, Kapitel 5.6, von Bedeutung.

5.3.1.3   Polares Flächenträgheitsmoment

Die Definition des polaren Flächenträgheitsmoments ist durch die Formel

$$I_p = \int_A r^2 dA \qquad (5.30)$$

gegeben, Bild **5-9**. Mit $r^2 = y^2 + z^2$ gilt auch

$$I_p = \int_A (y^2 + z^2) \, dA = \int_A y^2 dA + \int_A z^2 dA = I_y + I_z \qquad (5.31).$$

Das polare Flächenträgheitsmoment I_p kann somit auch als Summe der axialen Flächenträgheitsmomente I_y und I_z aufgefasst werden. I_p wird insbesondere bei der Torsion von Stäben und Balken mit Kreis- oder Kreisringquerschnitten benötigt, Kapitel 7.1.

5.3.2 Berechnung der Flächenträgheitsmomente einzelner Querschnittsprofile

In Kapitel 5.3.1 wurden die allgemeinen Definitionen der wesentlichen Flächenträgheitsmomente angegeben. Damit lassen sich die Flächenträgheitsmomente einzelner Querschnittsprofile berechnen.

5.3.2.1   Rechteckquerschnitt

Das Flächenträgheitsmoment I_y für den Rechteckquerschnitt eines Balkens, Bild **5-10**, lässt sich mit Gleichung (5.27) berechnen:

$$I_y = \int_A z^2 dA = \int_{z=-\frac{h}{2}}^{+\frac{h}{2}} z^2 \cdot b \, dz = \left. \frac{b \cdot z^3}{3} \right|_{-\frac{h}{2}}^{+\frac{h}{2}}$$

bzw.

$$\boxed{I_y = \frac{b \cdot h^3}{12}} \qquad (5.32).$$

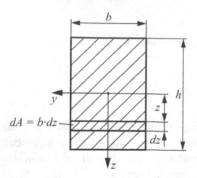

Bild 5-10
Rechteckiger Balkenquerschnitt der Breite b und
der Höhe h

I_z kann mit Gleichung (5.28) ermittelt werden:

$$I_z = \frac{h \cdot b^3}{12} \tag{5.33}.$$

I_{yz} ist wegen der bei dem Rechteckquerschnitt vorliegenden Symmetrie null, während sich I_p
mit Gleichung (5.31) wie folgt errechnen lässt:

$$I_p = I_y + I_z = \frac{b \cdot h^3}{12} + \frac{h \cdot b^3}{12} = \frac{b \cdot h}{12}(h^2 + b^2) \tag{5.34}.$$

5.3.2.2   Kreisquerschnitt

Mit Gleichung (5.30) erhält man

$$I_p = \int_A r^2 \, dA = \int_{r=0}^{r=\frac{d}{2}} r^2 \cdot 2\pi \cdot r \, dr = 2\pi \int_0^{\frac{d}{2}} r^3 \, dr = \frac{\pi \cdot r^4}{2} \Big|_0^{\frac{d}{2}}$$

und somit das polare Flächenträgheitsmoment

$$I_p = \frac{\pi \cdot d^4}{32} \tag{5.35}.$$

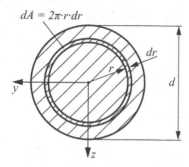

Bild 5-11
Kreisquerschnitt mit dem Durchmesser d

Mit Gleichung (5.31) ergeben sich dann die axialen Flächenträgheitsmomente

$$I_y = I_z = \frac{I_p}{2} = \frac{\pi \cdot d^4}{64} \qquad (5.36).$$

5.3.2.3 Rohrquerschnitt

Der Rohrquerschnitt, Bild 5-12, kann als zusammengesetzte Fläche betrachtet werden. Die Flächenträgheitsmomente ergeben sich durch Differenz der Flächenträgheitsmomente der Kreisflächen mit dem Außendurchmesser d und dem Innendurchmesser d_i.

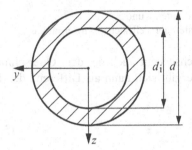

Bild 5-12
Rohrquerschnitt mit Außendurchmesser d und Innendurchmesser d_i

Für das axiale Flächenträgheitsmoment I_y gilt:

$$I_y = I_{y,a} - I_{y,i} = \frac{\pi \cdot d^4}{64} - \frac{\pi \cdot d_i^4}{64} = \frac{\pi}{64} \cdot (d^4 - d_i^4) \qquad (5.37).$$

Zudem gilt $I_z = I_y$. Das polare Flächenträgheitsmoment errechnet sich mit

$$I_p = I_y + I_z = \frac{\pi}{32}(d^4 - d_i^4) \qquad (5.38).$$

5.3.2.4 Zusammengesetzte Flächen mit einer gemeinsamen Schwerpunktsachse

Der Balkenquerschnitt in Bild **5-13a** lässt sich in drei Teilquerschnitte unterteilen, Bild **5-13b**. Die Schwerpunktsachsen y_1, y_2, y_3 der Teilflächen fallen mit der y-Achse des Gesamtschwerpunkts zusammen. In diesem Fall ergibt sich das Flächenträgheitsmoment I_y als Summe der Flächenträgheitsmomente der Teilflächen um die gemeinsame Schwerpunktsachse y:

$$I_y = I_{y1} + I_{y2} + I_{y3} \qquad (5.39).$$

Da es sich bei den Teilflächen jeweils um Rechteckflächen handelt, erhält man unter Verwendung von Gleichung (5.32) das Flächenträgheitsmoment

$$I_y = \frac{b_1 \cdot h_1^3}{12} + \frac{b_2 \cdot h_2^3}{12} + \frac{b_3 \cdot h_3^3}{12} \qquad (5.40).$$

Da die z-Achsen der Flächen in Bild **5-13** nicht zusammenfallen, ergibt sich für die Ermittlung von I_z ein anderes Verfahren (siehe Kapitel 5.3.4 und 5.3.5).

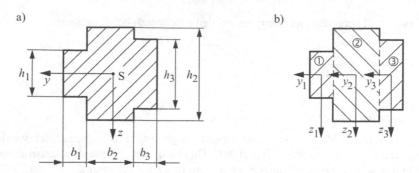

Bild 5-13   Querschnittsprofil eines Balkens
a) Gesamtquerschnitt mit den Schwerpunktskoordinaten y und z
b) Teilflächen des Querschnitts mit den Koordinaten der Teilflächenschwerpunkte

Eine zusammengesetzte Fläche mit gemeinsamer y-Achse liegt auch bei dem Querschnitt in Bild **5-14** vor. Das Gesamtflächenträgheitsmoment I_y ergibt sich dann als Differenz der Teilflächenträgheitsmomente I_{y1} und I_{y2}:

$$I_y = I_{y1} - I_{y2}$$

(5.41).

Unter Verwendung von Gleichung (5.32) ergibt sich

$$I_y = \frac{b \cdot h^3}{12} - \frac{b_i \cdot h_i^3}{12} = \frac{1}{12} \cdot (b \cdot h^3 - b_i \cdot h_i^3)$$

(5.42).

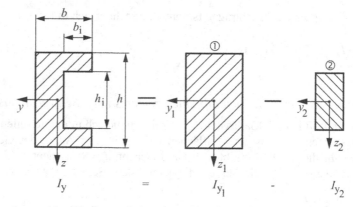

Bild 5-14   Berechnung des Flächenträgheitsmoments I_y für die Gesamtfläche mit den Flächenträgheitsmomenten I_{y1} und I_{y2} der Teilflächen 1 und 2

5.3.3 Flächenträgheitsmomente und Widerstandsmomente bei Biegung

In Bild **5-15** sind Flächenträgheits- und Widerstandsmomente einzelner Querschnittsflächen bezüglich der Schwerpunktsachsen y und z angegeben. Die axialen Widerstandsmomente ergeben sich aus den axialen Flächenträgheitsmomenten und dem maximalen Randfaserabstand.

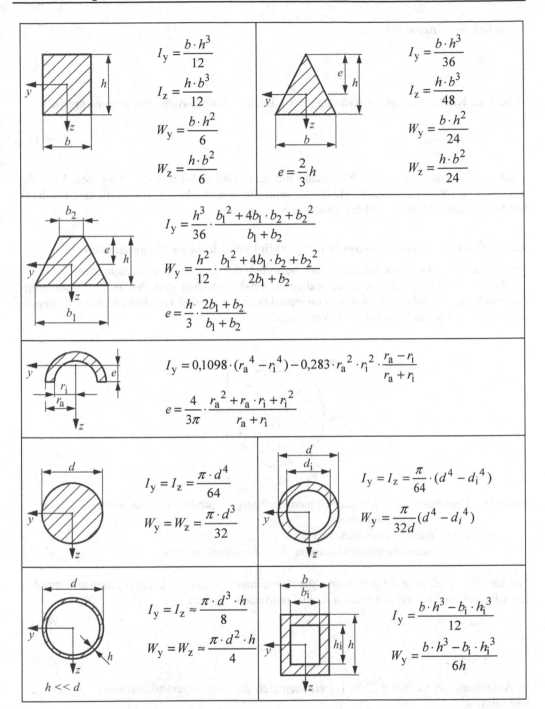

Bild 5-15 Flächenträgheitsmomente und Widerstandsmomente einzelner Querschnittsflächen bezüglich der Schwerpunktsachsen y und z

Bezüglich der y-Achse gilt

$$W_y = \frac{I_y}{z_{max}}$$ (5.43),

siehe auch Kapitel 5.2.3 und Gleichung (5.20). Bezüglich der z-Achse gilt dementsprechend

$$W_z = \frac{I_z}{y_{max}}$$ (5.44).

Weitere Flächenträgheits- und Widerstandsmomente sind in [4] und [5] angegeben. Flächenträgheits- und Widerstandsmomente für Normprofile, wie Winkel-, I-, U-Profile und Hohlprofile findet man z. B. in [2] und den einschlägigen Normen.

5.3.4 Flächenträgheitsmomente für parallel verschobene Bezugsachsen

Kennt man die Flächenträgheitsmomente bezüglich der Schwerpunktsachsen, siehe z. B. die Kapitel 5.3.2 und 5.3.3 sowie insbesondere Bild **5-15**, so kann man daraus die Flächenträgheitsmomente für beliebige, zu den Schwerpunktsachsen parallel verschobene Achsen berechnen. Dies wird anhand von Bild **5-16** verdeutlicht.

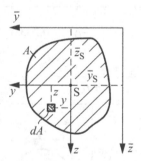

Bild 5-16   Berechnung der Flächenträgheitsmomente bezüglich parallel verschobener Bezugsachsen
y, z: Schwerpunktsachsen
$\bar{y}, \bar{z}$:   parallel verschobene Achsen
$\bar{y}_S, \bar{z}_S$: Schwerpunktskoordinaten im $\bar{y}$ - $\bar{z}$ -Koordinatensystem

Für das Flächenelement dA gelten dann die Koordinaten $\bar{y}$ und $\bar{z}$. Diese ergeben sich aus den Koordinaten y und z und den Schwerpunktskoordinaten $\bar{y}_S$ und $\bar{z}_S$:

$$\bar{y} = y + \bar{y}_S$$ (5.45),

$$\bar{z} = z + \bar{z}_S$$ (5.46).

In Anlehnung an Kapitel 9.22 in [1] ergeben sich die Schwerpunktskoordinaten $\bar{y}_S$ und $\bar{z}_S$ wie folgt:

$$\bar{y}_S = \frac{\int \bar{y} dA}{A}$$ (5.47),

$$\bar{z}_S = \frac{\int \bar{z}\,dA}{A} \tag{5.48}.$$

Für das Flächenträgheitsmoment bezüglich der $\bar{y}$-Achse gilt nun in Anlehnung an Kapitel 5.3.1 und Gleichung (5.27):

$$I_{\bar{y}} = \int_A \bar{z}^2\,dA \tag{5.49}.$$

Setzt man nun Gleichung (5.46) in Gleichung (5.49) ein, so ergibt sich

$$I_{\bar{y}} = \int_A (z + \bar{z}_S)^2\,dA = \int_A z^2\,dA + 2\bar{z}_S\int_A z\,dA + \bar{z}_S^2\int_A dA \tag{5.50}.$$

Der Ausdruck $\int z^2 dA$ entspricht dabei dem Flächenträgheitsmoment I_y bezüglich der Schwerpunktsachse y, siehe auch Gleichung (5.27).

Das Integral $\int z\,dA$ stellt das statische Moment bezüglich der y-Achse dar, das bezüglich der Schwerpunktsachse null ist. Aus dem Term $\bar{z}_S^2\int dA$ wird nach Ausführung der Integration $\bar{z}_S^2 \cdot A$.

Somit ergibt sich

$$\boxed{I_{\bar{y}} = I_y + \bar{z}_S^2 \cdot A} \tag{5.51}.$$

Das Flächenträgheitsmoment $I_{\bar{y}}$ bezüglich der Bezugsachse $\bar{y}$ errechnet sich mit dem Flächenträgheitsmoment I_y bezüglich der Schwerpunktsachse y sowie der Fläche A des Querschnitts und dem Quadrat des Abstands $\bar{z}_S$ von der Bezugsachse $\bar{y}$. Dieser Sachverhalt wird als Satz von STEINER bezeichnet.

Analog gilt für das axiale Flächenträgheitsmoment $I_{\bar{z}}$ und das zentrifugale Flächenträgheitsmoment $I_{\overline{yz}}$:

$$\boxed{I_{\bar{z}} = I_z + \bar{y}_S^2 \cdot A} \tag{5.52},$$

$$\boxed{I_{\overline{yz}} = I_{yz} - \bar{y}_S \cdot \bar{z}_S \cdot A} \tag{5.53}.$$

$I_{\bar{y}}$ und $I_{\bar{z}}$ sind stets positiv, $I_{\overline{yz}}$ kann positiv, negativ oder null sein. Bei der Berechnung von $I_{\overline{yz}}$ ist daher sehr genau auf das Vorzeichen von $\bar{y}_S$ und $\bar{z}_S$ zu achten.

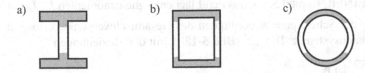

Bild 5-17 Zusammengesetzte Profile, die in der technischen Praxis häufig verwendet werden
a) I-Profil   b) Kastenprofil   c) Rohrprofil

Axiale Flächenträgheitsmomente für parallel verschobene Achsen sind stets größer als die Flächenträgheitsmomente um die Schwerpunktsachsen, siehe auch Beispiel 5-2. Deshalb verwendet man in der Praxis i. Allg. zusammengesetzte Profile, wie I-Profile oder Rohrprofile, siehe z. B. Bild **5-17**. Die Gebiete weit weg vom Gesamtschwerpunkt, in Bild **5-17** grau hinterlegt, bringen aufgrund des STEINER-Anteils sehr große Anteile am Flächenträgheitsmoment.

Beispiel 5-2

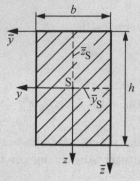

Bestimmen Sie für die dargestellte Querschnittsfläche die Flächenträgheitsmomente bezüglich des $\bar{y}-\bar{z}$ -Koordinatensystems.

geg.: b, h

Lösung:

$$I_{\bar{y}} = I_y + \bar{z}_S^2 \cdot A = \frac{b \cdot h^3}{12} + \left(\frac{h}{2}\right)^2 \cdot b \cdot h = \frac{1}{3} b \cdot h^3 \qquad \Rightarrow \qquad I_{\bar{y}} > I_y$$

$$I_{\bar{z}} = I_z + \bar{y}_S^2 \cdot A = \frac{h \cdot b^3}{12} + \left(\frac{b}{2}\right)^2 \cdot b \cdot h = \frac{1}{3} h \cdot b^3 \qquad \Rightarrow \qquad I_{\bar{z}} > I_z$$

$$I_{\overline{yz}} = I_{yz} - \bar{y}_S \cdot \bar{z}_S \cdot A = 0 - \frac{b}{2} \cdot \frac{h}{2} \cdot b \cdot h = -\frac{b^2 \cdot h^2}{4}$$

5.3.5 Flächenträgheitsmomente beliebig zusammengesetzter Querschnittsflächen

Die Ermittlung der Flächenträgheitsmomente von beliebig zusammengesetzten Querschnittsflächen, siehe z. B. Bild **5-18**a erfolgt in zwei Schritten. Zunächst wird die Gesamtfläche in Teilflächen A_1, A_2 ... A_i eingeteilt, Bild **5-18**b, für die die Flächenschwerpunkte und die Flächenträgheitsmomente bezüglich der jeweiligen Schwerpunktsachsen bekannt sind. Danach erfolgt die Ermittlung des Gesamtschwerpunkts S. Die Flächenträgheitsmomente bezüglich der Gesamtschwerpunktskoordinaten y und z, Bild **5-18**c, erhält man dann unter Anwendung des Satzes von STEINER, Kapitel 5.3.4, aus den Flächenträgheitsmomenten I_{yi}, I_{zi} der Teilflächen.

Die Ermittlung der Schwerpunktskoordinaten des Gesamtschwerpunkts erfolgt in einem sinnvollen Koordinatensystem, z. B. y^*, z^* (Bild **5-18**b), mit den Beziehungen

$$y_S^* = \frac{\sum A_i \cdot y_i^*}{\sum A_i} \tag{5.54}$$

$$z_S^* = \frac{\sum A_i \cdot z_i^*}{\sum A_i} \qquad\qquad (5.55),$$

siehe auch Kapitel 9.2.3 in [1].

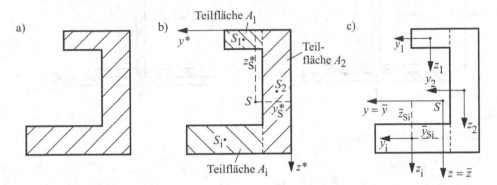

Bild 5-18 Berechnung der Flächenträgheitsmomente beliebig zusammengesetzter Querschnittsflächen
    a) Querschnittsfläche eines Balkens
    b) Einteilung der Querschnittsflächen in Teilflächen, für die die Schwerpunkte und die Flächenträgheitsmomente bekannt sind, zur Bestimmung der Koordinaten y_S^* und z_S^* des Gesamtschwerpunkts S
    c) Berechnung der Flächenträgheitsmomente bezüglich der Schwerpunktsachsen y und z des Gesamtschwerpunkts mit den Flächenträgheitsmomenten I_{yi} und I_{zi} der Teilflächen A_i (y_i, z_i: Schwerpunktskoordinaten der Teilflächen)

Für die Flächenträgheitsmomente bezüglich der Schwerpunktsachsen y und z des Gesamtschwerpunkts gilt:

$$I_y = \sum_i \left(I_{yi} + \bar{z}_{Si}^2 \cdot A_i \right) \qquad\qquad (5.56),$$

$$I_z = \sum_i \left(I_{zi} + \bar{y}_{Si}^2 \cdot A_i \right) \qquad\qquad (5.57),$$

$$I_{yz} = \sum_i \left(I_{yzi} - \bar{y}_{Si} \cdot \bar{z}_{Si} \cdot A_i \right) \qquad\qquad (5.58).$$

Die konkrete Vorgehensweise ist in Beispiel 5-3 verdeutlicht.

Beispiel 5-3   ***

Für das dargestellte Profil, das aus Flacheisen der Dicke t zusammengesetzt ist, bestimme man die Flächenträgheitsmomente I_y und I_z.

geg.: $a = 40$ mm, $t = 0{,}5a = 20$ mm

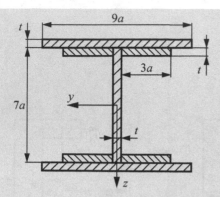

Einteilung in Bereiche:

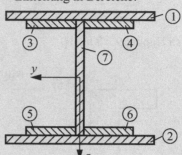

Lösung:

Flächenträgheitsmomente:

$$I_y = \sum \left(I_{yi} + z_{Si}^2 \cdot A_i\right)$$

$$= 2 \cdot \left[\frac{9a \cdot t^3}{12} + \left(3,5a + \frac{t}{2}\right)^2 \cdot 9a \cdot t\right] + 4 \cdot \left[\frac{3a \cdot t^3}{12} + \left(3,5a - \frac{t}{2}\right)^2 \cdot 3a \cdot t\right] + \frac{t \cdot (7a)^3}{12}$$

$$= 2 \cdot [240000\,\text{mm}^4 + (150\,\text{mm})^2 \cdot 7200\,\text{mm}^2]$$

$$+ 4 \cdot [80000\,\text{mm}^4 + (130\,\text{mm})^2 \cdot 2400\,\text{mm}^2] + 36586666,7\,\text{mm}^4$$

$$= 523,627 \cdot 10^6 \,\text{mm}^4 = 52362,7\,\text{cm}^4$$

$$I_z = 2 \cdot \frac{t \cdot (9a)^3}{12} + 4 \cdot \left[\frac{t \cdot (3a)^3}{12} + \left(1,5a + \frac{t}{2}\right)^2 \cdot 3a \cdot t\right] + \frac{7a \cdot t^3}{12}$$

$$= 2 \cdot 77760000\,\text{mm}^4 + 4 \cdot [2880000\,\text{mm}^4 + (70\,\text{mm})^2 \cdot 2400\,\text{mm}^2] + 186666,7\,\text{mm}^4$$

$$= 214,267 \cdot 10^6 = 21426,7\,\text{cm}^4$$

Beispiel 5-4   ***

Ein einseitig fest eingespannter Balken wird durch ein Biegemoment M belastet. Vier flächengleiche Profilvarianten stehen zur Auswahl.

Man bestimme

a) die Schnittgrößen im Balken,

b) die Flächenträgheitsmomente I_y und die Widerstandsmomente W_y für die vier Profilvarianten sowie

c) die jeweiligen Maximalwerte der Biegespannungen.

geg.: M, a

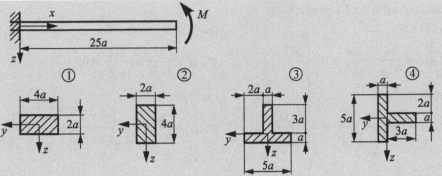

Lösung:

a) Schnittgrößen im Balken

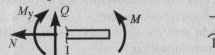

$$\rightarrow:\ N = 0, \qquad \uparrow:\ Q = 0$$

$$\curvearrowright:\ M_y - M = 0 \quad \Rightarrow \quad M_y = M$$

b) Flächenträgheitsmomente I_y und Widerstandsmomente W_y

Profil ①:

$$I_{y1} = \frac{b \cdot h^3}{12} = \frac{4a \cdot (2a)^3}{12} = \frac{8}{3}a^4 = 2{,}67a^4$$

$$W_{y1} = \frac{I_y}{|z_{max}|} = \frac{8a^4}{3a} = \frac{8}{3}a^3 = 2{,}67a^3$$

Profil ②:

$$I_{y2} = \frac{2a \cdot (4a)^3}{12} = \frac{32}{3}a^4 = 10{,}67a^4$$

$$W_{y2} = \frac{32a^4}{3 \cdot 2a} = \frac{16}{3}a^3 = 5{,}33a^3$$

Profil ③:

$$y_S^* = 0 \ \text{(Symmetrie)}$$

$$z_S^* = \frac{\sum z_{Si} \cdot A_i}{\sum A_i} = \frac{(3a/2) \cdot 3a^2 + (7a/2) \cdot 5a^2}{3a^2 + 5a^2} = 2{,}75a$$

$$I_{y3} = \sum \left(I_{yi} + \bar{z}_{Si}^{\ 2} \cdot A_i \right)$$

$$= \frac{a \cdot (3a)^3}{12} + (1{,}5a - 2{,}75a)^2 \cdot 3a^2 + \frac{5a \cdot a^3}{12} + (3{,}5a - 2{,}75a)^2 \cdot 5a^2 = \frac{61}{6}a^4 = 10{,}17a^4$$

$$W_{y3} = \frac{I_y}{|z_{max}|} = \frac{10{,}17a^4}{2{,}75a} = 3{,}70a^3$$

Profil ④:

$$I_{y4} = I_{z3} = \sum \left(I_{zi} + \bar{y}_{Si}^{\ 2} \cdot A_i \right) = \frac{3a \cdot a^3}{12} + 0 + \frac{a \cdot (5a)^3}{12} + 0 = \frac{32}{3}a^4 = 10{,}67a^4$$

$$W_{y4} = W_{z3} = \frac{I_{z,3}}{|y_{max}|} = \frac{10{,}67a^4}{2{,}5a} = 4{,}27a^3$$

c) Maximalwerte der Biegespannung

Profil ①: Profil ②:

$$\sigma_{max} = \frac{M}{W_{y1}} = \frac{3M}{8a^3} = 0{,}38\frac{M}{a^3}$$ $$\sigma_{max} = \frac{M}{W_{y2}} = \frac{3M}{16a^3} = 0{,}19\frac{M}{a^3}$$

Profil ③: Profil ④:

$$\sigma_{max} = \frac{M}{W_{y3}} = \frac{M}{3{,}7a^3} = 0{,}27\frac{M}{a^3}$$ $$\sigma_{max} = \frac{M}{W_{y4}} = \frac{M}{4{,}27a^3} = 0{,}23\frac{M}{a^3}$$

5.3.6 Flächenträgheitsmomente für gedrehtes Bezugssystem

Die Flächenträgheitsmomente I_η und I_ζ für ein gedrehtes Koordinatensystem mit den Koordinaten η und ζ, Bild **5-19b**, lassen sich aus den Flächenträgheitsmomenten I_y und I_z (für die Koordinaten y und z, Bild **5-19a**) ermitteln. Vergleicht man die Koordinatensysteme in Bild **5-19c**, so erhält man die Formeln für die Koordinatentransformation:

$$\eta = y \cdot \cos\alpha + z \cdot \sin\alpha \qquad\qquad (5.59),$$

$$\zeta = -y \cdot \sin\alpha + z \cdot \cos\alpha \qquad\qquad (5.60).$$

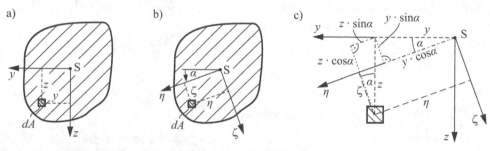

Bild 5-19 Berechnung der Flächenträgheitsmomente für ein gedrehtes Bezugssystem
      a) Querschnitt mit den Bezugsachsen y und z
      b) Gedrehtes Bezugssystem mit den Koordinaten η und ζ
      c) Darstellung des Zusammenhangs der Koordinaten η und ζ sowie y und z zum Zwecke
         der Koordinatentransformation

Mit der allgemeinen Definition der axialen Flächenträgheitsmomente, Kapitel 5.3.1.1, und Gleichung (5.60) ergibt sich für die η-Achse das Flächenträgheitsmoment:

$$I_\eta = \int \zeta^2 dA = \sin^2\alpha \int y^2 dA + \cos^2\alpha \int z^2 dA - 2\sin\alpha \cdot \cos\alpha \int y \cdot z\, dA \qquad (5.61).$$

Hierin entspricht $\int y^2 dA = I_z$, $\int z^2 dA = I_y$ und $-\int yz\, dA = I_{yz}$, siehe auch Kapitel 5.3.1. Zudem gilt $\sin^2\alpha = (1 - \cos 2\alpha)/2$, $\cos^2\alpha = (1 + \cos 2\alpha)/2$ und $2\sin\alpha \cdot \cos\alpha = \sin 2\alpha$. I_η lässt sich somit unmittelbar aus I_y, I_z, I_{yz} und dem Winkel α ermitteln, siehe Gleichung (5.62). Die Flächenträgheitsmomente I_ζ und $I_{\eta\zeta}$ ergeben sich analog. Somit gelten folgende Transformationsgleichungen:

$$I_\eta = \frac{I_y + I_z}{2} + \frac{I_y - I_z}{2} \cdot \cos 2\alpha + I_{yz} \cdot \sin 2\alpha \qquad (5.62),$$

$$I_\zeta = \frac{I_y + I_z}{2} - \frac{I_y - I_z}{2} \cdot \cos 2\alpha - I_{yz} \cdot \sin 2\alpha \qquad (5.63),$$

$$I_{\eta\zeta} = -\frac{I_y - I_z}{2} \cdot \sin 2\alpha + I_{yz} \cdot \cos 2\alpha \qquad (5.64).$$

Zudem ergibt sich, dass die Summe der axialen Flächenträgheitsmomente

$$I_\eta + I_\zeta = I_y + I_z = I_p \qquad (5.65)$$

stets konstant und gleich dem polaren Flächenträgheitsmoment I_p ist.

Beispiel 5-5 ***

Für das dargestellte Querschnittsprofil bestimme man

a) die Flächenträgheitsmomente I_y, I_z und I_{yz} sowie

b) die Flächenträgheitsmomente I_η, I_ζ und $I_{\eta\zeta}$ für den Winkel α.

geg.: a, $\alpha = 45°$.

Lösung:

a) Flächenträgheitsmomente I_y und I_z

$$I_y = \sum \left(I_{yi} + z_{Si}^2 \cdot A_i \right) = \frac{\pi \cdot (6a)^4}{64} - 2 \cdot \left[\frac{\pi \cdot (2a)^4}{64} + a^2 \cdot a^2 \cdot \pi \right]$$

$$= 20,25\pi \cdot a^4 - 2,5\pi \cdot a^4 = 17,75\pi \cdot a^4 = I_z$$

$$I_{yz} = \sum \left(I_{yzi} - \bar{y}_{Si} \cdot \bar{z}_{Si} \cdot A_i \right) = -2a^2 \cdot a^2 \cdot \pi = -2\pi \cdot a^4$$

b) Flächenträgheitsmomente I_η und I_ζ für $\alpha = 45°$

$$I_\eta = \frac{I_y + I_z}{2} + \frac{I_y - I_z}{2} \cdot \cos 2\alpha + I_{yz} \cdot \sin 2\alpha$$

$$= 17,75\pi \cdot a^4 - 2\pi \cdot a^4 \cdot \sin 90° = 15,75\pi \cdot a^4$$

$$I_\zeta = \frac{I_y + I_z}{2} - \frac{I_y - I_z}{2} \cdot \cos 2\alpha - I_{yz} \cdot \sin 2\alpha = 19,75\pi \cdot a^4$$

$$I_{\eta\zeta} = -\frac{I_y - I_z}{2} \cdot \sin 2\alpha + I_{yz} \cdot \cos 2\alpha = 0$$

5.3.7 Hauptachsen und Hauptträgheitsmomente

Die Flächenträgheitsmomente I_η, I_ζ und $I_{\eta\zeta}$, siehe Gleichungen (5.62), (5.63) und (5.64), ändern sich mit dem Winkel α. Für einen bestimmten Winkel α^* ist I_η maximal, I_ζ minimal und $I_{\eta\zeta} = 0$. Bezugsachsen, die durch den Winkel α^* beschrieben werden, nennt man Hauptachsen. Den Hauptachsenwinkel α^* erhält man für $I_{\eta max}$ mit den Bedingungen

$$\frac{\partial I_\eta}{\partial \alpha} = 0 \qquad\qquad\qquad (5.66)$$

oder

$$I_{\eta\zeta} = 0 \qquad\qquad\qquad (5.67),$$

wie folgt:

$$-\frac{I_y - I_z}{2} \cdot \sin 2\alpha^* + I_{yz} \cdot \cos 2\alpha^* = 0$$

bzw. nach Umformung mit

$$\boxed{\tan 2\alpha^* = \frac{2 I_{yz}}{I_y - I_z}} \qquad\qquad\qquad (5.68).$$

Wegen $\tan 2\alpha^* = \tan 2(\alpha^* + \pi/2)$ sind α^* und $\alpha^* + \pi/2$ die Winkel der Hauptachsen 1 und 2.

Die Flächenträgheitsmomente bezüglich der Hauptachsen bezeichnet man als Hauptträgheitsmomente. Sie errechnen sich nach Einsetzen von α^*, Gleichung (5.68), in die Gleichungen (5.62) bzw. (5.63) mit nachfolgenden Beziehungen:

$$\boxed{I_1 = \frac{I_y + I_z}{2} + \sqrt{\left(\frac{I_y - I_z}{2}\right)^2 + I_{yz}^{\,2}} = I_{max}} \qquad\qquad (5.69),$$

$$\boxed{I_2 = \frac{I_y + I_z}{2} - \sqrt{\left(\frac{I_y - I_z}{2}\right)^2 + I_{yz}^{\,2}} = I_{min}} \qquad\qquad (5.70).$$

Das zentrifugale Flächenträgheitsmoment ist bezüglich der Hauptachsen null. I_1 bezeichnet stets das größte Flächenträgheitsmoment und I_2 stets das kleinste Flächenträgheitsmoment.

Bei dem doppelsymmetrischen Querschnitt in Bild **5-20a** sind beide Symmetrieachsen Hauptachsen, wobei die 1-Achse dem größten Flächenträgheitsmoment I_1 und die 2-Achse dem kleinsten Flächenträgheitsmoment I_2 zugeordnet sind. Bei einfachsymmetrischen Querschnitten sind die Symmetrieachse und die dazu senkrechte Schwerpunktsachse Hauptachsen, Bild **5-20b**. Bei nichtsymmetrischen Querschnitten, $I_{yz} \neq 0$, sind die Hauptachsen und die Hauptträgheitsmomente mit den entsprechenden Formeln, Gleichungen (5.68), (5.69) und (5.70), aus den Flächenträgheitsmomenten I_y, I_z und I_{yz} zu errechnen, Bild **5-20c**.

Biegung um nur eine Hauptachse nennt man einachsige oder gerade Biegung. Biegung um zwei Hauptachsen entspricht zweiachsiger oder schiefer Biegung.

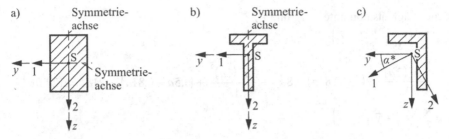

Bild 5-20 Hauptachsen verschiedener Querschnittsprofile

a) Doppelsymmetrischer Querschnitt: Symmetrieachsen sind Hauptachsen; $I_1 = I_y$, $I_2 = I_z$, $I_{yz} = 0$

b) Einfachsymmetrischer Querschnitt: Symmetrieachse und die dazu senkrechte Schwerpunktsachse sind Hauptachsen; $I_1 = I_y$, $I_2 = I_z$, $I_{yz} = 0$

c) Unsymmetrischer Querschnitt: Hauptachsenwinkel α^* nach Gleichung (5.68), I_1 nach Gleichung (5.69), I_2 nach Gleichung (5.70), $I_{yz} \neq 0$

Beispiel 5-6   ★★★

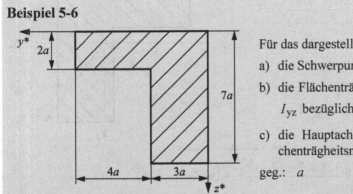

Für das dargestellte L-Profil bestimme man

a) die Schwerpunktskoordinaten y_S^* und z_S^*,

b) die Flächenträgheitsmomente I_y, I_z und I_{yz} bezüglich des Schwerpunkts sowie

c) die Hauptachsen 1,2 und die Hauptflächenträgheitsmomente I_1 und I_2.

geg.: a

<u>Lösung:</u>

Einteilung des L-Profils in zwei Teilflächen mit bekannten Schwerpunktskoordinaten und Flächenträgheitsmomenten

a) Schwerpunktskoordinaten

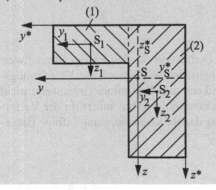

$$y_S^* = \frac{5a \cdot 8a^2 + 1,5a \cdot 21a^2}{8a^2 + 21a^2}$$

$$= 2,47a$$

$$z_S^* = \frac{a \cdot 8a^2 + 3,5a \cdot 21a^2}{8a^2 + 21a^2}$$

$$= 2,81a$$

b) Flächenträgheitsmomente I_y, I_z, und I_{yz}

$$I_y = \sum \left(I_{yi} + \bar{z}_{Si}^2 \cdot A_i \right)$$

$$= \frac{4a \cdot (2a)^3}{12} + (a - 2{,}81a)^2 \cdot 8a^2 + \frac{3a \cdot (7a)^3}{12} + (3{,}5a - 2{,}81a)^2 \cdot 21a^2 = 124{,}6a^4$$

$$I_z = \sum \left(I_{zi} + \bar{y}_{Si}^2 \cdot A_i \right)$$

$$= \frac{2a \cdot (4a)^3}{12} + (5a - 2{,}47a)^2 \cdot 8a^2 + \frac{7a \cdot (3a)^3}{12} + (1{,}5a - 2{,}47a)^2 \cdot 21a^2 = 97{,}4a^4$$

$$I_{yz} = \sum \left(I_{yzi} - \bar{y}_{Si} \cdot \bar{z}_{si} \cdot A_i \right)$$

$$= 0 - (5a - 2{,}47a) \cdot (a - 2{,}81a) \cdot 8a^2 + 0 - (1{,}5a - 2{,}47a) \cdot (3{,}5a - 2{,}81a) \cdot 21a^2 = 50{,}7a^4$$

c) Hauptachsen und Hauptflächenträgheitsmomente

$$\tan 2\alpha^* = \frac{2 I_{yz}}{I_y - I_z} = \frac{2 \cdot 50{,}7a^4}{124{,}6a^4 - 97{,}4a^4} = 3{,}73$$

$$\Rightarrow \quad \alpha^* = 37{,}5°$$

$$I_1 = \frac{I_y + I_z}{2} + \sqrt{\left(\frac{I_y - I_z}{2} \right)^2 + I_{yz}^2}$$

$$= \frac{124{,}6a^4 + 97{,}4a^4}{2} + \sqrt{\left(\frac{124{,}6a^4 - 97{,}4a^4}{2} \right)^2 + \left(50{,}7a^4 \right)^2} = 163{,}5a^4 = I_{max}$$

$$I_2 = \frac{I_y + I_z}{2} - \sqrt{\left(\frac{I_y - I_z}{2} \right)^2 + I_{yz}^2} = 58{,}5a^4 = I_{min}$$

5.4   Biegeverformungen von Balken

Die bisher gewonnenen Erkenntnisse sind von großer Bedeutung für den Festigkeitsnachweis bei Balken und balkenartigen Tragwerken. Darüber hinaus ist häufig auch ein Verformungs-nachweis erforderlich. D. h. die Durchbiegung des Balkens darf bestimmte Grenzwerte nicht überschreiten. Zudem können statisch unbestimmte Balkenprobleme nur mit Hilfe der Verfor-mungen gelöst werden. Daher kommt der Untersuchung der Balkenverformung infolge Biege-belastung eine besondere Bedeutung zu.

5.4.1 Differentialgleichungen der Biegelinie

Ein belasteter Balken, siehe z. B. Bild **5-21**a, biegt sich durch, Bild **5-21**c. Die verformte Balkenachse nennt man Biegelinie. Die Durchbiegung $w = w(x)$ stellt dabei die Verschiebung einzelner Balkenelemente in z-Richtung dar, siehe Bild **5-21**c und Bild **5-21**d. Bei langen, schlanken Balken wird die Durchbiegung allein durch das im Balken auftretende Biegemoment $M(x)$, Bild **5-21**b, hervorgerufen. Für $h \ll l$, Bild **5-21**a, kann der Einfluss der Querkraft $Q(x)$, Bild **5-21**b, vernachlässigt werden.

Für belastete Balken gilt es, die Durchbiegungsfunktion $w = w(x)$ in Abhängigkeit von $M(x)$ und der *Biegesteifigkeit* $E \cdot I_y$ zu bestimmen. Grundlage ist eine Differentialgleichung der Biegelinie, die man mit den nachfolgenden Überlegungen erhält.

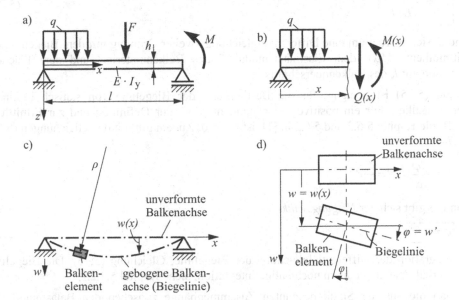

Bild 5-21 Balkenverformung infolge des Biegemomentes
    a) Belasteter Balken
    b) Schnittgrößen $M(x)$ und $Q(x)$ beim Balken
    c) Vergleich von unverformter und verformter Balkenachse
    d) Definition der Durchbiegung $w = w(x)$ und des Neigungs- bzw. Verdrehwinkels an einem vergrößert dargestellten Balkenelement

Nach Gleichung (5.6) ist die Krümmung der gebogenen Balkenachse wie folgt definiert:

$$\kappa = \frac{1}{\rho} = \frac{d\varphi}{dx} = \varphi' \tag{5.71}.$$

Mit Gleichung (5.12) folgt außerdem:

$$\frac{1}{\rho} = \frac{M}{E \cdot I_y} \tag{5.72}.$$

In Anlehnung an die Definition der Krümmung einer Kurve in der Mathematik lässt sich die Krümmung der Balkenachse auch wie folgt beschreiben:

$$\kappa = \frac{1}{\rho} = -\frac{w''}{(1 + w'^2)^{3/2}} \tag{5.73}.$$

Für kleine Durchbiegungen w und somit kleine Verdrehwinkel $\varphi = w'$, Bild **5-21**d, ergibt sich mit $w' < 1$ und $w'^2 \ll 1$ die Krümmung

$$\kappa = \frac{1}{\rho} = -w'' \tag{5.74}.$$

Mit den Gleichungen (5.72) und (5.74) erhält man nun die *Differentialgleichung der Biegelinie*:

$$\boxed{w'' = -\frac{M(x)}{E \cdot I_y}} \tag{5.75}.$$

Es handelt sich hierbei um eine Differentialgleichung zweiter Ordnung mit dem Biegemoment (Schnittmoment) $M(x)$, dem Elastizitätsmodul E des Balkenmaterials und dem Flächenträgheitsmoment I_y des Balkenquerschnitts.

Gleichung (5.75) ist geeignet für die Bestimmung der Biegelinie von statisch bestimmt gelagerten Balken. Für ein positives Biegemoment $M(x)$, zur Definition und zur Ermittlung siehe z.B. die Kapitel 5.6.2 und 5.6.5 in [1], ist $w'' < 0$. Zudem gilt mit den Gleichungen (5.71) und (5.74)

$$\kappa = \frac{d\varphi}{dx} = \varphi' = -w'' \tag{5.76},$$

und somit ergibt sich der *Neigungswinkel*

$$\boxed{\varphi = -w'} \tag{5.77}$$

durch Integration der Differentialgleichung der Biegelinie, Gleichung (5.75). Die Biegelinie $w = w(x)$ erhält man dann durch nochmalige Integration, siehe Kapitel 5.4.2.

Nutzt man die aus der Statik bekannten Zusammenhänge zwischen den Belastungs- und Schnittgrößen beim Balken, siehe Kapitel 5.7.4 in [1], so lässt sich Gleichung (5.75) auch wie folgt umformen:

$$M(x) = -E \cdot I_y \cdot w'' \tag{5.78},$$

$$Q(x) = \frac{dM}{dx} = M' = -(E \cdot I_y \cdot w'')' \tag{5.79},$$

$$q(x) = -\frac{dQ}{dx} = -Q' = (E \cdot I_y \cdot w'')'' \tag{5.80}.$$

Für den Fall, dass $E \cdot I_y$ über die Balkenlänge konstant ist, folgt eine alternative Formulierung der Differentialgleichung der Biegelinie als Differentialgleichung vierter Ordnung:

$$\boxed{E \cdot I_y \cdot w^{IV} = q(x)} \tag{5.81}.$$

Diese Differentialgleichung ist auch zur Bestimmung der Biegelinie von statisch unbestimmt gelagerten Balken geeignet.

5.4.2 Ermittlung der Biegelinie durch Integration der Differentialgleichung

Die Differentialgleichungen der Biegelinie, Kapitel 5.4.1, Gleichung (5.75) und Gleichung (5.81), stellen die Grundlage für die Bestimmung der Biegelinie vom Balken dar. Die Biegelinien lassen sich durch Integration der Differentialgleichungen ermitteln. Bei der Integration erhält man Integrationskonstanten, die sich mit Hilfe von Rand- und Übergangsbedingungen für die speziellen Probleme ermitteln lassen. Ist bei statisch bestimmten Balkenproblemen der Schnittgrößenverlauf $M(x)$ bekannt, findet Gleichung (5.75) Anwendung. Für den Fall, dass die Streckenlast $q(x)$ bekannt ist oder bei statisch unbestimmten Problemen, eignet sich Gleichung (5.81). Grundsätzlich ist auch zwischen Ein- und Mehrbereichsproblemen zu unterscheiden.

5.4.2.1 Integration der Differentialgleichung zweiter Ordnung

Ist der Schnittgrößenverlauf $M(x)$ bekannt, oder kann dieser mit den Methoden der Statik bestimmt werden, so ist die Differentialgleichung zweiter Ordnung, Gleichung (5.75), Ausgangspunkt für die Ermittlung der Biegelinie. Durch Integration von

$$w'' = -\frac{M(x)}{E \cdot I_y}$$

erhält man den Neigungswinkel $\varphi = -w'$ der Biegelinie gegen die x-Achse:

$$w' = -\int \frac{M}{E \cdot I_y}\, dx + C_1 \tag{5.82}.$$

Die Integration von Gleichung (5.82) liefert die Durchbiegung $w = w(x)$:

$$w = -\int [\,\int \frac{M}{E \cdot I_y}\, dx\,]\, dx + C_1 \cdot x + C_2 \tag{5.83}.$$

Allerdings müssen die Integrationskonstanten C_1 und C_2 noch durch Randbedingungen, siehe Kapitel 5.4.2.3, bestimmt werden.

5.4.2.2 Integration der Differentialgleichung vierter Ordnung

Ist die Streckenlast $q(x)$ bekannt, so kann der Querkraftverlauf, der Biegemomentenverlauf, der Neigungswinkelverlauf und die Biegelinie $w = w(x)$ mit der Differentialgleichung vierter Ordnung, Gleichung (5.81), ermittelt werden.

Durch Integration von

$$E \cdot I_y \cdot w^{IV} = q(x)$$

erhält man

$$E \cdot I_y \cdot w''' = -Q(x) = \int q(x)\, dx + C_1 \tag{5.84},$$

$$E \cdot I_y \cdot w'' = -M(x) = \int (\int q(x)\, dx)\, dx + C_1 \cdot x + C_2 \tag{5.85},$$

$$E \cdot I_y \cdot w' = \int [\int (\int q(x)\,dx)\,dx]\,dx + C_1 \cdot \frac{x^2}{2} + C_2 \cdot x + C_3 \qquad (5.86),$$

$$E \cdot I_y \cdot w = \int \{\int [\int (\int q(x)\,dx)\,dx]\,dx\}\,dx + C_1 \cdot \frac{x^3}{6} + C_2 \cdot \frac{x^2}{2} + C_3 \cdot x + C_4 \qquad (5.87).$$

Die Integration kann für jede stetige Funktion *q(x)* durchgeführt werden. Die Integrations-konstanten C_1, C_2, C_3 und C_4 sind mit den Randbedingungen, Kapitel 5.4.2.3, für das spezielle Balkenproblem zu ermitteln.

5.4.2.3   Auflager- und Randbedingungen bei Biegebelastung

Grundsätzlich unterscheidet man geometrische (kinematische) und statische Randbedingungen. Bei den geometrischen Randbedingungen ist die Durchbiegung *w* oder der Neigungs- oder Verdrehwinkel *w'* vorgegeben. Bei den statischen Randbedingungen ist *M* oder *Q* bzw. *w''* oder *w'''* vorgegeben. Eine Übersicht über häufig vorkommende Randbedingungen zeigt Bild **5-22**.

Lagerungsart		w	w'	$M \sim w''$	$Q \sim w'''$
Gelenkiges Lager (Los- oder Festlager)	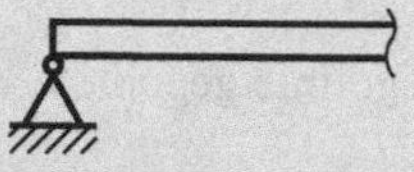	0	$\neq 0$	0	$\neq 0$
Einspannung	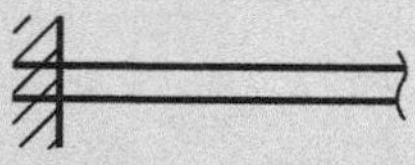	0	0	$\neq 0$	$\neq 0$
Parallelführung	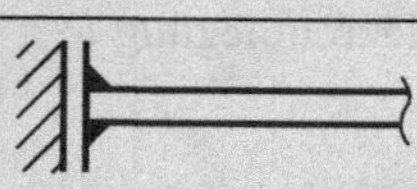	$\neq 0$	0	$\neq 0$	0
Freies Balkenende	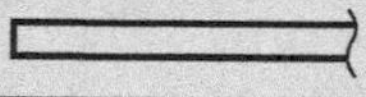	$\neq 0$	$\neq 0$	0	0

Bild 5-22   Auflager- und Randbedingungen bei Balkenbiegung

5.4.3 Einbereichsprobleme

Einbereichsprobleme liegen vor, wenn im Definitionsbereich der Differentialgleichungen, Gleichung (5.75) und Gleichung (5.81), keine Unstetigkeitsstellen wie Einzellasten, Auflager, Zwischengelenke sowie keine Richtungsänderungen des Balkens vorkommen. Dies bedeutet, im betrachteten Bereich sind *q(x)*, *Q(x)*, *M(x)*, *w'(x)* und *w(x)* stetig.

5.4.3.1   Balken mit Einzellast

Die Ermittlung der Biegelinie für den in Bild **5-23**a dargestellten Balken erfolgt mit der Differentialgleichung der Biegelinie, Gleichung (5.75). Zunächst ist der Schnittgrößenverlauf *M(x)* zu bestimmen. Mit der Momentenbedingung um den Schnittpunkt I erhält man

$$M(x) = -F \cdot (l - x) \qquad (5.88).$$

Da $E \cdot I_y$ konstant über die Balkenlänge ist, lautet die Differentialgleichung für diesen Balken

$$E \cdot I_y \cdot w'' = F \cdot (l - x) \qquad (5.89).$$

Die Integration dieser Differentialgleichung liefert

$$E \cdot I_y \cdot w' = F \cdot (l \cdot x - \frac{x^2}{2}) + C_1 \qquad (5.90),$$

$$E \cdot I_y \cdot w = F \cdot (\frac{l \cdot x^2}{2} - \frac{x^3}{6}) + C_1 \cdot x + C_2 \qquad (5.91).$$

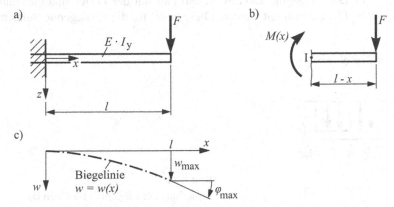

Bild 5-23 Ermittlung der Biegelinie für einen Balken mit Einzellast
a) Belasteter Balken
b) Freischnitt mit dem Schnittmoment $M(x)$
c) Biegelinie $w = w(x)$ mit der maximalen Durchbiegung w_{max} und dem maximalen Neigungswinkel φ_{max}

Mit den Randbedingungen $w(x = 0) = 0$ und $w'(x = 0) = 0$, erhält man die Integrationskonstanten $C_1 = 0$ und $C_2 = 0$. Somit ergibt sich die Biegelinie, d. h. der Durchbiegungsverlauf

$$w = w(x) = \frac{F}{E \cdot I_y} \cdot (\frac{l \cdot x^2}{2} - \frac{x^3}{6}) \qquad (5.92),$$

siehe auch Bild **5-23**c.

Die maximale Durchbiegung w_{max} ergibt sich an der Stelle $x = l$ und beträgt:

$$w_{max} = w(l) = \frac{F \cdot l^3}{3E \cdot I_y} \qquad (5.93).$$

Den Neigungswinkel- oder Verdrehwinkelverlauf erhält man mit Gleichung (5.90) oder durch Differentiation von Gleichung (5.92):

$$\varphi(x) = w'(x) = \frac{F}{E \cdot I_y} \cdot (l \cdot x - \frac{x^2}{2}) \qquad (5.94).$$

Der maximale Neigungswinkel φ_{max}, Bild **5-23**c, tritt an der Stelle $x = l$ auf und beträgt

$$\varphi_{max} = w'(l) = \frac{F \cdot l^2}{2E \cdot I_y}$$ (5.95).

Die Lösungen für $w(x)$, w_{max} und φ_{max} sind für diesen Fall und für weitere Belastungsfälle in Bild **5-25** zusammengestellt.

5.4.3.2   Balken mit Streckenlast

Der einfach statisch unbestimmt gelagerte Balken ist mit der Streckenlast $q(x) = q = $ konst. belastet, Bild 5-24a. Die Biegelinie kann in diesem Fall mit der Differentialgleichung vierter Ordnung, Gleichung (5.81), ermittelt werden. Diese lautet für die vorliegende Belastungssituation

$$E \cdot I_y \cdot w^{IV} = q(x) = q$$ (5.96).

a)
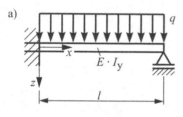

b)
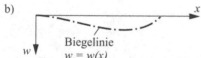

Biegelinie
$w = w(x)$

Bild 5-24
Ermittlung der Biegelinie für einen Balken mit Streckenlast
a) Einfach statisch unbestimmt gelagerter Balken mit der Streckenlast $q(x) = q = $ konst.
b) Biegelinie $w = w(x)$

Durch Integration erhält man:

$$E \cdot I_y \cdot w''' = -Q(x) = q \cdot x + C_1$$ (5.97),

$$E \cdot I_y \cdot w'' = -M(x) = q \cdot \frac{x^2}{2} + C_1 \cdot x + C_2$$ (5.98),

$$E \cdot I_y \cdot w' = q \cdot \frac{x^3}{6} + C_1 \cdot \frac{x^2}{2} + C_2 \cdot x + C_3$$ (5.99),

$$E \cdot I_y \cdot w = q \cdot \frac{x^4}{24} + C_1 \cdot \frac{x^3}{6} + C_2 \cdot \frac{x^2}{2} + C_3 \cdot x + C_4$$ (5.100).

Die Integrationskonstanten C_1, C_2, C_3 und C_4 erhält man mit folgenden Randbedingungen:

$$w'(x = 0) = 0$$ (5.101),

$$w(x = 0) = 0$$ (5.102),

$$M(x = l) = -E \cdot I_y \cdot w'' = 0 \tag{5.103},$$

$$w(x = l) = 0 \tag{5.104}.$$

Mit Gleichung (5.101) und Gleichung (5.99) ergibt sich $C_3 = 0$. Die Gleichungen (5.102) und (5.100) liefern $C_4 = 0$, während die Gleichungen (5.103) und (5.98) sowie (5.104) und (5.100) die Integrationskonstanten

$$C_1 = -\frac{5}{8} q \cdot l \tag{5.105}$$

und

$$C_2 = \frac{1}{8} q \cdot l^2 \tag{5.106}$$

liefern. Setzt man alle Integrationskonstanten in Gleichung (5.100) ein, so erhält man die Biegelinie $w = w(x)$:

$$w(x) = \frac{q}{24 E \cdot I_y} \cdot \left(x^4 - \frac{5}{2} l \cdot x^3 + \frac{3}{2} l^2 \cdot x^2 \right) \tag{5.107},$$

siehe auch Bild 5-24b.

Mit den Gleichungen (5.97), (5.98) und (5.99) kann man auch $Q(x)$, $M(x)$ und $\varphi(x)$ ermitteln.

Beispiel 5-7 $***$

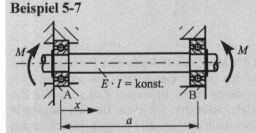

$E \cdot I = $ konst.

Für die nebenstehende Welle bestimme man mittels Integration der Differentialgleichung

a) die Biegelinie,

b) die maximale Durchbiegung und

c) die Verdrehung in den Lagern.

geg.: $M = 150$ Nm, $a = 1500$ mm, $E = 210000$ N/mm², $I = 8 \cdot 10^5$ mm⁴

Lösung:

a) Biegelinie

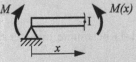

$M(x)$

Biegemoment in der Welle:

$\widehat{I}$: $M(x) - M = 0 \quad \Rightarrow \quad M(x) = M$

Integration der Differentialgleichung:

$$w'' = -\frac{M(x)}{E \cdot I} = -\frac{M}{E \cdot I} \tag{1}$$

$$w' = -\frac{M}{E \cdot I} \cdot x + C_1 \tag{2}$$

$$w = -\frac{M}{E \cdot I} \cdot \frac{x^2}{2} + C_1 \cdot x + C_2 \tag{3}$$

Randbedingungen:

$$w(x=0)=0 \quad \Rightarrow \quad C_2 = 0$$

$$w(x=a)=0 \quad \Rightarrow \quad -\frac{M}{E \cdot I} \cdot \frac{a^2}{2} + C_1 \cdot a = 0 \quad \Rightarrow \quad C_1 = \frac{M \cdot a}{2E \cdot I}$$

mit (3) folgt:

$$w(x) = -\frac{M}{2E \cdot I} \cdot x^2 + \frac{M \cdot a}{2E \cdot I} \cdot x = \frac{M}{2E \cdot I} \cdot \left(a \cdot x - x^2\right)$$

b) Maximale Durchbiegung

$$w'(x)=0 \quad \Rightarrow \quad -\frac{M}{E \cdot I} \cdot x + \frac{M \cdot a}{2E \cdot I} = 0 \quad \Rightarrow \quad x = \frac{a}{2}$$

$$w\left(x=\frac{a}{2}\right) = \frac{M}{2E \cdot I} \cdot \left[\frac{a^2}{2} - \left(\frac{a}{2}\right)^2\right] = \frac{M \cdot a^2}{8E \cdot I} = \frac{150000\,\text{Nmm} \cdot (1500\,\text{mm})^2}{8 \cdot 210000\,\text{N/mm}^2 \cdot 8 \cdot 10^5\,\text{mm}^4} = 0{,}25\,\text{mm}$$

c) Verdrehung in den Lagern

$$w' = \frac{M}{2E \cdot I} \cdot (a - 2x)$$

$$w'(x=0) = \frac{M \cdot a}{2E \cdot I} = \frac{150000\,\text{Nmm} \cdot 1500\,\text{mm}}{2 \cdot 210000\,\text{N/mm}^2 \cdot 8 \cdot 10^5\,\text{mm}^4} = 6{,}7 \cdot 10^{-4} \cong 0{,}04°$$

5.4.4 Mehrbereichsprobleme

Mehrbereichsprobleme liegen vor, wenn z. B. in der Mitte des Balkens eine Einzelkraft oder ein Einzelmoment auftritt oder mehrere Kräfte auf den Balken einwirken. Dies bedeutet, $q(x)$, $Q(x)$ und $M(x)$ sind nicht über die gesamte Balkenlänge stetig. In diesem Fall wird eine Bereichseinteilung vorgenommen und die Differentialgleichungen für jeden Bereich aufgestellt und gelöst. Die Randbedingungen reichen dann aber nicht aus, um alle Integrationskonstanten zu bestimmen. Es müssen daher noch Übergangsbedingungen gefunden werden. Zum Beispiel müssen an den Bereichsgrenzen die Durchbiegungen und die Neigungswinkel übereinstimmen. Beispiel 5-8 zeigt die Vorgehensweise auf.

Beispiel 5-8   ***

Für eine Radsatzwelle eines Schienenfahrzeugs (Fragestellung 1-1) bestimme man für den Lastfall Geradeausfahrt

a) die Biegemomentenverteilung,

b) die Biegelinie,

c) die Durchbiegung in der Wellenmitte und

d) die Änderung der Spurweite infolge der Verformung der Welle.

geg.: $F, a, b, E \cdot I$

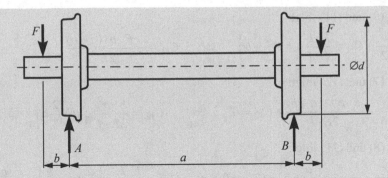

Vereinfachend soll folgendes mechanisches Modell zugrunde gelegt werden:

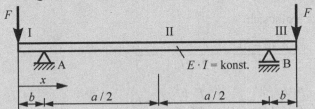

Lösung:

a) Biegemomentenverteilung (Vorgehensweise siehe Beispiel 5-4 in [1])

Bereich I $(0 < x < b)$: $M_I(x) = -F \cdot x$

Bereich II $(b < x < a + b)$: $M_{II}(x) = -F \cdot b$

Bereich III (symmetrisch zu Bereich I)

b) Biegelinie (aus Symmetriegründen Betrachtung des Balkens für $0 < x < b + a/2$)

Biegelinie im Bereich I: $0 < x < b$ Biegelinie im Bereich II: $b < x < b + a/2$

$$w_I{}'' = \frac{F \cdot x}{E \cdot I} \qquad (1) \qquad\qquad w_{II}{}'' = \frac{F \cdot b}{E \cdot I} \qquad\qquad (4)$$

$$w_I{}' = \frac{F}{E \cdot I} \cdot \frac{x^2}{2} + C_{I1} \qquad (2) \qquad\qquad w_{II}{}' = \frac{F \cdot b}{E \cdot I} \cdot x + C_{II1} \qquad\qquad (5)$$

$$w_I = \frac{F}{E \cdot I} \cdot \frac{x^3}{6} + C_{I1} \cdot x + C_{I2} \quad (3) \qquad w_{II} = \frac{F \cdot b}{E \cdot I} \cdot \frac{x^2}{2} + C_{II1} \cdot x + C_{II2} \qquad (6)$$

Randbedingungen:

$$w_I(x = b) = 0 \qquad (7) \qquad\qquad w_{II}(x = b) = 0 \qquad\qquad (8)$$

$$w_I{}'(x = b) = w_{II}{}'(x = b) \qquad (9) \qquad w_{II}{}'\left(x = \frac{a}{2} + b\right) = 0 \quad \begin{array}{l}\text{(aus Symmetrie-} \\ \text{gründen)}\end{array} \qquad (10)$$

aus (5) und (10) folgt:

$$\frac{F \cdot b}{E \cdot I} \cdot \left(\frac{a}{2} + b\right) + C_{II1} = 0 \quad \Rightarrow \quad C_{II1} = -\frac{F \cdot b}{E \cdot I} \cdot \left(\frac{a}{2} + b\right) \qquad (11)$$

aus (2), (9) und (11) folgt:

$$\frac{F}{E \cdot I} \cdot \frac{b^2}{2} + C_{I1} = \frac{F \cdot b}{E \cdot I} \cdot \left(b - \frac{a}{2} - b\right) \quad \Rightarrow \quad C_{I1} = -\frac{F \cdot b \cdot (a+b)}{2E \cdot I} \tag{12}$$

aus (3), (7) und (12) folgt:

$$\frac{F}{E \cdot I} \cdot \frac{b^3}{6} - \frac{F \cdot b^2 \cdot (a+b)}{2E \cdot I} + C_{I2} = 0 \quad \Rightarrow \quad C_{I2} = \frac{F \cdot b^2}{2E \cdot I} \cdot \left(a + \frac{2}{3}b\right) \tag{13}$$

aus (6), (8) und (11) folgt:

$$\frac{F \cdot b}{E \cdot I} \cdot \frac{b^2}{2} - \frac{F \cdot b^2}{E \cdot I} \cdot \left(\frac{a}{2} + b\right) + C_{II2} = 0 \quad \Rightarrow \quad C_{II2} = \frac{F \cdot b^2}{E \cdot I} \cdot \left(\frac{a}{2} + b - \frac{b}{2}\right) = \frac{F \cdot b^2}{2E \cdot I} \cdot (a+b)$$

Für die Biegelinie ergibt sich:

$$w_{I} = \frac{F}{E \cdot I} \cdot \frac{x^3}{6} - \frac{F \cdot b \cdot (a+b)}{2E \cdot I} \cdot x + \frac{F \cdot b^2}{2E \cdot I} \cdot \left(a + \frac{2}{3}b\right)$$

$$w_{II} = \frac{F \cdot b}{E \cdot I} \cdot \frac{x^2}{2} - \frac{F \cdot b}{E \cdot I} \cdot \left(\frac{a}{2} + b\right) \cdot x + \frac{F \cdot b^2}{2E \cdot I} \cdot (a+b)$$

c) Maximale Durchbiegung

$$w_{max} = w_{II}\left(x = \frac{a}{2} + b\right)$$

$$= \frac{F \cdot b}{E \cdot I} \cdot \frac{(a/2+b)^2}{2} - \frac{F \cdot b}{E \cdot I} \cdot \left(\frac{a}{2} + b\right)^2 + \frac{F \cdot b^2}{2E \cdot I} \cdot (a+b) = -\frac{F \cdot a^2 \cdot b}{8E \cdot I}$$

d) Änderung der Spurweite (Annahme: Räder sind starr)

$$\varphi = w_{II}{}'(x = b) = \frac{F \cdot b^2}{E \cdot I} - \frac{F \cdot b}{E \cdot I}\left(\frac{a}{2} + b\right) = -\frac{F \cdot a \cdot b}{2E \cdot I}$$

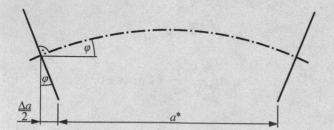

Spurweitenänderung:

$$\Delta a = 2\frac{d}{2} \cdot \varphi = d \cdot \varphi$$

5.4.5 Biegelinien und Verformungen von grundlegenden Balkenproblemen

Die Biegelinien von grundlegenden Balkenproblemen sind in Bild **5-25** zusammengestellt. Hier werden auch die für die technische Praxis besonders wichtigen maximalen Durchbiegungen, w_{max}, angegeben.

Die maximalen Verdrehwinkel, φ_{max}, sind insbesondere für die Auslegung der Lager von Bedeutung. Durchbiegungsfunktionen für weitere Biegefälle sind z. B. in [4] und [5] angegeben.

Balken mit Lagerung und Belastung	Biegelinie	Durchbiegung	Neigung/ Verdrehung
(Kragbalken mit Einzelkraft F am Ende)	$w(x) = \dfrac{F}{6EI}(3lx^2 - x^3)$	$w(l) = w_{max} = \dfrac{Fl^3}{3EI}$	$\varphi(l) = \varphi_{max}$ $= \dfrac{Fl^2}{2EI}$
(Kragbalken mit Moment M am Ende)	$w(x) = \dfrac{Mx^2}{2EI}$	$w(l) = w_{max} = \dfrac{Ml^2}{2EI}$	$\varphi(l) = \varphi_{max}$ $= \dfrac{Ml}{EI}$
(Kragbalken mit Streckenlast q)	$w(x) = \dfrac{q}{24EI}(6l^2x^2 - 4lx^3 + x^4)$	$w(l) = w_{max} = \dfrac{ql^4}{8EI}$	$\varphi(l) = \varphi_{max}$ $= \dfrac{ql^3}{6EI}$
(Kragbalken mit Einzelkraft F im Abstand a)	$0 < x < a:$ $w(x) = \dfrac{F}{6EI}(3ax^2 - x^3)$ $a < x < l:$ $w(x) = \dfrac{F}{6EI}(3a^2x - a^3)$	$w(l) = w_{max}$ $= \dfrac{F}{6EI}(3la^2 - a^3)$	$\varphi(a) = \varphi(l)$ $= \varphi_{max} = \dfrac{Fa^2}{2EI}$
(Beidseitig gelagerter Balken mit Streckenlast q)	$w(x) = \dfrac{q}{24EI}(l^3x - 2lx^3 + x^4)$	$w\left(\dfrac{l}{2}\right) = w_{max}$ $= \dfrac{5}{384}\dfrac{ql^4}{EI}$	$\varphi(0) = \varphi(l)$ $= \varphi_{max} = \dfrac{ql^3}{24EI}$
(Balken mit Dreieckslast q_0)	$w(x) = \dfrac{q_0}{360EI \cdot l}(7l^4x - 10l^2x^3 + 3x^5)$	$w_{max} = 0{,}00652\dfrac{q_0 l^4}{EI}$ bei $x = 0{,}5193\,l$	$\varphi(l) = \varphi_{max}$ $= \dfrac{q_0 l^3}{45EI}$
(Balken mit Moment M am Ende)	$w(x) = \dfrac{M}{6EI \cdot l}(l^2x - x^3)$	$w_{max} = \dfrac{Ml^2}{9\sqrt{3}EI}$ bei $x = l/\sqrt{3}$	$\varphi(l) = \varphi_{max}$ $= \dfrac{Ml}{3EI}$
(Balken mit Einzelkraft F, Abstände a, b)	$0 < x < a:$ $w(x) = \dfrac{Fb}{6EI \cdot l}(l^2x - b^2x - x^3)$ $a < x < l:$ $w(x) = \dfrac{Fb}{6EI \cdot l}\Big[\dfrac{l}{b}(x-a)^3$ $+ (l^2 - b^2)x - x^3\Big]$	für $a > b:$ $w_{max} = \dfrac{Fb(l^2 - b^2)^{1,5}}{9\sqrt{3}EI \cdot l}$ für $a = b = l/2:$ $w_{max} = \dfrac{Fl^3}{48EI}$	für $a > b:$ $\varphi(l) = \varphi_{max}$ $= \dfrac{Fab(l+a)}{6EI \cdot l}$

Bild 5-25 Biegelinien, maximale Durchbiegungen und maximale Neigung von Balken

Beispiel 5-9

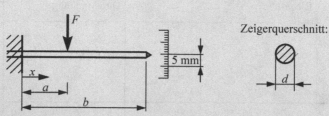

Die skizzierte Vorrichtung soll zur Kraftmessung verwendet werden. Man bestimme den Durchmesser d des Zeigers so, dass 5 mm auf der Skala einer Kraft F von 500 N entsprechen.

geg.: $F = 500$ N, $a = 50$ mm, $b = 150$mm, $E = 210000$ N/mm^2

Lösung:

$$w(x = b) = w_{max} = \frac{F}{6E \cdot I} \cdot (3b \cdot a^2 - a^3) = 5\,\text{mm}\quad \text{(siehe Bild 5-25)} \tag{1}$$

$$I = \frac{\pi \cdot d^4}{64} \tag{2}$$

aus (1) mit (2) folgt:

$$\frac{64F}{6E \cdot \pi \cdot d^4} \cdot (3b \cdot a^2 - a^3) = 5\,\text{mm} \implies d^4 = \frac{64F}{6E \cdot \pi \cdot 5\,\text{mm}} \cdot \left(3b \cdot a^2 - a^3\right)$$

$$\implies d = \sqrt[4]{\frac{64F}{6E \cdot \pi \cdot 5\,\text{mm}} \cdot (3b \cdot a^2 - a^3)}$$

$$= \sqrt[4]{\frac{64 \cdot 500\,\text{N}}{6 \cdot 210000\,\text{N/mm}^2 \cdot \pi \cdot 5\,\text{mm}} \cdot \left[3 \cdot 150\,\text{mm} \cdot (50\,\text{mm})^2 - (50\,\text{mm})^3\right]} = 6{,}34\,\text{mm}$$

5.4.6 Ermittlung der Biegelinie durch Superposition grundlegender Belastungs- fälle

Bei mehrfach belasteten Balken oder balkenartigen Strukturen kann die Biegelinie bzw. die maximale Durchbiegung oder die maximale Verdrehung durch Überlagerung von grundlegenden Balkenproblemen ermittelt werden. Dies ist möglich bei kleinen Balkendurchbiegungen (klein gegenüber den Balkenabmessungen), da in diesem Fall die Differentialgleichung der Biegelinie linear ist (siehe auch Kapitel 5.4.1).

Die Vorgehensweise soll an einem eingespannten Balken, der mit einer Streckenlast q und einem Biegemoment M belastet ist, verdeutlicht werden. Für den Balken in Bild **5-26** kann die Biegelinie durch Überlagerung (Superposition) der grundlegenden Belastungsfälle ermittelt werden. Die Durchbiegungsfunktionen der grundlegenden Balkenprobleme ergeben sich dann z. B. aus Bild **5-25**. So wird die Durchbiegungsfunktion für den Balken mit Streckenlast (Bild **5-25**) der Durchbiegungsfunktion für den Balken mit Biegemoment (Bild **5-25**) überlagert.

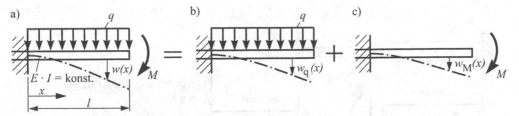

Bild 5-26 Superposition grundlegender Belastungsfälle
a) Balken mit Streckenlast und Biegemoment belastet
b) Balken mit Streckenlast
c) Balken mit Biegemoment

Die Gesamtdurchbiegung $w(x)$ ist somit

$$w(x) = w_q(x) + w_M(x) = \frac{q}{24E \cdot I} \cdot \left(6l^2 \cdot x^2 - 4l \cdot x^3 + x^4\right) + \frac{M \cdot x^2}{2E \cdot I} \qquad (5.108).$$

Die Durchbiegung ist maximal für $x = l$:

$$w_{max} = w(l) = w_q(l) + w_M(l) = \frac{q \cdot l^4}{8E \cdot I} + \frac{M \cdot l^2}{2E \cdot I} \qquad (5.109).$$

Die maximale Balkenneigung bzw. Querschnittsverdrehung errechnet sich dann mit

$$\varphi_{max} = \varphi_{qmax} + \varphi_{Mmax} = \frac{q \cdot l^3}{6E \cdot I} + \frac{M \cdot l}{E \cdot I} \qquad (5.110).$$

Auf ähnliche Weise lassen sich auch Balken mit abschnittsweise unterschiedlicher Biegesteifigkeit und auch einfache Rahmen behandeln, siehe Beispiel 5-10.

Beispiel 5-10 ✱✱✱

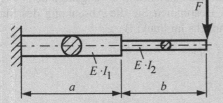

Für den nebenstehend skizzierten Balken bestimme man mittels der Superpositionsmethode die Absenkung des Kraftangriffspunkts.

geg.: $F, a, b, E \cdot I_1, E \cdot I_2$

Lösung:

Durchbiegung von Balkenabschnitt 1:

$$w_1(a) = \frac{F \cdot a^3}{3E \cdot I_1} + \frac{F \cdot b \cdot a^2}{2E \cdot I_1}$$

Verdrehung von Balkenabschnitt 1:

$$\varphi_1(a) = \frac{F \cdot a^2}{2E \cdot I_1} + \frac{F \cdot b \cdot a}{E \cdot I_1}$$

(Superposition der Belastungsfälle *Balken mit Kraft* und *Balken mit Moment*, siehe Bild **5-25**)

Durchbiegung von Balkenabschnitt 2: $\quad w_2(b) = \dfrac{F \cdot b^3}{3E \cdot I_2}$

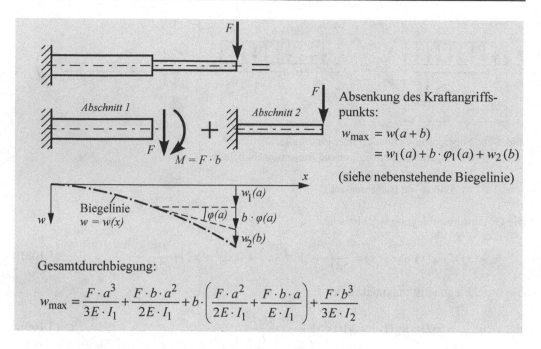

Absenkung des Kraftangriffs-punkts:

$$w_{max} = w(a+b)$$
$$= w_1(a) + b \cdot \varphi_1(a) + w_2(b)$$

(siehe nebenstehende Biegelinie)

Gesamtdurchbiegung:

$$w_{max} = \frac{F \cdot a^3}{3E \cdot I_1} + \frac{F \cdot b \cdot a^2}{2E \cdot I_1} + b \cdot \left(\frac{F \cdot a^2}{2E \cdot I_1} + \frac{F \cdot b \cdot a}{E \cdot I_1} \right) + \frac{F \cdot b^3}{3E \cdot I_2}$$

Beispiel 5-11   ***

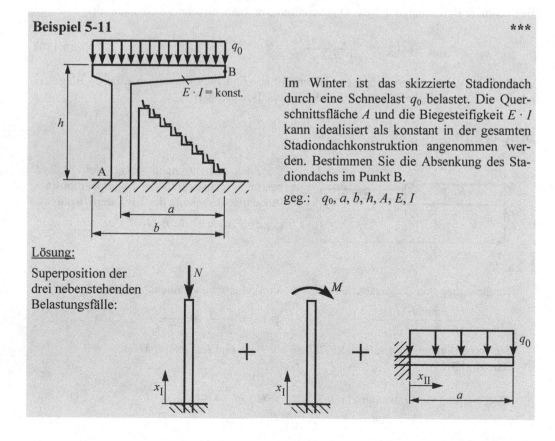

Im Winter ist das skizzierte Stadiondach durch eine Schneelast q_0 belastet. Die Querschnittsfläche A und die Biegesteifigkeit $E \cdot I$ kann idealisiert als konstant in der gesamten Stadiondachkonstruktion angenommen werden. Bestimmen Sie die Absenkung des Stadiondachs im Punkt B.

geg.: q_0, a, b, h, A, E, I

<u>Lösung:</u>

Superposition der drei nebenstehenden Belastungsfälle:

a) Normalkraft im Pfeiler

$$N = q_0 \cdot b$$

b) Schnittmoment im Pfeiler

$$M = q_0 \cdot a \cdot \frac{a}{2} - q_0 \cdot \frac{(b-a)^2}{2} = q_0 \cdot b \cdot \left(a - \frac{b}{2} \right)$$

Ermittlung der Schnittkräfte siehe auch Beispiel 5-9 in [1]

c) Längenänderung des Pfeilers aufgrund der Normalkraft

$$\Delta l = \frac{N \cdot h}{E \cdot A} = \frac{q_0 \cdot b \cdot h}{E \cdot A}$$

d) Durchbiegung und Verdrehung des Pfeilers aufgrund des Moments bei $x_I = h$

$$w_P(x_I = h) = w_{Pmax} = \frac{M \cdot h^2}{2E \cdot I} = \frac{q_0 \cdot b \cdot \left(a - \frac{b}{2} \right) \cdot h^2}{2E \cdot I}$$

$$\varphi_{Pmax} = \frac{M \cdot h}{E \cdot I} = \frac{q_0 \cdot b \cdot \left(a - \frac{b}{2} \right) \cdot h}{E \cdot I}$$

e) Durchbiegung des Dachs aufgrund der Streckenlast q_0 bei $x_{II} = a$

$$w_D(x_{II} = a) = w_{Dmax} = \frac{q_0 \cdot a^4}{8E \cdot I}$$

f) Absenkung des Stadiondachs

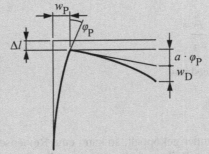

$$w_{max} = \Delta l + a \cdot \varphi_P(x_I = h) + w_D(x_{II} = a) = \Delta l + a \cdot \varphi_{Pmax} + w_{Dmax}$$

$$= \frac{q_0 \cdot b \cdot h}{E \cdot A} + \frac{q_0 \cdot a \cdot b \cdot \left(a - \frac{b}{2} \right) \cdot h}{E \cdot I} + \frac{q_0 \cdot a^4}{8E \cdot I}$$

5.4.7 Federkonstanten für Balken

Ähnlich wie bei Stäben, Kapitel 4.1, lassen sich auch für Balken, die mit einer Einzelkraft belastet sind, Federkonstanten definieren. Vergleicht man die Beziehung für die Federverlängerung, Gleichung (4.3), mit der Formel für die maximale Durchbiegung eines eingespannten Balkens mit Einzellast (Bild **5-25**)

$$w = w_{max} = \frac{F \cdot l^3}{3E \cdot I} = \frac{F}{c_B} \tag{5.111},$$

so erhält man als Federkonstanten für diesen Balken

$$c_B = \frac{3E \cdot I}{l^3} \tag{5.112},$$

siehe auch Bild **5-27**a.

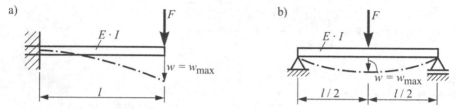

Bild 5-27 Beispiele für Federkonstanten von einzelkraftbelasteten Balken
   a) Eingespannter Balken mit Einzellast
   b) Zweifach gelagerter Balken mit Einzellast

Für den zweifach gelagerten Balken mit Einzellast, Bild **5-27**b, gilt für die maximale Durchbiegung

$$w = w_{max} = \frac{F \cdot l^3}{48E \cdot I} = \frac{F}{c_B} \tag{5.113}.$$

Somit ergibt sich die Federkonstante

$$c_B = \frac{48E \cdot I}{l^3} \tag{5.114}.$$

Sind mehrere Federn miteinander gekoppelt, so kann eine Reihenschaltung oder eine Parallelschaltung vorliegen. Bei einer Reihenschaltung gelten die Gesetzmäßigkeiten nach Kapitel 4.4.1. Bei einer Parallelschaltung finden die Gesetzmäßigkeiten nach Kapitel 4.4.2 Anwendung.

Für die Kombination eines Balkens mit einem Stab kann eine Reihenschaltung, Bild **5-28**a, oder eine Parallelschaltung, Bild **5-28**b, vorliegen. Für die Reihenschaltung ergibt sich die Gesamtfederkonstante

$$\frac{1}{c} = \frac{1}{c_B} + \frac{1}{c_S} \tag{5.115}$$

oder

$$c = \frac{c_B \cdot c_S}{c_B + c_S} \qquad (5.116)$$

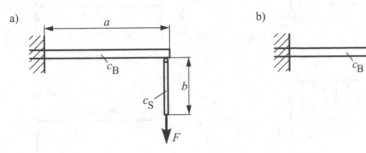

Bild 5-28 Reihen- und Parallelschaltung von Balken und Stab

    a) Reihenschaltung   b) Parallelschaltung

Für die Parallelschaltung gilt

$$c = c_B + c_S \qquad (5.117).$$

Die Federkonstanten c_B und c_S lassen sich wie folgt berechnen:

$$c_B = \frac{3 E_B \cdot I_B}{a^3} \qquad (5.118),$$

$$c_S = \frac{E_S \cdot A_S}{b} \qquad (5.119).$$

5.5 Statisch unbestimmte Balkenprobleme

Ein Balken ist statisch unbestimmt gelagert, wenn die Zahl der Auflagerbindungen die Anzahl der verwertbaren Gleichgewichtsbedingungen übersteigt (siehe hierzu auch Kapitel 5.3 in [1]). Bei dem in Bild **5-29a** dargestellten Balken liegt ein einfach statisch unbestimmtes Problem vor.

Zur Lösung kann die Superpositionsmethode (siehe auch Kapitel 4.3.2) herangezogen werden.

Die Gleichgewichtsbedingungen der Statik liefern, Bild **5-29b**,

$$\uparrow: \quad A + B - q \cdot l = 0 \qquad (5.120),$$

$$\widehat{A}: \quad M_A - q \cdot \frac{l^2}{2} + B \cdot l = 0 \qquad (5.121).$$

Es liegen somit nur zwei Gleichungen für die Bestimmung der Auflagerreaktionen M_A, A und B vor. Die Auflagerkraft B kann als statisch überzählige Kraft angesehen werden. Entfernt man Auflager B, so erhält man einen statisch bestimmt gelagerten Balken als Grundsystem, das sowohl durch die äußere Last (Streckenlast, Bild **5-29c**) und die statisch Überzählige X zu belasten ist.

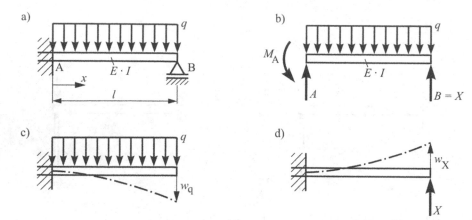

Bild 5-29 Lösung des statisch unbestimmten Balkenproblems mit der Superpositionsmethode
- a) Belasteter und gelagerter Balken
- b) Freischnitt des Balkens mit den Auflagerreaktionen M_A, A und $B = X$
- c) Statisch bestimmt gelagerter Balken (Grundsystem), belastet mit der Streckenlast q
- d) Statisch bestimmt gelagerter Balken, belastet mit der statisch Überzähligen X

Die Durchbiegungen an der Stelle $x = l$ für das Grundsystem können nach Bild **5-25** ermittelt werden. Für die Belastung mit der Streckenlast gilt

$$w_q = w(l) = \frac{q \cdot l^4}{8 E \cdot I} \tag{5.122}.$$

Die Belastung mit der statisch überzähligen Kraft $X = B$, Bild **5-29**d, liefert

$$w_X = w(l) = \frac{X \cdot l^3}{3 E \cdot I} \tag{5.123}.$$

Aufgrund kinematischer Überlegungen, dass die Durchbiegung am Auflager B null ist, gilt:

$$w_q - w_X = 0 \tag{5.124}.$$

Setzt man nun die Durchbiegungen w_q und w_X, Gleichungen (5.122) und (5.123), in Gleichung (5.124) ein, so erhält man

$$\frac{q \cdot l^4}{8 E \cdot I} - \frac{X \cdot l^3}{3 E \cdot I} = 0$$

und daraus

$$X = B = \frac{3}{8} q \cdot l \tag{5.125}.$$

Mit den Gleichgewichtsbedingungen, Gleichungen (5.120) und (5.121), kann man jetzt auch die Auflagerkraft A und das Einspannmoment M_A ermitteln:

$$A = q \cdot l - X = \frac{5}{8} q \cdot l \tag{5.126},$$

$$M_A = \frac{q \cdot l^2}{2} - X \cdot l = \frac{q \cdot l^2}{8} \qquad (5.127).$$

Die Anwendung der Superpositionsmethode liefert auch die Biegelinie für das statisch unbestimmte Problem. Diese ergibt sich unter Zuhilfenahme der Formeln für die Grundsysteme (Bild **5-25**):

$$w(x) = w_q(x) - w_X(x) = \frac{q}{24E \cdot I} \cdot (6l^2 \cdot x^2 - 4l \cdot x^3 + x^4) - \frac{X}{6E \cdot I} \cdot (3l \cdot x^2 - x^3)$$

als

$$w(x) = \frac{q}{48E \cdot I} \cdot (3l^2 \cdot x^2 - 5l \cdot x^3 + 2x^4) \qquad (5.128).$$

Beispiel 5-12 $\ast\ast\ast$

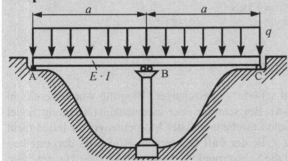

Die dargestellte Brücke, die im mittleren Bereich durch einen Pfeiler gestützt ist, überspannt ein Tal. Sie ist mit einer konstanten Streckenlast q, die das Eigengewicht und die Verkehrslast widerspiegelt, belastet. Der Pfeiler kann als starr angesehen werden.

Man bestimme die Auflagerreaktionen in A, B und C.

geg.: $q = 25$ kN/m, $a = 8$ m

<u>Lösung:</u>

Freischnitt

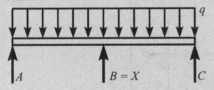

$\uparrow:$ $A + B + C - q \cdot 2a = 0$ (1)

$\overset{\frown}{A}:$ $B \cdot a + C \cdot 2a - q \cdot 2a \cdot a = 0$ (2)

Superposition zweier statisch bestimmter Balkenprobleme

Grundsystem I   Grundsystem II

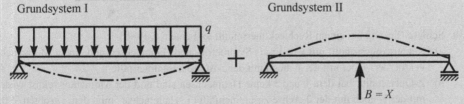

Durchbiegung an der Stelle $x = a$ des Grundsystems I

$$w_q(x = a) = w_{q,\,max} = \frac{5q \cdot (2a)^4}{384E \cdot I} \text{ (siehe Bild 5-25)}$$

Durchbiegung an der Stelle $x = a$ des Grundsystems II

$$w_X(x = a) = \frac{X \cdot (2a)^3}{48E \cdot I} \quad \text{(siehe Bild 5-25)}$$

Kinematische Randbedingung: $w_q(x = a) - w_X(x = a) = 0$

$$\frac{5q \cdot (2a)^4}{384E \cdot I} - \frac{X \cdot (2a)^3}{48E \cdot I} = 0$$

$$\Rightarrow \quad X = \frac{5q \cdot (2a)^4 \cdot 48E \cdot I}{384E \cdot I \cdot (2a)^3} = \frac{5}{4}q \cdot a = \frac{5}{4} \cdot 25\,\text{kN/m} \cdot 8\,\text{m} = 250\,\text{kN}$$

Mit (2) folgt: $\quad C = \frac{3}{8}q \cdot a = \frac{3}{8} \cdot 25\,\text{kN/m} \cdot 8\,\text{m} = 75\,\text{kN}$

Mit (1) folgt: $\quad A = q \cdot a - X - C = \frac{3}{8}q \cdot a = 75\,\text{kN}$

5.6 Schiefe oder zweiachsige Biegung

Der Unterschied zwischen einachsiger und schiefer (zweiachsiger) Biegung wurde bereits in Kapitel 5.2.2 erläutert (siehe auch Bild **5-6**). Bei schiefer oder zweiachsiger Biegung findet Biegung um zwei Hauptachsen statt. D. h. die Lastebene und der Momentenvektor fallen nicht mit einer Hauptachse zusammen. Dies ist z. B. der Fall bei dem in Bild **5-6**e dargestellten Querschnittsprofil eines Balkens. Hier sind die Schwerpunktsachsen y und z zwar Hauptachsen (siehe Kapitel 5.3.7), die Lastebene, L.E., und der Momentenvektor M liegen aber schief.

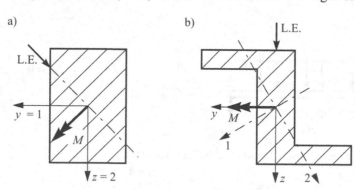

Bild 5-30 Schiefe Biegung bei einem Rechteckquerschnitt und einem Z-Profil
  a) Rechteckquerschnitt mit y und z als Symmetrie- und Hauptachsen und einem Momentenvektor, der weder mit der y- noch mit der z-Achse zusammenfällt
  b) Z-Querschnitt, bei dem y und z keine Hauptachsen sind und der Momentenvektor weder mit der 1- noch mit der 2-Achse zusammenfällt (1: Hauptachse mit dem größten Flächenträgheitsmoment, 2:   Hauptachse mit dem kleinsten Flächenträgheitsmoment)

Schiefe oder zweiachsige Biegung liegt aber auch bei den Querschnittsprofilen in Bild **5-6**c und Bild **5-6**d vor. Hier fällt zwar die Lastebene mit der z-Achse und der Momentenvektor mit der y-Achse zusammen, y und z sind aber keine Hauptachsen. Zweiachsige oder schiefe Biegung liegt auch bei dem in Bild **5-30** gezeigten Profilen vor. An diesen soll die Problemlösung verdeutlicht werden.

5.6.1 Zweiachsige Biegung mit y und z als Hauptachsen

Schiefe oder zweiachsige Biegung liegt bei dem in Bild **5-30a** gezeigten Rechteckquerschnitt eines Balkens vor, bei dem y und z zwar Hauptachsen sind, der Momentenvektor jedoch „schief" zu den Hauptachsen liegt. Die Lösung dieses Problems ergibt sich, in dem man den Momentenvektor in Komponenten zerlegt und die Wirkung der zweiachsigen Biegung überlagert, siehe Bild **5-31**. Es findet somit eine Biegung mit M_y um die y-Achse und eine Biegung mit M_z um die z-Achse statt.

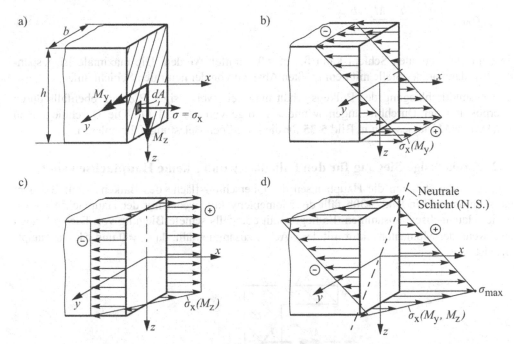

Bild 5-31   Zweiachsige Biegung bei einem Balken mit Rechteckquerschnitt
- a) Räumliche Darstellung des Balkens mit den Komponenten M_y und M_z des Momentenvektors und der zu bestimmenden Normalspannung (Biegespannung) $\sigma = \sigma_x$ im ersten Quadranten des y-z-Koordinatensystems
- b) Biegespannungsverteilung infolge des Momentes M_y
- c) Biegespannungsverteilung infolge des Momentes M_z
- d) Biegespannungsverteilung für die zweiachsige Biegung mit der maximalen Biegespannung σ_{max} und der neutralen Schicht N.S.

Der Momentenvektor M, Bild **5-30a**, wird in die Komponenten M_y und M_z zerlegt, Bild **5-31a**. Das Moment M_y bewirkt dann, wie bei der einachsigen Biegung, Bild 5-5, eine Biegespannungsverteilung, die als $\sigma_x(M_y)$ in Bild **5-31b** dargestellt ist. Die durch das Moment M_z bei Biegung um die z-Achse hervorgerufene Spannung $\sigma_x(M_z)$ ist in Bild **5-31c** gezeigt. Superponiert man nun beide Normalspannungsverteilungen, so erhält man die Spannungsverteilung $\sigma_x(M_y, M_z)$ für die zweiachsige oder schiefe Biegung.

Formelmäßig ergibt sich, bei Beachtung der Spannung $\sigma = \sigma_x$ im ersten Quadranten des y-z-Koordinatensystems

$$\boxed{\sigma = \sigma_x = \frac{M_y}{I_y} \cdot z - \frac{M_z}{I_z} \cdot y}$$ (5.129).

Charakteristische Werte der Biegespannung erhält man durch Einsetzen von y- und z-Werten des Querschnitts. Die maximale Biegespannung, σ_{max}, tritt bei dem Beispiel in Bild **5-31** für $y = -b/2$ und $z = +h/2$ auf. Sie beträgt

$$\sigma_{max} = \frac{M_y}{I_y} \cdot \frac{h}{2} + \frac{M_z}{I_z} \cdot \frac{b}{2}$$ (5.130).

Die Lage der neutralen Schicht kann für $\sigma_x = 0$ ermittelt werden. Die maximale Biegespannung tritt dann an der Stelle mit dem größten Abstand von der neutralen Schicht auf.

Die Gesamtdurchbiegung des Balkens erhält man bei zweiachsiger Biegung ebenfalls durch Superposition der Durchbiegungen w und v infolge von M_y und M_z. Die Durchbiegungen $w(M_y)$ und $v(M_z)$ lassen sich in Bild **5-25** für die jeweiligen Belastungsfälle ablesen.

5.6.2 Zweiachsige Biegung für den Fall, dass y und z keine Hauptachsen sind

Biegung findet stets um die Hauptachsen der Querschnittsfläche des Balkens statt. Bei dem Querschnittsprofil in Bild **5-30b** fällt der Momentenvektor weder mit der Hauptachse 1 noch mit der Hauptachse 2 zusammen. Es liegt somit ebenfalls schiefe Biegung vor. Dies gilt auch dann, wenn der Momentenvektor mit der y-Achse zusammenfällt, da $I_{yz} \neq 0$ und y keine Hauptachse ist.

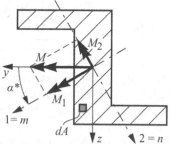

Bild 5-32 Zerlegung des Momentenvektors M in die Komponenten M_1 und M_2 in Richtung der Hauptachsen $1 = m$ und $2 = n$

Für diesen Fall ergibt sich folgende Vorgehensweise:

- Ermittlung der Lage der Hauptachsenwinkel α^* und $\alpha^* + \pi/2$ (siehe Kapitel 5.3.7)

- Bestimmung der Hauptträgheitsmomente I_1 und I_2 (siehe Kapitel 5.3.7)

- Zerlegung von M in die Komponenten M_1 und M_2 in Richtung der Hauptachsen (siehe Bild **5-32**)

- Ermittlung der Spannung $\sigma = \sigma_x$ unter Beachtung des ersten Quadranten des 1-2- oder m-n-Koordinatensystems:

$$\sigma = \sigma_x = \frac{M_1}{I_1} \cdot n + \frac{M_2}{I_2} \cdot m \qquad (5.131).$$

Im ersten Quadranten des Koordinatensystems (siehe Flächenelement dA) bewirken sowohl M_1 als auch M_2 eine Zugspannung (daher die positiven Vorzeichen in Gleichung (5.131)). Der Wechsel der Koordinatenbezeichnungen erfolgt von 1 in m und 2 in n, um die Koordinaten 1 und 2 nicht mit Zahlenwerten zu verwechseln.

Alternativ kann die Normalspannungsverteilung auch mit der Beziehung

$$\sigma = \sigma_x = \frac{(M_y \cdot I_{yz} - M_z \cdot I_y) \cdot y + (M_y \cdot I_z - M_z \cdot I_{yz}) \cdot z}{I_z \cdot I_y - I_{yz}^2} \qquad (5.132)$$

berechnet werden. Für das in Bild **5-32** gezeigte Beispiel ist $M_y = M$ und $M_z = 0$. Somit vereinfacht sich die Formel wie folgt:

$$\sigma = \sigma_x = \frac{M_y \cdot I_{yz} \cdot y + M_y \cdot I_z \cdot z}{I_z \cdot I_y - I_{yz}^2} \qquad (5.133).$$

Die maximale Biegespannung ergibt sich durch Einsetzen von y- und z-Werten des Querschnittsprofils.

Beispiel 5-13 ***

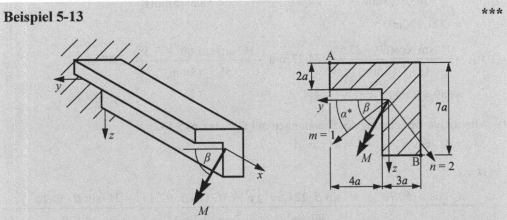

Für einen Stahlträger, der wie dargestellt durch ein Moment belastet ist, sollen die Spannungen in den Punkten A und B bestimmt werden.

geg.: $M = 1$ kNm, $a = 5$ mm, $\beta = 60°$

Lösung:

a) Hauptachsenwinkel: $\alpha^* = 37{,}5°$ (siehe Beispiel 5-6)

Hauptträgheitsmomente: $I_1 = 163{,}5a^4$, $I_2 = 58{,}5a^4$

b) Zerlegung von M in M_1 und M_2

$$M_1 = M \cdot \cos(\beta - \alpha^*), \quad M_2 = M \cdot \sin(\beta - \alpha^*)$$

c) Spannungsverteilung im Querschnitt

$$\sigma = \frac{M \cdot \cos(\beta - \alpha^*)}{163,5a^4} \cdot n - \frac{M \cdot \sin(\beta - \alpha^*)}{58,5a^4} \cdot m \qquad \text{(Betrachtung des ersten Quadranten des m-n-Koordinatensystems)}$$

d) Bestimmung der Koordinaten im m-n-Koordinatensystem

Abstände: $m = y \cdot \cos\alpha^* + z \cdot \sin\alpha^*$

$n = -y \cdot \sin\alpha^* + z \cdot \cos\alpha^*$ (Koordinatentransformation in Anlehnung an die Gleichungen (5.59) und (5.60))

Punkt A: $m_A = (7a - 2,5a) \cdot \cos\alpha^* - 2,8a \cdot \sin\alpha^* = 1,9a = 9,33\,\text{mm}$

$n_A = -(7a - 2,5a) \cdot \sin\alpha^* - 2,8a \cdot \cos\alpha^* = -5,0a = -24,80\,\text{mm}$

Punkt B: $m_B = -2,5a \cdot \cos\alpha^* + (7a - 2,8a) \cdot \sin\alpha^* = 0,6a = 2,87\,\text{mm}$

$n_B = 2,5a \cdot \sin\alpha^* + (7a - 2,8a) \cdot \cos\alpha^* = 4,9a = 24,27\,\text{mm}$

e) Spannungen in den Punkten A und B

$$\sigma_A = \frac{1\,\text{kNm} \cdot \cos(60° - 37,5°)}{163,5 \cdot (5\,\text{mm})^4} \cdot (-24,80\,\text{mm}) - \frac{1\,\text{kNm} \cdot \sin(60° - 37,5°)}{58,5 \cdot (5\,\text{mm})^4} \cdot 9,33\,\text{mm}$$

$$= -321,9\,\text{N/mm}^2$$

$$\sigma_B = \frac{1\,\text{kNm} \cdot \cos(60° - 37,5°)}{163,5 \cdot (5\,\text{mm})^4} \cdot 24,27\,\text{mm} - \frac{1\,\text{kNm} \cdot \sin(60° - 37,5°)}{58,5 \cdot (5\,\text{mm})^4} \cdot 2,87\,\text{mm}$$

$$= 189,4\,\text{N/mm}^2$$

f) Alternative Berechnung der Spannungen mit Gleichung (5.132)

$$M_y = M \cdot \cos\beta, \qquad M_z = M \cdot \sin\beta$$

$$\sigma = \sigma_x$$

$$= \frac{(M \cdot \cos\beta \cdot 50,7a^4 - M \cdot \sin\beta \cdot 124,6a^4)\,y + (M \cdot \cos\beta \cdot 97,4a^4 - M \cdot \sin\beta \cdot 50,7a^4)\,z}{97,4a^4 \cdot 124,6a^4 - (50,7a^4)^2}$$

(Flächenträgheitsmomente I_y, I_z, I_{yz} siehe Beispiel 5-4)

Punkt A:	Punkt B
$y_A = 7a - 2,5a = 4,5a$	$y_B = -2,5a$
$z_A = -2,8a$	$z_B = 7a - 2,8a = 4,2a$
$\sigma_A = -321,9\,\text{N/mm}^2$	$\sigma_B = 189,4\,\text{N/mm}^2$

Beispiel 5-14 ***

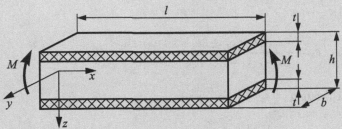

Ein Balken der Länge l, der Breite b und der Höhe h ist an der oberen und der unteren Oberfläche mit einer Schicht der Dicke t versehen. Der Elastizitätsmodul für den Mittenbereich des Balkens beträgt E_M, der Elastizitätsmodul der Schichten ist mit E_S angegeben. Unter der Annahme, dass die Schichten ideal miteinander verklebt sind und der Balken mit den Biegemomenten M belastet ist, bestimme man

a) die Dehnungs- und Spannungsverteilung im Balken und

b) die jeweils maximale Spannung im Mittenbereich des Balkens und in der Beschichtung.

geg.: M, l, b, h, t, E_M, E_S

Lösung:

a) Dehnungs- und Spannungsverteilung im Balken

Für die Krümmung des Balkens gilt mit Gleichung (5.12) und Gleichung (5.6)

$$\kappa = \frac{1}{\rho} = \frac{M}{E \cdot I_y} \tag{1}.$$

Die Biegesteifigkeit $E \cdot I_y$ setzt sich aus dem Anteil $E_M \cdot I_{yM}$ für den Mittenbereich und $E_S \cdot I_{yS}$ für die Beschichtung zusammen:

$$E_M \cdot I_{yM} = E_M \cdot \frac{b \cdot (h - 2t)^3}{12} \tag{2}$$

$$E_S \cdot I_{yS} = E_S \cdot 2 \cdot \left[\frac{b \cdot t^3}{12} + b \cdot t \cdot \left(\frac{h}{2} - \frac{t}{2} \right)^2 \right] \tag{3}$$

$$E \cdot I_y = E_M \cdot I_{yM} + E_S \cdot I_{yS} = E_M \cdot \frac{b \cdot (h - 2t)^3}{12} + E_S \cdot \left[\frac{b \cdot t^3}{6} + \frac{b \cdot t \cdot (h - t)^2}{2} \right] \tag{4}.$$

Mit Gleichung (5.9) sowie den Gleichungen (1) und (4) erhält man somit die Dehnungsverteilung über die Höhe des Balkens:

$$\varepsilon_x = \kappa \cdot z = \frac{z}{\rho} = \frac{M}{E \cdot I_y} \cdot z = \frac{M \cdot z}{E_M \cdot I_{yM} + E_S \cdot I_{yS}} \tag{5}.$$

Mit dem HOOKEschen Gesetz, Gleichung (5.4), erhält man für den Mittenbereich des Balkens ($|z| < \frac{h}{2} - t$):

$$\sigma_M(z) = E_M \cdot \varepsilon_x = \frac{M \cdot E_M \cdot z}{E_M \cdot I_{yM} + E_S \cdot I_{yS}} \tag{6}$$

Für die Beschichtung ($\frac{h}{2} - t < |z| < \frac{h}{2}$) gilt:

$$\sigma_S(z) = E_S \cdot \varepsilon_x = \frac{M \cdot E_S \cdot z}{E_M \cdot I_{yM} + E_S \cdot I_{yS}} \tag{7}$$

b) Maximale Spannungen

Mittenbereich des Balkens:

$$\sigma_{M\max} = \sigma_M\left(z = \frac{h}{2} - t\right) = \frac{M \cdot E_M \cdot \left(\frac{h}{2} - t\right)}{E_M \cdot I_{yM} + E_S \cdot I_{yS}}$$

$$= \frac{M \cdot E_M \cdot \left(\frac{h}{2} - t\right)}{E_M \cdot \dfrac{b \cdot (h - 2t)^3}{12} + E_S \cdot \left[\dfrac{b \cdot t^3}{6} + \dfrac{b \cdot t \cdot (h - t)^2}{2}\right]}$$

Beschichtung:

$$\sigma_{S\max} = \sigma_S\left(z = \frac{h}{2}\right) = \frac{M \cdot E_S \cdot \dfrac{h}{2}}{E_M \cdot I_{yM} + E_S \cdot I_{yS}}$$

$$= \frac{M \cdot E_S \cdot \dfrac{h}{2}}{E_M \cdot \dfrac{b \cdot (h - 2t)^3}{12} + E_S \cdot \left[\dfrac{b \cdot t^3}{6} + \dfrac{b \cdot t \cdot (h - t)^2}{2}\right]}$$

Prinzipielle Dehnungs- und Spannungsverteilung im beschichteten Balken

Für $M = 5000$ Nm, $b = 60$ mm, $h = 60$ mm, $t = 2$ mm, $E_M = 210000$ N/mm^2 und $E_S = 6000$ N/mm^2 errechnet sich:

$\sigma_{M\max} = 158,4$ N/mm^2

$\sigma_{S\max} = 4,8$ N/mm^2

6 Schubbeanspruchungen

Bei vielen technischen Vorgängen und in zahlreichen Bauteilen und Strukturen treten Schubbeanspruchungen auf. Zu nennen sind hier z. B. Abschervorgänge von Blechen. Auch bei
Niet-, Kleb- und Schweißverbindungen sowie bei Balken unter Querkraftbelastung treten
Schubbeanspruchungen auf. Zudem ist das Gleitversagen von zähen Materialien schubspan-
nungsgesteuert. Einige wichtige Beanspruchungsfälle sollen eingehender untersucht werden.

6.1 Schubbeanspruchung beim Abschervorgang

Beim Abschervorgang eines Bleches, Bild **6-1**a, tritt in der Schnittebene eine Querkraft $Q = F$,
Bild **6-1**b, und somit eine *mittlere Schubspannung* τ_m, Bild **6-1**c, auf.

Die über die Blechhöhe konstante mittlere Schubspannung errechnet sich aus der Querkraft
$Q = F$ und der Schnittfläche A:

$$\boxed{\tau_m = \frac{Q}{A}}$$ (6.1).

Bei dem vorliegenden Abschervorgang, Bild **6-1**, ist $Q = F$ und $A = b \cdot t$. Wird dagegen ein
Kreisloch mit dem Durchmesser d in das Blech der Dicke t gestanzt, so ergibt sich die Schnittfläche $A = U \cdot t = \pi \cdot d \cdot t$, wobei mit U der Umfang des Kreislochs bezeichnet wird.

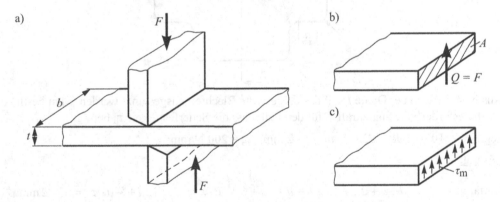

Bild 6-1 Schubbeanspruchung beim Abschervorgang eines Bleches
    a) Darstellung des Abschervorganges
    b) Querkraft $Q = F$ in der Schnittebene
    c) Mittlere Schubspannung in der Schnittfläche

Eine Abscherbeanspruchung kann auch bei Nietverbindungen auftreten, wenn die Niete sich
gelockert haben und eine Reibung zwischen den genieteten Teilen nicht mehr stattfindet.

Auch in diesem Fall lässt sich die mittlere Schubspannung mit Gleichung (6.1) errechnen. Die
Querschnittsfläche A entspricht hier dem Bolzenquerschnitt und für den Fall, dass die geniete-
ten Teile nur mit einem Niet verbunden sind, gilt $Q = F/2$, Bild **6-2**. Für Verbindungen mit n
Nieten gilt $Q = F/(2n)$.

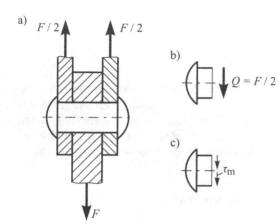

a) $F/2$ ↑   ↑ $F/2$

F ↓

b)

$Q = F/2$ ↓

c)

τ_m

Bild 6-2
Abscherbeanspruchung einer Nietverbindung
a) Darstellung der Nietverbindung
b) Querkraft $Q = F/2$ im Bolzen
c) Mittlere Schubspannung im Bolzen

Beispiel 6-1

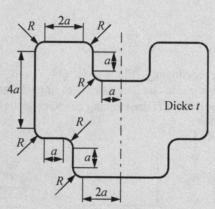

Aus einem Blech der Dicke t soll das dargestellte Blechteil ausgestanzt werden. Man bestimme die erforderliche Stanzkraft F für den Fall, dass die Scherfestigkeit τ_B beträgt.

geg.: $a = 10$ mm, $R = a/2 = 5$ mm, $t = 2$ mm, $\tau_\mathrm{B} = 200$ N/mm²

Lösung:

Umfang: $U = 2 \cdot (a + a + 2a + 4a + a + a + 2a + 6 \cdot \frac{1}{2} R \cdot \pi) = 2 \cdot \left(12a + \frac{3}{2} a \cdot \pi \right) = 334{,}2\,\mathrm{mm}$

Stanzkraft F: $F = Q = \tau_\mathrm{B} \cdot A = \tau_\mathrm{B} \cdot U \cdot t = 200\,\mathrm{N/mm}^2 \cdot 334{,}2\,\mathrm{mm} \cdot 2\,\mathrm{mm} = 133{,}7\,\mathrm{kN}$

6.2 Schubspannungen bei Klebverbindungen

Bei der dargestellten Klebverbindung, Bild **6-3**a, errechnet sich die mittlere Schubspannung τ_m, Bild **6-3**c, ebenfalls mit Gleichung (6.1), wobei $Q = F$ die in der Klebschicht übertragene Kraft und A die Klebfläche darstellt, Bild **6-3**b.

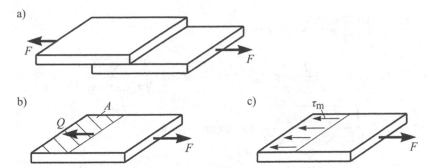

Bild 6-3 Schubbeanspruchung einer Klebverbindung
    a) Klebverbindung, bestehend aus zwei gefügten Blechen
    b) Querkraft $Q = F$ in der Klebfläche
    c) Mittlere Schubspannung τ_m in der Klebschicht

Schubbeanspruchungen treten auch bei anderen Fügeverbindungen, wie z. B. Schweißverbindungen, auf (siehe z.B.[2]-[4]).

Beispiel 6-2   ***

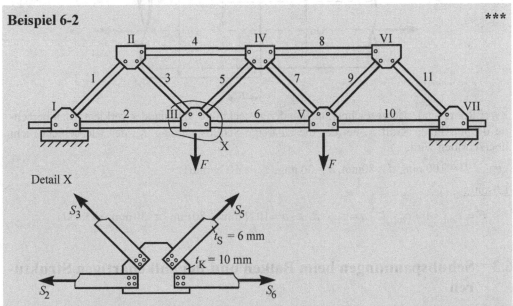

Eine Eisenbahnbrücke ist als genietete Fachwerkskonstruktion aufgebaut. Die Stäbe sind über ein Knotenblech mit vier Nieten verbunden. Man bestimme für die Stäbe 3 und 6 den mindestens erforderlichen Nietdurchmesser, damit zweifache Sicherheit gegen Abscheren gewährleistet ist.

geg.: $F = 80$ kN, $\tau_B = 280$ N/mm², $t_S = 6$ mm, $t_k = 10$ mm

<u>Lösung:</u>

Stabkräfte: $S_3 = \sqrt{2}F = 113{,}1\,\text{kN}$ (Ermittlung der Stabkräfte
              $S_6 = 2F = 160\,\text{kN}$ siehe Beispiel 7-2 in [1])

$$\tau_{zul} = \frac{\tau_B}{S_B} = \frac{280\,\text{N/mm}^2}{2} = 140\,\text{N/mm}^2$$

$$\tau_m = \frac{Q}{A} \leq \tau_{zul} \quad \Rightarrow \quad \frac{S}{r^2 \cdot \pi \cdot n} \leq \tau_{zul} \quad \Rightarrow \quad d \geq 2 \cdot \sqrt{\frac{S}{\tau_{zul} \cdot \pi \cdot n}}$$

Stab 3: $\quad d \geq 2 \cdot \sqrt{\dfrac{\sqrt{2} \cdot 80000\,\text{N}}{140\,\text{N/mm}^2 \cdot \pi \cdot 4}} = 16{,}0\,\text{mm}$

Stab 6: $\quad d \geq 2 \cdot \sqrt{\dfrac{2 \cdot 80000\,\text{N}}{140\,\text{N/mm}^2 \cdot \pi \cdot 4}} = 19{,}1\,\text{mm}$

Beispiel 6-3

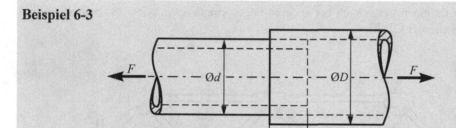

Zwei Rohre sind, wie gezeichnet, ineinander gesteckt und miteinander verklebt. Man berechne die maximale Kraft F, bei der die zulässige Schubspannung τ_{zul} der Klebschicht nicht überschritten wird.

geg.: $\quad D = 100$ mm, $d = 80$mm, $a = 30$ mm, $\tau_{zul} = 10$ N/mm²

<u>Lösung:</u>

$$F = \tau_{zul} \cdot A = \tau_{zul} \cdot U \cdot a = \tau_{zul} \cdot d \cdot \pi \cdot a = 10\,\text{N/mm}^2 \cdot 80\,\text{mm} \cdot \pi \cdot 30\,\text{mm} = 75{,}4\,\text{kN}$$

6.3   Schubspannungen beim Balken und bei balkenartigen Strukturen

Bei vielen Belastungssituationen treten in Balken, Rahmen, Bögen und Gelenkträgern neben den Biegemomenten auch Querkräfte auf (siehe z. B. Kapitel 5.6 und 5.7 sowie Kapitel 6 in [1]). Während die Biegemomente Normalspannungen in den Querschnitten dieser Strukturen erzeugen, siehe u. a. Kapitel 5.2, führen die Querkräfte $Q = Q(x)$ zu Schubspannungen. Diese sind i. Allg. nicht konstant über die Höhe des Querschnitts.

Für die Ermittlung der Schubspannungsverteilungen geht man von der im Balken herrschenden Querkraft $Q(x)$ aus, siehe z. B. Bild 5-1 und Bild **6-4a**. Die Querkraft ruft im Querschnitt eine Schubspannung $\tau = \tau_{xz}(z)$ hervor. Schubspannungen treten aus Gleichgewichtsgründen stets paarweise auf (vgl. Kapitel 3.4.2). Dies wird auch bei dem Volumenelement in Bild **6-4c** deutlich. Die Verwendung der Indizes ist in Bild **6-5** verdeutlicht.

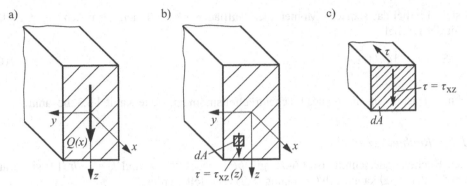

Bild 6-4 Ermittlung der Schubspannungen beim Balken und bei balkenartigen Strukturen
a) Balken oder Struktur mit der Querkraft $Q(x)$ im Querschnitt
b) Schubspannung $\tau = \tau_{xz}(z)$ an einem Flächenelement des Querschnitts
c) Paarweises Auftreten der Schubspannungen an einem vergrößert dargestellten Volumenelement

Die Schubspannungsverteilung im Querschnitt hängt in besonderer Weise von dem Querschnittsprofil ab. Daher werden nachfolgend verschiedene Querschnittsflächen betrachtet.

Querschnittsfläche: Richtung der Schubspannung:
x = konstant z-Richtung

Bild 6-5 Verdeutlichung der Indizes der Schubspannung

6.3.1 Balken mit Vollquerschnitt

Ist die Querkraft $Q(x)$ und die Funktion $b(z)$ für die Breite des Querschnitts bekannt, so lässt sich die Schubspannungsverteilung $\tau(z) = \tau_{xz}(z)$ mit der Beziehung

$$\boxed{\tau(z) = \tau_{xz}(z) = \frac{Q(x) \cdot S_y(z)}{I_y \cdot b(z)}}$$

(6.2)

berechnen (siehe z. B. [6]), Bild 6-6.

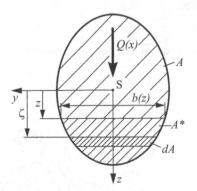

Bild 6-6
Vollquerschnitt eines Balkens oder einer balkenartigen Struktur mit der Querkraft $Q(x)$, den Koordinaten y, z und ζ sowie der Gesamtfläche A und den Teilflächen dA und A^*

$S_y(z)$ stellt hierbei das statische Moment der Teilfläche A^* bezüglich der y-Achse dar. Es lässt sich mit der Formel

$$S_y(z) = \int_{A^*} \zeta \, dA \tag{6.3}$$

berechnen. I_y ist bereits als axiales Flächenträgheitsmoment, siehe Kapitel 5.3, bekannt.

6.3.1.1 Rechteckquerschnitt

Für den Rechteckquerschnitt, Bild **6-7**a, gilt $b(z) = b$, $A = b \cdot h$ und $I_y = b \cdot h^3/12$, siehe auch Kapitel 5.3.2.1. $S_y(z)$ kann nach Gleichung (6.3) ermittelt werden:

$$S_y(z) = \int_{A^*} \zeta \, dA = \int_z^{h/2} \zeta \cdot b \, d\zeta = \frac{b}{2} \cdot \zeta^2 \Big|_z^{h/2} = \frac{b \cdot h^2}{8} \cdot \left(1 - \frac{4z^2}{h^2}\right) \tag{6.4}.$$

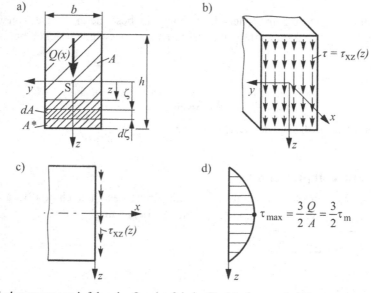

Bild 6-7 Schubspannungen infolge der Querkraft beim Rechteckquerschnitt
   a) Rechteckquerschnitt mit den Koordinaten und Teilflächen
   b) Schubspannungsverteilung $\tau = \tau_{xz}(z)$ im Querschnitt
   c) Seitenansicht mit Schubspannung im Balkenquerschnitt
   d) Verteilung der Schubspannungen über die Balkenhöhe mit der maximalen Schubspannung τ_{max}

Somit folgt mit Gleichung (6.2):

$$\tau(z) = \tau_{xz}(z) = \frac{3}{2}\frac{Q}{A} \cdot \left(1 - \frac{4z^2}{h^2}\right) \tag{6.5}.$$

Diese Schubspannungsverteilung ist in den Bildern 6-7b, 6-7c und 6-7d dargestellt. Am oberen und unteren Balkenrand, d. h. für $z = h/2$ ist $\tau(z)$ null. In der Mitte des Balkenquerschnitts, d. h. für $z = 0$, ist die Schubspannung maximal:

$$\tau_{max} = \tau(z = 0) = \frac{3}{2}\frac{Q(x)}{A} = \frac{3}{2}\tau_m \tag{6.6}.$$

τ_{max} ist somit 1,5mal so groß wie die mittlere Schubspannung

$$\tau_m = \frac{Q(x)}{A} = \frac{Q(x)}{b \cdot h} \tag{6.7}.$$

6.3.1.2 Kreisquerschnitt

Beim Kreisquerschnitt mit dem Durchmesser d, Bild **6-8**, ergibt sich die Schubspannungsverteilung

$$\tau(z) = \tau_{xz}(z) = \frac{4}{3}\frac{Q(x)}{A} \cdot \left(1 - \frac{4z^2}{d^2}\right) \tag{6.8}.$$

Somit ist die maximale Schubspannung

$$\tau_{max} = \tau(z = 0) = \frac{4}{3}\frac{Q(x)}{A} = \frac{4}{3}\tau_m \tag{6.9}$$

mit $A = \pi \cdot d^2/4$.

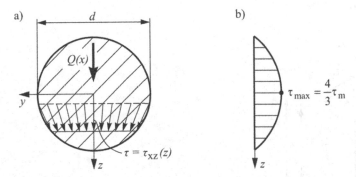

Bild 6-8 Schubspannungsverteilung beim Kreisquerschnitt
    a) Kreisquerschnitt mit Koordinaten und Abmessungen
    b) Verteilung von τ entlang der z-Achse

6.3.2 Balken mit dünnwandigen Profilen

Bei dünnwandigen Querschnittsprofilen unterscheidet man geschlossene und offene Profile. Wegen der kleineren Querschnittsfläche im Vergleich zu Vollquerschnitten hat die Schubbeanspruchung hier eine größere Bedeutung.

6.3.2.1   Kreisringquerschnitt

Für das dünnwandige Kreisringprofil, Bild 6-9, ergibt sich für $t \ll d$ die Schubspannungsverteilung

$$\tau = \tau(\varphi) = \frac{2Q(x)}{\pi \cdot d \cdot t} \cdot \cos\varphi \qquad (6.10).$$

Die maximale Schubspannung beträgt

$$\tau_{max} = \tau(\varphi = 0, \pi) = \frac{2Q(x)}{\pi \cdot d \cdot t} \qquad (6.11).$$

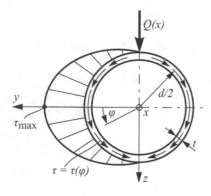

Bild 6-9
Dünnwandiges Rohrprofil (Kreisringquerschnitt) mit der Schubspannungsverteilung $\tau = \tau(\varphi)$ und der maximalen Schubspannung τ_{max}

6.3.2.2   I-Profil

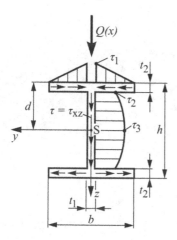

Bild 6-10
I-Profil mit den Querschnittsabmessungen und den Schubspannungsverteilungen entlang des Ober- und Untergurts sowie des Steges

Für das dünnwandige I-Profil, Bild 6-10, ergeben sich für $t = t_1 = t_2$ folgende Schubspannungen an ausgewählten Stellen im Profil:

$$\tau_1 = \frac{Q(x) \cdot b \cdot (h-t)}{4I_y} \qquad (6.12),$$

$$\tau_2 = \frac{Q(x) \cdot b \cdot (h-t)}{2I_y} \qquad (6.13),$$

$$\tau_3 = \tau_{max} = \frac{Q(x)}{2I_y} \cdot \left[b \cdot (h-t) + \left(\frac{h}{2} - t \right)^2 \right] \qquad (6.14).$$

6.3.2.3   U-Profil

Die Schubspannungen an markanten Stellen des U-Profils, Bild **6-11**, lassen sich für $t = t_1 = t_2$ wie folgt berechnen:

$$\tau_1 = \frac{Q(x) \cdot b \cdot (h-t)}{2I_y} \qquad (6.15),$$

$$\tau_2 = \frac{Q(x) \cdot b \cdot (h-t)}{2I_y} \qquad (6.16),$$

$$\tau_3 = \tau_{max} = \frac{Q(x)}{2I_y} \cdot \left[b \cdot (h-t) + \left(\frac{h}{2} - t \right)^2 \right] \qquad (6.17).$$

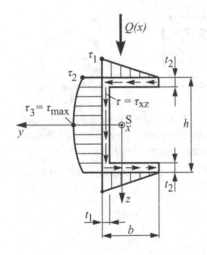

Bild 6-11
U-Profil mit den Querschnittsabmessungen und den Schubspannungsverteilungen

Bei diesem U-Profil, wie bei einigen anderen offenen Profilen, erzeugen die Schubspannungen ein Moment (Torsionsmoment) um die Schwerpunktsachse (Balkenlängsachse) x. Torsionsfreie Biegung ist nur möglich, wenn die äußere Kraft F im Schubmittelpunkt SM des Querschnittsprofils angreift, siehe Bild **6-12**.

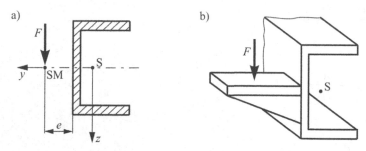

Bild 6-12 Vermeidung von Torsion bei Schubbeanspruchung von Balken
a) U-Profil mit Angriffspunkt der äußeren Kraft F im Schubmittelpunkt SM
b) Praktische Realisierung der Krafteinleitung mit einer Konsole

Beispiel 6-4   ***

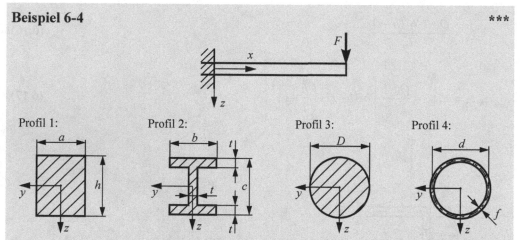

Profil 1:   Profil 2:   Profil 3:   Profil 4:

Ein einseitig eingespannter Stahlträger ist durch eine Kraft F belastet. Berechnen Sie die maximalen Schubspannungen für die vier unterschiedlichen Querschnittsprofile, bei denen das Flächenträgheitsmoment I_y und somit die maximale Durchbiegung gleich ist.

geg.: $F = 100$ kN, $a = 60$ mm, $h = 100$ mm, $b = 68{,}7$ mm, $c = 120$ mm, $t = 10$ mm,
$D = 100{,}5$ mm, $d = 145{,}9$ mm, $f = 4{,}1$ mm

Lösung:

a) Bestimmung der Querkraft

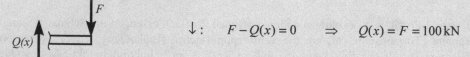

$\downarrow:$ $F - Q(x) = 0$ $\Rightarrow$ $Q(x) = F = 100$ kN

b) Maximale Schubspannungen

Profil 1:

$$\tau_{max} = \frac{3}{2} \cdot \frac{Q(x)}{A} = \frac{3}{2} \cdot \frac{F}{a \cdot h} = \frac{3}{2} \cdot \frac{100\,kN}{60\,mm \cdot 100\,mm} = 25\,N/mm^2$$

Profil 2:

$$I_y = \frac{t \cdot (c - 2t)^3}{12} + 2 \cdot \left[\frac{b \cdot t^3}{12} + \left(\frac{c-t}{2} \right)^2 \cdot b \cdot t \right] = 500,1\,cm^4$$

$$\tau_{max} = \frac{Q(x)}{2 \cdot I_y} \cdot \left[b \cdot (c - t) + \left(\frac{c}{2} - t \right)^2 \right]$$

$$= \frac{100\,kN}{2 \cdot 500,1\,cm^4} \cdot \left[68,7\,mm \cdot (120\,mm - 10\,mm) + \left(\frac{120\,mm}{2} - 10\,mm \right)^2 \right]$$

$$= 100,5\,N/mm^2$$

Profil 3:

$$\tau_{max} = \frac{4}{3} \cdot \frac{Q(x)}{A} = \frac{4}{3} \cdot \frac{F}{\frac{D^2}{4} \cdot \pi} = \frac{4}{3} \cdot \frac{100\,kN \cdot 4}{(100,5\,mm)^2 \cdot \pi} = 16,8\,N/mm^2$$

Profil 4:

$$\tau_{max} = \frac{2 \cdot Q(x)}{\pi \cdot d \cdot f} = \frac{2 \cdot 100\,kN}{\pi \cdot 145,9\,mm \cdot 4,1\,mm} = 106,4\,N/mm^2$$

6.3.3 Lage der Schubmittelpunkte bei dünnwandigen Querschnittsprofilen

In Bild **6-13** sind die Schubmittelpunkte SM und die Schwerpunkte S bei verschiedenen Profilen dargestellt. Greift die äußere Kraft im Schubmittelpunkt an, so ist reine Querkraftbiegung ohne Verdrehung der Querschnitte möglich, siehe auch Kapitel 6.3.2.3.

6.4   Festigkeitsnachweis bei Schub

Im Rahmen einer Festigkeitsbetrachtung wird die maximale Schubspannung τ_{max} mit der zulässigen Schubspannung τ_{zul} verglichen. Die Festigkeitsbedingung lautet somit

$$\boxed{\tau_{max} \leq \tau_{zul}}$$ (6.18).

τ_{max} errechnet sich mit den Formeln für die einzelnen Querschnitte (siehe die Kapitel 6.3.1 und 6.3.2). Die zulässige Spannung erhält man aus dem Werkstoffkennwert für Zugbelastung, dem Scherfestigkeitsfaktor und dem Sicherheitsfaktor.

Soll plastische Verformung verhindert werden, so gilt

$$\tau_{zul} = \frac{0,58 R_{p0,2}}{S_F} \tag{6.19}.$$

Für den Fall, dass Bruch verhindert werden soll, ergibt sich

$$\tau_{zul} = \frac{0,58 R_m}{S_B} \tag{6.20}.$$

Die Festigkeitswerte $R_{p0,2}$ und R_m sowie die Sicherheitsfaktoren können den Tabellen A1 und A2 im Anhang entnommen werden.

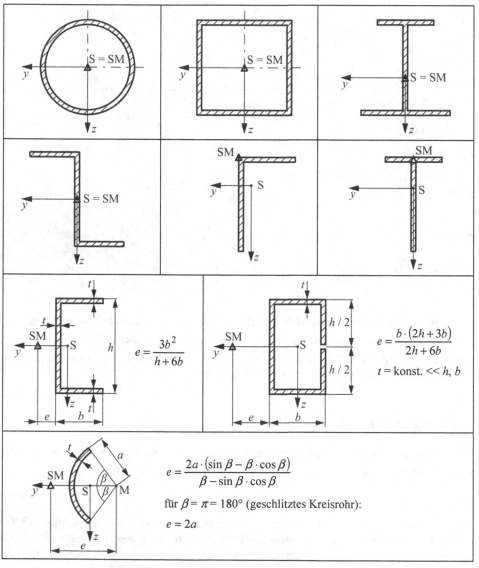

Bild 6-13 Lage der Schubmittelpunkte bei dünnwandigen Profilen
(SM: Schubmittelpunkt, S: Schwerpunkt)

7 Torsion von Wellen und Tragstrukturen

Als Wellen bezeichnet man stabartige Strukturen, die als wichtige technische Bauteile, z. B. für die Übertragung von Drehmomenten (Torsionsmomenten), dienen. Torsionsmomente und Torsionsverformungen (Verdrehungen) von Strukturen treten auch bei räumlichen Tragwerken auf, siehe z. B. das Moment M_x in Kapitel 8.3.4 in [1].

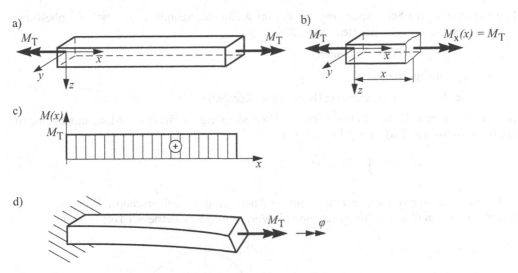

Bild 7-1 Torsionsbelastung einer stab- oder balkenartigen Struktur
    a) Belastung der Struktur durch ein Torsionsmoment M_T
    b) Freischnitt mit dem Schnittmoment $M_x(x)$
    c) Schnittmomentenverlauf $M_x(x) = M_T$ = konst.
    d) Tordierte Struktur mit dem Verdrehwinkel φ

Bild **7-1**a zeigt eine stab- oder balkenartige Struktur, die durch ein Torsionsmoment M_T belastet wird. Durch einen Freischnitt wird ersichtlich, dass in der Struktur lediglich die Schnittgröße $M_x(x) = M_T$ wirkt, siehe Bild **7-1**b. Das Moment M_x dreht um die x-Achse (Längsachse) der Struktur und ist über den gesamten Bereich konstant, Bild **7-1**c. Dabei tordiert (verdreht) das Torsionsmoment die stab- oder balkenartige Struktur, Bild **7-1**d. Benachbarte Querschnitte vollziehen eine entgegengesetzte Drehbewegung. Gerade Kanten oder Mantellinien werden zu Schraubenlinien, die aber aufgrund der üblicherweise kleinen Verdrehung als geradlinig aufgefasst werden können. Die Gesamtverdrehung ist φ (in Bild **7-1**d durch einen Drehvektor φ dargestellt). In den Querschnitten treten bei reiner Torsion lediglich Schubspannungen auf. Diese und die Gesamtverdrehung gilt es im Nachfolgenden zu ermitteln. Dabei ist grundsätzlich zwischen Wellen oder Strukturen mit Kreis- oder Kreisringquerschnitt und stab- oder balkenartigen Strukturen mit beliebigem Querschnitt zu unterscheiden.

7.1 Wellen oder Strukturen mit Kreis- bzw. Kreisringquerschnitt

Für Wellen mit Kreis- oder Kreisringquerschnitt kann Folgendes angenommen werden:

- Die Querschnitte verdrehen sich wie starre Scheiben, d. h. die Radien bleiben gerade.

- Die Querschnitte bleiben eben, d. h. sie verwölben sich nicht. Es findet keine Verschiebung in x-Richtung statt.

- In der Querschnittsebene, y-z-Ebene, tritt eine Schubspannung in Umfangsrichtung auf, Bild **7-2**a.

7.1.1 Berechnung der Schubspannung

Die Berechnung der Schubspannung $\tau = \tau(r)$ im Wellenquerschnitt ist ein statisch unbestimmtes Problem. Sie erfolgt unter Beachtung der

- Gleichgewichtsbedingungen,

- des Stoffgesetzes und

- der Verformungsgeometrie (Kinematik, Kompatibilität).

Bei der tordierten Welle ist als Gleichgewichtsbedingung lediglich die Momentenbedingung um die x-Achse von Bedeutung. Diese liefert:

$$\overset{x}{\curvearrowleft}: \quad M_{\mathrm{x}} = M_{\mathrm{T}} = \int dM_{\mathrm{T}} = \int_A \tau \cdot r \, dA \tag{7.1}$$

Mit dieser Gleichgewichtsbetrachtung sind die Aussagen der Statik erschöpft. Weitere Informationen erhält man über das Stoffgesetz und die Verformungsgeometrie bei Torsionsbelastung.

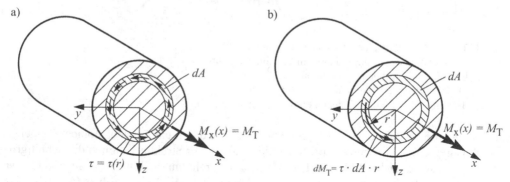

Bild 7-2 Zusammenhang zwischen Torsionsmoment und Schubspannung bei einer Welle
a) Welle mit Torsionsmoment $M_{\mathrm{x}}(x) = M_{\mathrm{T}}$ und der Schubspannung $\tau(r)$
b) Schnittmoment $M_{\mathrm{x}}(x) = M_{\mathrm{T}}$ und Teilmoment $dM_{\mathrm{T}} = \tau \cdot r \, dA$ für die Teilfläche dA

Als Stoffgesetz wird das HOOKEsche Gesetz bei Schub verwendet, siehe Kapitel 3.5.7:

$$\tau = G \cdot \gamma \tag{7.2}$$

Die Schubverformung γ wird durch die Untersuchung der Verformungen bei Torsion ermittelt. Bild **7-3**a zeigt die Gesamtverformung der Welle bei Torsionsbelastung, Bild **7-3**b ein Volumenelement der Länge dx. Eine Mantellinie $\overline{CD}$ wird durch Verformung nach $\overline{CD'}$ verdreht. Dabei wandert der Punkt D auf dem Umfang des Kreisquerschnitts nach D'. Das Bogenmaß $\overset{\frown}{DD'}$ lässt sich wie folgt berechnen:

$$\overset{\frown}{DD'} = r \cdot d\varphi = \gamma \cdot dx \tag{7.3}.$$

Damit erhält man die Schubverformung (Definition siehe Kapitel 3.4.2):

$$\gamma = \frac{\overset{\frown}{DD'}}{\overline{CD}} = \frac{r \cdot d\varphi}{dx} \tag{7.4}.$$

Häufig verwendet man einen *spezifischen Drehwinkel* ϑ als Verdrehung pro Längeneinheit:

$$\vartheta = \frac{d\varphi}{dx} \tag{7.5}.$$

Somit lässt sich die Schubverformung γ auch wie folgt schreiben:

$$\gamma = r \cdot \vartheta \tag{7.6}.$$

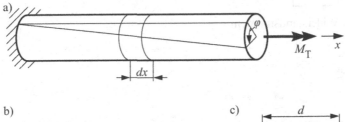

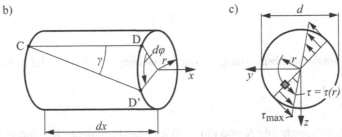

Bild 7-3 Schubspannungsverteilung und Verdrehwinkel einer Welle unter Torsionsbelastung
   a) Welle mit äußerem Moment M_T und Gesamtverdrehwinkel φ
   b) Vergrößert dargestelltes Wellenelement der Länge dx mit dem Verdrehwinkel $d\varphi$ und der Schubverformung γ
   c) Schubspannungsverteilung $\tau = \tau(r)$ im Querschnitt einer Welle

Setzt man Gleichung (7.6) in Gleichung (7.2) ein, so erhält man die Schubspannung $\tau = \tau(r)$:

$$\tau = G \cdot \vartheta \cdot r \tag{7.7}.$$

Man erkennt, dass die Schubspannung mit dem Radius r linear zunimmt. Im Schwerpunkt der Fläche, d. h. für $r = 0$, ist $\tau = 0$ und am Außenrand, d. h. für $r = d/2$, ist die Schubspannung maximal: $\tau_{max} = \tau (r = d/2)$.

Mit Gleichung (7.1) und Gleichung (7.7) lässt sich der Zusammenhang zwischen dem Torsionsmoment M_T und $G \cdot \vartheta$ herstellen:

$$M_x = M_T = \int \tau \cdot r \, dA = G \cdot \vartheta \int r^2 \, dA = G \cdot \vartheta \cdot I_P \tag{7.8}$$

bzw.

$$G \cdot \vartheta = \frac{M_\mathrm{T}}{I_\mathrm{P}} \tag{7.9}.$$

Setzt man Gleichung (7.9) in (7.7) ein, so erhält man die Schubspannungsverteilung $\tau = \tau(r)$ in Abhängigkeit vom Torsionsmoment M_T:

$$\tau = \frac{M_\mathrm{T}}{I_\mathrm{P}} \cdot r \tag{7.10}.$$

I_P ist hierbei das polare Flächenträgheitsmoment (siehe Kapitel 5.3.1.3 und 5.3.2.2). Die Schubspannungsverteilung ist in Bild **7-3c** dargestellt. Für $r = 0$ ist $\tau = 0$ und für $r = r_\mathrm{max} = d/2$ ist die Schubspannung maximal:

$$\tau_\mathrm{max} = \frac{M_\mathrm{T}}{I_\mathrm{P}} \cdot r_\mathrm{max} \tag{7.11}.$$

Mit dem polaren Widerstandsmoment

$$W_\mathrm{P} = \frac{I_\mathrm{P}}{r_\mathrm{max}} \tag{7.12}$$

bzw.

$$W_\mathrm{p} = \frac{2I_\mathrm{P}}{d} \tag{7.13}$$

lässt sich die maximale Schubspannung (Torsionsspannung) auch wie folgt berechnen:

$$\tau_\mathrm{max} = \frac{M_\mathrm{T}}{W_\mathrm{P}} \tag{7.14}.$$

Polare Flächenträgheitsmomente I_P und polare Widerstandsmomente W_P sind in Bild **7-7** angegeben.

7.1.2 Verdrehwinkel infolge Torsionsbelastung

Infolge Torsionsbelastung wird die Welle tordiert (siehe Bild **7-3a** und Bild **7-3b**). Nach Gleichung (7.9) lässt sich der spezifische Verdrehwinkel errechnen:

$$\vartheta = \frac{M_\mathrm{T}}{G \cdot I_\mathrm{P}} \tag{7.15}.$$

Mit Gleichung (7.5) gilt für ein Wellenelement der Länge dx

$$d\varphi = \vartheta \cdot dx = \frac{M_\mathrm{T}}{G \cdot I_\mathrm{P}} \cdot dx \tag{7.16}.$$

Durch Integration von Gleichung (7.16) erhält man den Verdrehwinkel φ für die Welle (Bild **7-3a**):

$$\varphi = \int\limits_{x=0}^{l} \frac{M_T}{G \cdot I_P} dx \qquad (7.17).$$

Für den Fall, dass M_T und $G \cdot I_P$ über die Stablänge konstant sind (Stab mit konstantem Torsionsmoment und konstantem Querschnitt), gilt für den Verdrehwinkel

$$\boxed{\varphi = \frac{M_T \cdot l}{G \cdot I_P}} \qquad (7.18).$$

7.1.3 Kreisringquerschnitt

Für den Kreisringquerschnitt gelten die Zusammenhänge und Formeln ebenso wie für den Kreisquerschnitt. Lediglich das polare Flächenträgheitsmoment und das polare Widerstandsmoment ändern sich:

$$I_P = \frac{\pi}{32} \cdot \left(d^4 - d_i^4\right) \qquad (7.19),$$

$$W_P = \frac{\pi}{16d} \cdot \left(d^4 - d_i^4\right) \qquad (7.20).$$

Die Schubspannung $\tau = \tau(r)$ steigt vom Innen- zum Außenrand mit dem Radius r linear an. Die maximale Schubspannung τ_{max} tritt am Außenrand auf, siehe Bild **7-4**.

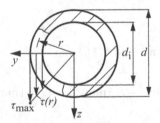

Bild 7-4
Schubspannungsverteilung beim Kreisringquerschnitt

Beispiel 7-1   ***

Die dargestellte Antriebswelle wird durch einen Elektromotor mit einer Leistung P und einer Drehzahl n angetrieben. Im Bereich des Anschlusses der Welle an eine Pumpe ist die Welle als Hohlwelle ausgeführt worden. Für den Fall, dass die Pumpe blockiert (feste Einspannung) bestimme man

a) das Antriebsmoment M_A,

b) die Torsionsflächenträgheitsmomente und die Torsionswiderstandsmomente,

c) die maximale Schubspannung in der Antriebswelle sowie

d) die Verdrehung am freien Ende.

geg.: $P = 7{,}5$ kW, $n = 300$ min^{-1}, $a = 70$ mm, $b = 80$ mm, $d = 30$ mm, $d_i = 15$ mm, $G = 80000$ N/mm²

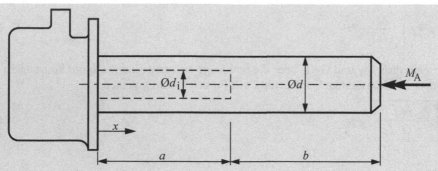

Lösung:

a) Antriebsmoment M_A

$$M_A = \frac{P}{2\pi \cdot n} = \frac{7500\,\text{W} \cdot \text{min}}{2\pi \cdot 300} = \frac{7500\,\text{Nm} \cdot 60\,\text{s}}{2\pi \cdot 300\,\text{s}} = 238{,}7\,\text{Nm}$$

b) Torsionsflächenträgheitsmomente und die Torsionswiderstandsmomente

Bereich 1: $a < x < a+b$

$$I_{T_1} = I_{P_1} = \frac{\pi \cdot d^4}{32} = \frac{\pi \cdot (30\,\text{mm})^4}{32} = 79521{,}6\,\text{mm}^4$$

$$W_{T_1} = W_{P_1} = \frac{\pi \cdot d^3}{16} = \frac{\pi \cdot (30\,\text{mm})^3}{16} = 5301{,}4\,\text{mm}^3$$

Bereich 2: $0 < x < a$

$$I_{T_2} = I_{P_2} = \frac{\pi}{32} \cdot (d^4 - d_i^4) = \frac{\pi}{32} \cdot [(30\,\text{mm})^4 - (15\,\text{mm})^4] = 74551{,}5\,\text{mm}^4$$

$$W_{T_2} = W_{P_2} = \frac{\pi}{16 \cdot d} \cdot (d^4 - d_i^4) = \frac{\pi}{16 \cdot 30\,\text{mm}} \cdot [(30\,\text{mm})^4 - (15\,\text{mm})^4] = 4970{,}1\,\text{mm}^3$$

c) Maximale Schubspannung in der Antriebswelle

$$\tau_{max} = \frac{M_A}{W_{T_2}} = \frac{238{,}7\,\text{Nm}}{4970{,}1\,\text{mm}^3} = 48{,}0\,\text{N/mm}^2$$

d) Verdrehung am freien Ende

Reihenschaltung von Hohlwelle und Vollwelle:

$$\varphi = \frac{M_A}{c_T} = \frac{M_A}{c_{T_1}} + \frac{M_A}{c_{T_2}} = \frac{M_A \cdot b}{G \cdot I_{P_1}} + \frac{M_A \cdot a}{G \cdot I_{P_2}}$$

$$= \frac{238{,}7\,\text{Nm} \cdot 80\,\text{mm}}{80000\,\text{N/mm}^2 \cdot 79521{,}6\,\text{mm}^4} + \frac{238{,}7\,\text{Nm} \cdot 70\,\text{mm}}{80000\,\text{N/mm}^2 \cdot 74551{,}5\,\text{mm}^4} = 5{,}8 \cdot 10^{-3} \approx 0{,}33°$$

7.1.4 Torsionsfederkonstanten von Wellen

Ähnlich wie bei Stäben, Kapitel 4.1.1, und bei Balken, Kapitel 5.4.7, lassen sich auch für Wellen Federkonstanten definieren. Der Verdrehwinkel φ ist somit auch

$$\varphi = \frac{M_T}{c_T} \tag{7.21}$$

Durch Vergleich mit Gleichung (7.18) ergibt sich somit die Torsionsfederkonstante

$$c_T = \frac{G \cdot I_P}{l} \tag{7.22}$$

Wellen mit abschnittsweise unterschiedlichem $G \cdot I_P$ können als in Reihe oder parallel geschaltete Torsionsfedern angesehen werden. Für den Fall der Reihenschaltung, Bild 7-5a, gilt (siehe auch Kapitel 4.4.1):

$$\frac{1}{c_T} = \frac{1}{c_{T_1}} + \frac{1}{c_{T_2}} \tag{7.23}$$

mit

$$c_{T_1} = \frac{G \cdot I_{P_1}}{a} \tag{7.24}$$

und

$$c_{T_2} = \frac{G \cdot I_{P_2}}{b} \tag{7.25}$$

In diesem Fall lässt sich der Verdrehwinkel mit Gleichung (7.21) berechnen.

a)

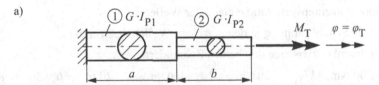

b)

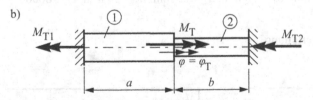

Bild 7-5 Wellen mit abschnittsweise unterschiedlichem $G \cdot I_P$
　　　　a) Reihenschaltung der Wellenbereiche ① und ②
　　　　b) Parallelschaltung der Wellenbereiche ① und ②

Für den Fall der Parallelschaltung, Bild 7-5b, errechnet sich die Gesamtfederkonstante (siehe auch Kapitel 4.4.2) nach der Beziehung

$$\boxed{c_T = c_{T_1} + c_{T_2}}$$
(7.26),

mit c_{T_1} nach Gleichung (7.24) und c_{T_2} nach Gleichung (7.25). Der Verdrehwinkel lässt sich wiederum mit Gleichung (7.21) errechnen. Die Torsionsmomente in den Wellenabschnitten teilen sich entsprechend der Federsteifigkeiten auf (siehe Analogie in Bild 4-10):

$$M_{T_1} = \frac{c_{T_1}}{c_T} \cdot M_T$$
(7.27),

$$M_{T_2} = \frac{c_{T_2}}{c_T} \cdot M_T$$
(7.28).

Beispiel 7-2   ***

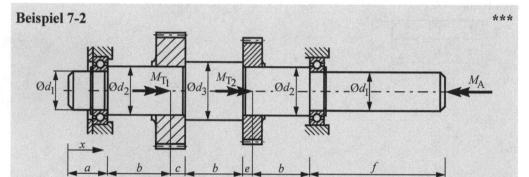

Die dargestellte Stahlvollwelle wird durch einen Elektromotor mit einem Torsionsmoment M_A angetrieben. Die Zahnräder nehmen jeweils einen Anteil des Antriebsmoments auf.

Man bestimme

a) die Torsionsmomentenverteilung entlang der Welle,

b) die maximale Schubspannung in den einzelnen Wellenabsätzen und

c) den Verdrehwinkel zwischen den beiden Zahnrädern.

geg.: $M_A = 300$ Nm, $M_{T_1} = 200$ Nm, $M_{T_2} = 100$ Nm, $a = 20$ mm, $b = 30$ m, $c = 10$ mm, $e = 5$ mm, $f = 70$ mm, $d_1 = 20$ mm, $d_2 = 25$ mm, $d_3 = 30$ mm, $G = 80000$ N/mm²

Lösung:

a) Torsionsmomentenverteilung

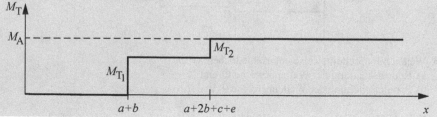

b) Maximale Schubspannung (unter Vernachlässigung auftretender Kerbwirkungen)

Bereich I: $0 < x < a + b$: $\tau_{max, I} = 0$

Bereich II: $a + b < x < a + b + c$

$$\tau_{max, II} = \frac{M_{T_1}}{W_{P_{II}}} = \frac{16 M_{T_1}}{\pi \cdot d_2^{\,3}} = \frac{16 \cdot 200000\,\text{Nmm}}{\pi \cdot (25\,\text{mm})^3} = 65{,}19\,\frac{\text{N}}{\text{mm}^2}$$

Bereich III: $a + b + c < x < a + 2b + c$

$$\tau_{max, III} = \frac{M_{T_1}}{W_{P_{III}}} = \frac{16 M_{T_1}}{\pi \cdot d_3^{\,3}} = \frac{16 \cdot 200000\,\text{Nmm}}{\pi \cdot (30\,\text{mm})^3} = 37{,}73\,\frac{\text{N}}{\text{mm}^2}$$

Bereich IV: $a + 2b + c < x < a + 2b + c + e$

$$\tau_{max, IV} = \tau_{max, II} = 65{,}19\,\frac{\text{N}}{\text{mm}^2}$$

Bereich V: $a + 2b + c + e < x < a + 3b + c + e$

$$\tau_{max, V} = \frac{M_{T_1} + M_{T_2}}{W_{P_{II}}} = \frac{16 \cdot (200 + 100) \cdot 1000\,\text{Nmm}}{\pi \cdot (25\,\text{mm})^3} = 97{,}78\,\frac{\text{N}}{\text{mm}^2}$$

Bereich VI: $a + 3b + c + e < x < a + 3b + c + e + f$

$$\tau_{max, VI} = \frac{M_A}{W_{P_{IV}}} = \frac{16 \cdot 300000\,\text{Nmm}}{\pi \cdot (20\,\text{mm})^3} = 190{,}99\,\frac{\text{N}}{\text{mm}^2}$$

c) Verdrehwinkel zwischen den beiden Zahnrädern

$$\varphi = \frac{M_{T1}}{c_T} = \frac{M_{T1}}{c_{T_{II}}} + \frac{M_{T1}}{c_{T_{III}}} + \frac{M_{T1}}{c_{T_{IV}}} = \frac{M_{T1} \cdot c}{G \cdot I_{P_{II}}} + \frac{M_{T1} \cdot b}{G \cdot I_{P_{III}}} + \frac{M_{T1} \cdot e}{G \cdot I_{P_{IV}}}$$

(Reihenschaltung der unterschiedlichen Wellenabsätze)

$$= \frac{32 M_{T1} \cdot c}{G \cdot \pi \cdot d_2^{\,4}} + \frac{32 M_{T1} \cdot b}{G \cdot \pi \cdot d_3^{\,4}} + \frac{32 M_{T1} \cdot e}{G \cdot \pi \cdot d_2^{\,4}}$$

$$= \frac{32 \cdot 200\,\text{Nm} \cdot 10\,\text{mm}}{80000\,\text{N/mm}^2 \cdot \pi \cdot (25\,\text{mm})^4} + \frac{32 \cdot 200\,\text{Nm} \cdot 30\,\text{mm}}{80000\,\text{N/mm}^2 \cdot \pi \cdot (30\,\text{mm})^4}$$

$$+ \frac{32 \cdot 200\,\text{Nm} \cdot 5\,\text{mm}}{80000\,\text{N/mm}^2 \cdot \pi \cdot (25\,\text{mm})^4}$$

$$= 1{,}92 \cdot 10^{-3} \approx 0{,}11°$$

7.2 Strukturen mit beliebigem Querschnitt

Im Gegensatz zum Kreis- und Kreisringquerschnitt tritt bei beliebigen Strukturquerschnitten eine Querschnittsverwölbung auf. Reine Torsion liegt in diesen Fällen nur vor, wenn durch die Lagerung keine Verwölbungsbehinderung hervorgerufen wird.

7.2.1 Schubspannungen und maximale Schubspannungen

Die maximale Schubspannung τ_{max}, Bild **7-6**, errechnet sich mit der Beziehung

$$\boxed{\tau_{max} = \frac{M_T}{W_T}} \tag{7.29}.$$

W_T ist hier das Torsionswiderstandsmoment, wobei für beliebige Querschnitte $W_T \neq W_P$ gilt. Widerstandsmomente verschiedener Querschnitte und der Ort maximaler Spannung sind in Bild **7-7** angegeben.

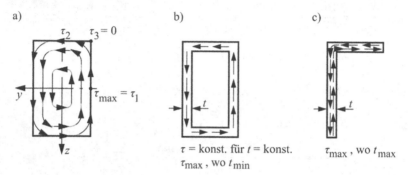

Bild 7-6 Schubspannungsverteilungen und maximale Schubspannungen für verschiedene Querschnitte
  a) Rechteckquerschnitt, I_T und W_T nach Bild **7-7**
  b) Dünnwandiges Rechteckrohr, I_T und W_T nach Bild **7-7** (dünnwandige Hohlprofile)
  c) Winkelprofil, I_T und W_T nach Bild **7-7** (dünnwandige Profile)

7.2.2 Verdrehwinkel und spezifischer Verdrehwinkel

Der Verdrehwinkel φ lässt sich mit

$$\boxed{\varphi = \frac{M_T \cdot l}{G \cdot I_T}} \tag{7.30}$$

ermitteln, wobei $G \cdot I_T$ als Torsionssteifigkeit bezeichnet wird. Das entsprechende Torsionsflächenträgheitsmoment I_T kann Bild **7-7** entnommen werden. Der spezifische Verdrehwinkel errechnet sich mit

$$\vartheta = \frac{M_T}{G \cdot I_T} \tag{7.31}.$$

7.2.3 Torsionsflächenträgheitsmomente und Torsionswiderstandsmomente für grundlegende Querschnitte

Torsionsflächenträgheitsmomente I_T und Torsionswiderstandsmomente W_T und Orte maximaler Schubspannung sind in Bild **7-7** zusammengestellt.

Querschnittsfläche	I_T	W_T	Ort der max. Schubspannung
Vollkreis, Durchmesser d	$I_T = I_P = \dfrac{\pi \cdot d^4}{32}$	$W_T = W_P = \dfrac{\pi \cdot d^3}{16}$	τ_{max} am Umfang
Hohlkreis, d_i, d	$I_T = I_P = \dfrac{\pi}{32}(d^4 - d_i^4)$	$W_T = W_P = \dfrac{\pi}{16d}(d^4 - d_i^4)$	τ_{max} am Umfang
t, d_m, $t \ll d_m$	$I_T = I_P = \dfrac{\pi \cdot d_m^3 \cdot t}{4}$	$W_T = W_P = \dfrac{\pi \cdot d_m^2 \cdot t}{2}$	τ_{max} am Umfang
A_m, ds, $t(s)$, Mittellinie s; dünnwandige Hohlprofile	$I_T = \dfrac{4A_m^2}{\displaystyle\oint \frac{ds}{t(s)}}$ Für $t(s) = t$: $I_T = \dfrac{4A_m^2 \cdot t}{U}$	$W_T = 2A_m \cdot t_{min}$ Für $t(s) = t$: $W_T = 2A_m \cdot t$ Bredtsche Formel: $\tau_{max} = \dfrac{M_T}{2A_m \cdot t}$	τ_{max}, wo $t = t_{min}$; A_m: von der Mittellinie eingeschlossene Fläche; U: Umfang der Mittellinie
Rechteck h, b (Punkte 2, 3, 1)	$I_T = c_1 \cdot h \cdot b^3$	$W_T = c_2 \cdot h \cdot b^2$	$h/b \geq 1$ $\tau_{max} = \tau_1$ $\tau_2 = c_3 \cdot \tau_{max}$ $\tau_3 = 0$

h/b	1	1,5	3	8	∞
c_1	0,141	0,196	0,263	0,307	0,333
c_2	0,208	0,231	0,267	0,307	0,333
c_3	1,000	0,858	0,753	0,743	0,743

Querschnittsfläche	I_T	W_T	Ort der max. Schubspannung
t_1, h_1, h_2, t_2; dünnwandige Profile: $t_i / h_i \ll 1$	$I_T = \dfrac{c_1}{3} \cdot \sum h_i \cdot t_i^3$	$W_T = \dfrac{I_T}{t_{max}}$	τ_{max} in der Mitte der Längsseite des Rechtecks mit t_{max}

Profil	L	C	⊥	I	I$_{IPB}$
c_1		0,99	1,12	1,12	1,32	1,29

Bild 7-7 Torsionsflächenträgheitsmomente I_T und Torsionswiderstandsmomente W_T mit $\tau_{max} = M_T/W_T$

Beispiel 7-3

Ein einseitig fest eingespannter Balken wird am freien Ende durch ein Torsionsmoment M_T belastet. Zwei Profilvarianten stehen zur Verfügung:

Profil 1:   Profil 2:

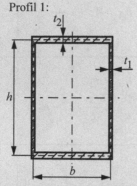   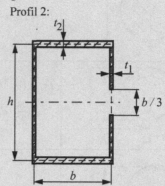

Untersuchen Sie, bei welchem Profil

a) das größte Torsionsflächenträgheitsmoment und

b) die geringste Schubspannung auftritt.

geg.: $M_T = 200$ Nm, $b = 50$ mm, $h = 1,5b$, $t_1 = t = 2$mm, $t_2 = 2t$

Lösung:

a) Torsionsflächenträgheitsmomente

   Profil 1:

$$I_{T_1} = \frac{4A_m^2}{\oint\left(\frac{ds}{t(s)}\right)} = \frac{4(h \cdot b)^2}{\frac{2b}{t_2} + \frac{2h}{t_1}} = \frac{9}{4}b^3 \cdot t = 562500\,\text{mm}^4 \qquad$$ (Bredtsche Formel für dünnwandige Hohlprofile, siehe Bild **7-7**)

   Profil 2:

$$I_{T_2} = \frac{c_1}{3} \cdot \sum h_i \cdot t_i^{\,3} \qquad$$ (Formel für dünnwandige Profile, siehe Bild **7-7**)

   mit $c_1 \approx 1,12$

$$I_{T_2} = \frac{1,12}{3} \cdot \left[h \cdot t_1^{\,3} + 2b \cdot t_2^{\,3} + \left(h - \frac{b}{3}\right) \cdot t_1^{\,3} \right] = 6,97b \cdot t^3 = 2787,6\,\text{mm}^4$$

Bei Profil 1 ist das Torsionsflächenträgheitsmoment um einen Faktor von ca. 200 größer als beim Profil 2 (geschlossene Profile sind bei Torsion sehr viel günstiger als offene Profile).

b) Schubspannungen

   Profil 1:

$$\tau_{max,1} = \frac{M_T}{W_T} = \frac{M_T}{2A_m \cdot t_{min}} = \frac{M_T}{2h \cdot b \cdot t} = \frac{M_T}{3b^2 \cdot t} = \frac{200\,\text{Nm}}{3 \cdot (50\,\text{mm})^2 \cdot 2\,\text{mm}} = 13,3\,\frac{\text{N}}{\text{mm}^2}$$

Profil 2:

$$\tau_{max,2} = \frac{M_T}{W_T} = \frac{M_T \cdot t_{max}}{I_{T_2}} = \frac{M_T \cdot 2}{6{,}97b \cdot t^2} = \frac{200\,\text{Nm} \cdot 2}{6{,}97 \cdot 50\,\text{mm} \cdot (2\,\text{mm})^2} = 287{,}0\,\frac{\text{N}}{\text{mm}^2}$$

Die maximale Schubspannung ist bei Profil 1 um das 21,6-fache geringer als bei Profil 2.

7.3   Festigkeitsnachweis bei Torsion

Im Rahmen des Festigkeitsnachweises wird die maximale Schubspannung τ_{max} mit der zulässigen Schubspannung τ_{zul} verglichen:

$$\boxed{\tau_{max} \le \tau_{zul}} \tag{7.32}$$

τ_{max} ergibt sich nach den Formeln für die verschiedenen Querschnitte (siehe z. B. die Kapitel 7.1.1, 7.1.3 und 7.2.1).

Soll plastische Verformung verhindert werden, so gilt

$$\tau_{zul} = \frac{0{,}58 \cdot R_{P0,2}}{S_F} \tag{7.33}$$

Wenn Bruch verhindert werden soll, ist die zulässige Schubspannung mit der Beziehung

$$\tau_{zul} = \frac{R_m}{S_B} \tag{7.34}$$

zu ermitteln. Werte für $R_{P0,2}$, R_m, S_F und S_B können den Tabellen A1 und A2 im Anhang entnommen werden.

Beispiel 7-4   ***

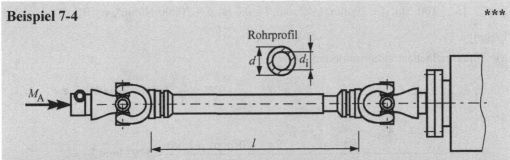

Eine Zapfwelle zwischen einem Traktor und einer Ballenpresse wird mit einem Antriebsmoment M_A beaufschlagt. Der mittlere Bereich der Zapfwelle wird durch ein Rohrprofil der Länge l idealisiert.

Man bestimme den erforderlichen Innendurchmesser d_i der Welle, wenn 2,5-fache Sicherheit gegen plastische Verformung im mittleren Wellenbereich gewährleistet sein soll.

geg.: $M_A = 1050\,\text{Nm}$, $d = 50\,\text{mm}$, $l = 800\,\text{mm}$, $R_{p0,2} = 350\,\text{N/mm}^2$

Lösung:

a) Zulässige Schubspannung

$$\tau_{zul} = \frac{0{,}58 R_{p0,2}}{S_F} = \frac{0{,}58 \cdot 350\,\text{N/mm}^2}{2{,}5} = 81{,}2\,\text{N/mm}^2$$

b) Torsionswiderstandsmoment

$$W_T = \frac{\pi \cdot (d^4 - d_i^{\;4})}{16d}$$

c) Maximale Schubspannung

$$\tau_{max} = \frac{M_A}{W_T} \leq \tau_{zul} \quad\Rightarrow\quad \frac{M_A \cdot 16d}{\pi \cdot (d^4 - d_i^{\;4})} \leq \tau_{zul}$$

$$\Rightarrow \quad d_i \leq \sqrt[4]{d^4 - \frac{M_A \cdot 16d}{\tau_{zul} \cdot \pi}} = \sqrt[4]{(50\,\text{mm})^4 - \frac{1050000\,\text{Nmm} \cdot 16 \cdot 50\,\text{mm}}{81{,}2\,\text{N/mm}^2 \cdot \pi}} = 41{,}5\,\text{mm}$$

Beispiel 7-5

Das gezeigte Strukturteil, bestehend aus dem dargestellten Strangpressprofil, ist am Ende durch ein Torsionsmoment M_T belastet.

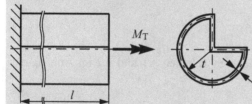

Man bestimme

a) das Torsionsflächenträgheitsmoment des Profils und

b) den spezifischen Verdrehwinkel.

geg.: $M_T = 100$ Nm, $a = 20$ mm, $t = 2$ mm, $l = 0{,}6$ m, $E = 70000$ N/mm^2, $\nu = 0{,}3$

Lösung:

a) Torsionsflächenträgheitsmoment

$$I_T = \frac{4 A_m^{\;2} \cdot t}{U} \qquad A_m = \frac{3}{4}\pi \cdot a^2 \qquad U = \frac{3}{4} \cdot 2\pi \cdot a + 2a = 2 \cdot \left(\frac{3}{4}\pi + 1\right) \cdot a$$

$$I_T = \frac{4 \cdot \dfrac{9}{16}\pi^2 \cdot a^4 \cdot t}{2 \cdot \left(\dfrac{3}{4}\pi + 1\right) \cdot a} = \frac{9\pi^2 \cdot a^3 \cdot t}{8 \cdot \left(\dfrac{3}{4}\pi + 1\right)} = \frac{9\pi^2 \cdot 20^3\,\text{mm}^3 \cdot 2\,\text{mm}}{8 \cdot \left(\dfrac{3}{4}\pi + 1\right)} = 52933\,\text{mm}^4$$

b) Spezifischer Verdrehwinkel

$$\vartheta = \frac{M_T}{G \cdot I_T} = \frac{100000\,\text{Nmm} \cdot \text{mm}^2}{26923\,\text{N} \cdot 52933\,\text{mm}^4} = 0{,}00007\,\text{mm}^{-1} \quad \text{mit} \quad G = \frac{E}{2(1+\nu)} = 26923\,N/\text{mm}^2$$

8 Mehrachsige und überlagerte Beanspruchungen

In Bauteilen und Strukturen treten lokal sehr unterschiedliche Spannungs- und Verzerrungszustände auf. Diese einachsigen, ebenen und räumlichen Spannungszustände sollen zunächst allgemein beschrieben und erläutert werden, bevor die in der Praxis sehr bedeutsamen ebenen Spannungs- und Verzerrungszustände und zusammengesetzten Beanspruchungen betrachtet werden.

8.1 Einteilung der auftretenden Spannungszustände

Ein einachsiger Spannungszustand liegt vor, wenn infolge einer Bauteilbelastung lediglich eine Normalspannung in eine Richtung auftritt. Dies ist z. B. bei einem Zugstab der Fall (siehe Kapitel 3.1). Die Normalspannung wirkt senkrecht zur Querschnittsfläche in Stabrichtung. Dies wird an einem Volumenelement im Stab, Bild **8-1**a, deutlich.

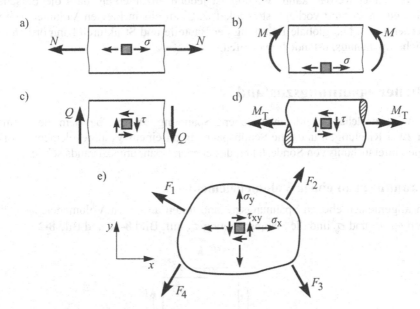

Bild 8-1 Unterscheidung zwischen einachsigen und ebenen Spannungszuständen
- a) Normalspannung σ an einem Volumenelement eines Stabs: Einachsiger Spannungszustand
- b) Normalspannung σ an einem Volumenelement eines Balkens infolge der Biegemomenten-belastung: Einachsiger Spannungszustand
- c) Schubspannung τ an einem Volumenelement eines Balkens infolge der Querkraft: Sonder-fall des ebenen Spannungszustands
- d) Schubspannung τ an einem Volumenelement einer Welle unter Torsionsmomentenbelas-tung: Sonderfall des ebenen Spannungszustands
- e) Normalspannung σ_x, Normalspannung σ_y und Schubspannung τ_{xy} an einem Volumen-element einer beliebig belasteten Scheibe: Ebener Spannungszustand

Ein einachsiger Spannungszustand tritt auch bei Balken infolge der Biegemomentenbelastung auf (siehe Kapitel 5.2). Die Normalspannung σ wirkt dann parallel zum Balkenrand, Bild **8-1**b.

Reine Schubspannungszustände, wie sie bei Querkraftbelastung von Balken (siehe Kapitel 6.3) und bei Torsionsbelastung von Wellen und Tragstrukturen (Kapitel 7.1 und 7.2) auftreten, Bild **8-1**c und Bild **8-1**d, stellen Sonderfälle des ebenen Spannungszustands dar, da die Schubspannungen aus Gleichgewichtsgründen stets paarweise und in zwei Richtungen wirken.

Bei einem allgemeinen ebenen Spannungszustand treten Normalspannungen in zwei Richtungen und eine Schubspannung auf, Bild **8-1**e. Dies ist z. B. bei einer beliebig belasteten Scheibe der Fall. Hier wirken, ein x-y-Koordinatsystem vorausgesetzt, die Normalspannung σ_x und σ_y und die Schubspannung τ_{xy} an einem Volumenelement der Scheibe. Ebene Spannungszustände treten auch in Schalenstrukturen, an Oberflächen räumlicher Körper und bei Kerbproblemen auf.

Räumliche Spannungszustände können z. B. im Inneren von Bauteilen auftreten. Aber auch in diesen Fällen liegt an der Oberfläche des Bauteils i. Allg. ein ebener Spannungszustand vor. Außerdem treten die maximalen Spannungen sehr häufig an den Oberflächen auf, so dass auf die Betrachtung räumlicher Spannungszustände im Rahmen der Grundlagen der Technischen Mechanik verzichtet werden kann. Wichtig ist jedoch anzumerken, dass die Entscheidung, welcher Spannungszustand vorliegt, stets lokal, z. B. an einem kleinen Volumenelement, getroffen werden muss. Die globale Belastung der Bauteile und Strukturen kann örtlich sehr unterschiedliche Spannungszustände hervorrufen.

8.2   Ebener Spannungszustand

Betrachtet wird zunächst der allgemeine ebene Spannungszustand, bei dem die Normalspannungen in zwei Richtungen und eine Schubspannung an einem Volumenelement des Bauteils wirken. Die Untersuchung von Sonderfällen des ebenen Spannungszustands schließt sich an.

8.2.1 Spannungen an einem Volumenelement

Bei einem allgemeinen ebenen Spannungszustand treten an einem Volumenelement die Normalspannungen σ_x und σ_y und die Schubspannung τ_{xy} auf, Bild **8-1**e und Bild **8-2**.

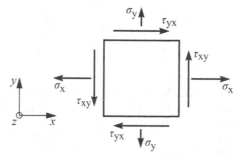

Bild 8-2 Spannungen an einem vergrößert dargestellten Volumenelement beim ebenen Spannungszustand

σ_x: Normalspannung in x-Richtung σ_y: Normalspannung in y-Richtung

τ_{xy}:   Schubspannung in der Fläche x = konst. in y-Richtung

τ_{yx}:   Schubspannung in der Fläche y = konst. in x-Richtung

Das betrachtete Element befindet sich im Gleichgewicht. Somit gilt auch

$$\tau_{xy} = \tau_{yx}.$$

Dieser Zusammenhang ist bereits als Satz von den zugeordneten Schubspannungen bekannt (siehe Kapitel 3.4.2).

8.2.2 Spannungen an einem gedrehten Volumenelement

Die Spannungen σ_α und τ_α an einem gedrehten Volumenelement, Bild **8-3**c, erhält man durch Gleichgewichtsbetrachtungen an einem aus dem Volumenelement in Bild **8-2** herausgeschnittenen Dreieck, Bild **8-3**a. Die Gleichgewichtsbedingungen verlangen, dass die Spannungen zunächst in Kräfte umgerechnet, d. h. mit der Angriffsfläche der Spannung multipliziert werden müssen. Die Kraft in σ_α-Richtung ist somit $\sigma_\alpha \cdot A$, die Kraft in x-Richtung ergibt sich als $\sigma_x \cdot A \cdot \cos\alpha$, usw., Bild **8-3**b.

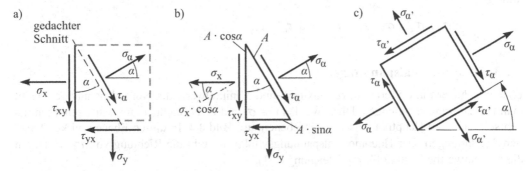

Bild 8-3 Spannungen an einem gedrehten Volumenelement
    a) Gedachter Schnitt durch ein Volumenelement, Bild **8-2**, unter einem Winkel α
    b) Ermittlung von σ_α und τ_α an der um α geneigten Schnittfläche
    c) Um den Winkel α gedrehtes Volumenelement mit den Normalspannungen σ_α und σ_α'
       sowie den Schubspannungen $\tau_\alpha = \tau_\alpha$'

Somit folgt für die Gleichgewichtsbedingung in σ_α-Richtung:

↗: $\quad \sigma_\alpha \cdot A - \sigma_x \cdot \cos\alpha \cdot A \cdot \cos\alpha - \sigma_y \cdot \sin\alpha \cdot A \cdot \sin\alpha$

$\quad\quad - \tau_{yx} \cdot \cos\alpha \cdot A \cdot \sin\alpha - \tau_{xy} \cdot \sin\alpha \cdot A \cdot \cos\alpha = 0$ $\hfill$ (8.1).

Die Gleichgewichtsbedingung in τ_α-Richtung lautet:

↘: $\quad \tau_\alpha \cdot A - \sigma_x \cdot \sin\alpha \cdot A \cdot \cos\alpha + \sigma_y \cdot \cos\alpha \cdot A \cdot \sin\alpha$

$\quad\quad - \tau_{yx} \cdot \sin\alpha \cdot A \cdot \sin\alpha + \tau_{xy} \cdot \cos\alpha \cdot A \cdot \cos\alpha = 0$ $\hfill$ (8.2).

Mit $2\cos^2\alpha = 1 + \cos\alpha$, $2\sin^2\alpha = 1 - \cos 2\alpha$ und $2\sin\alpha \cdot \cos\alpha = \sin 2\alpha$ erhält man die Spannung σ_α und τ_α für ein gedrehtes Volumenelement, Bild **8-3**c:

$$\boxed{\sigma_\alpha = \frac{\sigma_x + \sigma_y}{2} + \frac{\sigma_x - \sigma_y}{2} \cdot \cos 2\alpha + \tau_{xy} \cdot \sin 2\alpha}$$ $\hfill$ (8.3),

$$\tau_\alpha = \frac{\sigma_x - \sigma_y}{2} \cdot \sin 2\alpha - \tau_{xy} \cdot \cos 2\alpha \qquad\qquad (8.4),$$

σ_α und τ_α sind somit abhängig von den Spannungen σ_x, σ_y und τ_{xy} des nichtgedrehten Elements, Bild **8-2**, sowie vom Drehwinkel α, Bild **8-3**c.

Die Spannungen σ_α' und τ_α' ergeben sich für den Winkel $\alpha + 90°$:

$$\sigma_\alpha' = \sigma_\alpha(\alpha + 90°) \qquad\qquad (8.5),$$

$$\tau_\alpha' = \tau_\alpha(\alpha + 90°) \qquad\qquad (8.6).$$

Für den Winkel $\alpha = 0°$ erhält man somit

$$\sigma_\alpha = \sigma_x, \ \sigma_\alpha' = \sigma_y, \ \tau_\alpha = -\tau_{xy} \ \text{und} \ \tau_\alpha' = -\tau_{yx}$$

und für $\alpha = 90°$

$$\sigma_\alpha = \sigma_y, \ \sigma_\alpha' = \sigma_x, \ \tau_\alpha = \tau_{yx} \ \text{und} \ \tau_\alpha' = \tau_{xy}.$$

8.2.3 Hauptnormalspannungen

σ_α und τ_α ändern ihre Werte mit α. Maximal- und Minimalwerte der Normalspannungen nennt man Hauptnormalspannungen. Diese werden mit σ_1 und σ_2 bezeichnet und treten senkrecht zu den so genannten Hauptnormalspannungsebenen auf, Bild 8-4. In diesen Ebenen wirken keine Schubspannungen. Der Hauptnormalspannungswinkel α_H gibt die Richtung von σ_1 an. Durch die Extremwertbedingung für σ_α, Gleichung (8.3),

$$\frac{d\sigma_\alpha}{d\alpha} = 0$$

oder mit $\tau_\alpha = 0$, Gleichung (8.4), erhält man

$$\frac{\sigma_x - \sigma_y}{2} \cdot \sin 2\alpha - \tau_{xy} \cdot \cos 2\alpha = 0 \qquad\qquad (8.7).$$

Daraus lässt sich der Hauptspannungswinkel α_H, Bild 8-4, ermitteln:

$$\tan 2\alpha_H = \frac{2\tau_{xy}}{\sigma_x - \sigma_y} \qquad\qquad (8.8).$$

Setzt man in Gleichung (8.3) die Winkel α_H und $\alpha_H + 90°$ ein, so erhält man nach einigen Umformungen die Hauptnormalspannungen σ_1 und σ_2:

$$\sigma_1 = \frac{\sigma_x + \sigma_y}{2} + \sqrt{\left(\frac{\sigma_x - \sigma_y}{2}\right)^2 + \tau_{xy}^2} = \sigma_{max} \qquad\qquad (8.9),$$

$$\sigma_2 = \frac{\sigma_x + \sigma_y}{2} - \sqrt{\left(\frac{\sigma_x - \sigma_y}{2}\right)^2 + \tau_{xy}^2} = \sigma_{min} \qquad\qquad (8.10),$$

σ_1 ist stets die größte und σ_2 die kleinste Normalspannung, die am Volumenelement angreift, Bild 8-4.

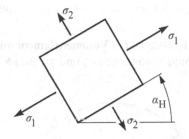

Bild 8-4
Hauptnormalspannungen σ_1 und σ_2 und
Hauptspannungswinkel α_H am Volumenelement

8.2.4 Hauptschubspannung

Die an einem gedrehten Element, Bild **8-3c**, auftretende maximale Schubspannung nennt man Hauptschubspannung τ_H. Die Ebenen der Hauptschubspannung, Bild 8-5, erhält man mit Gleichung (8.4) und der Bedingung

$$\frac{d\tau_\alpha}{d\alpha} = 0.$$

Für den Winkel α_S, Bild 8-5, gilt somit

$$\boxed{\cot 2\alpha_S = -\frac{2\tau_{xy}}{\sigma_x - \sigma_y}} \tag{8.11}$$

und mit Gleichung (8.4) erhält man die Hauptschubspannung

$$\boxed{\tau_H = \pm\sqrt{\left(\frac{\sigma_x - \sigma_y}{2}\right)^2 + \tau_{xy}^2}} \tag{8.12}.$$

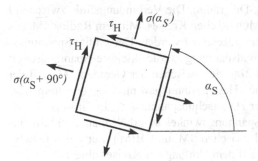

Bild 8-5
Hauptschubspannung τ_H und Winkel α_S

Die Hauptschubspannungsebenen sind jedoch nicht normalspannungsfrei. Es treten die Normalspannungen $\sigma(\alpha_S)$ und $\sigma(\alpha_S+90°)$ auf. Diese lassen sich mit Gleichung (8.3) berechnen.

8.2.5 MOHRscher Spannungskreis

Der MOHRsche Spannungskreis, Bild **8-6**b, erlaubt die grafische Darstellung des Zusammenhangs zwischen den Spannungen σ_x, σ_y, τ_{xy} und den Spannungen σ_α, τ_α sowie den Hauptspannungen σ_1, σ_2, τ_H in einem einzigen σ_α-τ_α-Diagramm.

Ausgangspunkt für die Konstruktion des MOHRschen Kreises ist ein Volumenelement mit den bekannten Spannungen σ_x, σ_y und τ_{xy} sowie den gesuchten Spannungen σ_α und τ_α, Bild **8-6**a.

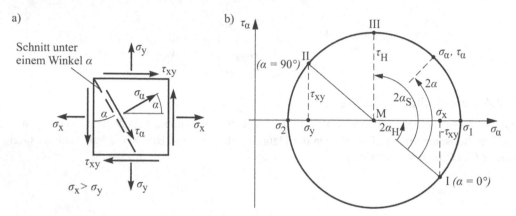

Bild 8-6 Konstruktion des MOHRschen Spannungskreises
    a) Volumenelement mit den bekannten Spannungen σ_x, σ_y und τ_{xy} sowie den zu ermittelnden Spannungen σ_α und τ_α
    b) MOHRscher Spannungskreis im σ_α-τ_α-Diagramm mit den Hauptnormalspannungen σ_1 und σ_2, der Hauptschubspannung τ_H, dem Hauptspannungswinkel α_H und dem Hauptschubspannungswinkel α_S

Dargestellt werden alle Spannungen in einem σ_α-τ_α-Diagramm, Bild **8-6**b. Dort trägt man zunächst die Spannungen σ_x und σ_y ein. Vergleicht man nun in Bild **8-6**a σ_α und τ_α mit σ_x und τ_{xy}, so erhält man für $\alpha = 0°$ $\sigma_\alpha = \sigma_x$ und $\tau_\alpha = -\tau_{xy}$. Dieses Spannungspaar ergibt im σ_α-τ_α-Diagramm, Bild **8-6**b, den Punkt I. Mit der gleichen Überlegung erhält man für $\alpha = 90°$ $\sigma_\alpha = \sigma_y$ und $\tau_\alpha = \tau_{xy}$ und somit Punkt II im σ_α-τ_α-Diagramm. Die Verbindungslinie zwischen I und II, Bild **8-6**b, führt zum Mittelpunkt M des MOHRschen Kreises. Mit dem Radius $\overline{IM}$ des Kreises kann der MOHRsche Spannungskreis nun gezeichnet werden. Der größte Spannungswert auf der σ_α-Achse entspricht der Hauptnormalspannung σ_1, der kleinste Spannungswert der Hauptnormalspannung σ_2. Aus dem Winkel $2\alpha_H$, der zwischen der Geraden $\overline{IM}$ und der σ_α-Achse abgelesen werden kann, lässt sich der Hauptspannungswinkel α_H ermitteln. Der größte Wert der Schubspannung τ_α entspricht der Hauptschubspannung τ_H. Er ist in Bild **8-6**b als Punkt III gekennzeichnet. Den Hauptschubspannungswinkel α_S erhält man ebenfalls aus dem MOHRschen Spannungskreis ($2\alpha_S$: Winkel zwischen $\overline{IM}$ und $\overline{IIIM}$). Für einen beliebigen Winkel α kann man die Werte für σ_α und τ_α auf dem Umfang des Kreises ablesen.

Vergleicht man die Gegebenheiten beim MOHRschen Spannungskreis mit den Formeln für σ_1, σ_2 und τ_H, Gleichungen (8.9), (8.10) und (8.12), so erkennt man, dass der Term

$$\frac{\sigma_x + \sigma_y}{2}$$

den Mittelpunkt des Kreises beschreibt und der Ausdruck

$$\sqrt{\left(\frac{\sigma_x - \sigma_y}{2}\right)^2 + \tau_{xy}{}^2}$$

dem Radius des Kreises und somit der Hauptschubspannung τ_H entspricht.

Beispiel 8-1   ***

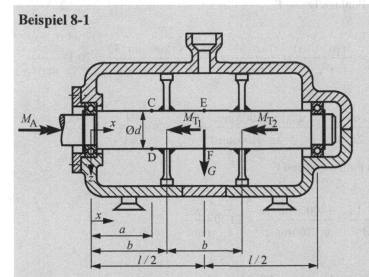

Die Welle eines Mischers, an der vier Schaufeln befestigt sind, wird durch ein Antriebsmoment M_A angetrieben. Die dargestellten Schaufelpaare nehmen jeweils die Torsionsmomente M_{T1} und M_{T2} ab. Das Gewicht G der Welle und der Schaufeln kann als Einzelkraft im Schwerpunkt bei $l/2$ angenommen werden.

Man bestimme

a) den Biege- und Torsionsmomentenverlauf entlang der Mischerwelle,

b) die Biegespannungen in den Punkten D und F,

c) die Schubspannungen in den Punkten D und F ,

d) die Hauptnormalspannung σ_I und die Hauptschubspannung τ_H in den Punkten D und F sowie

e) die MOHRschen Spannungskreise für die Punkte D und F.

geg.: $M_A = 14000$ Nm, $M_{T1} = M_{T2} = 7000$ Nm, $G = 5000$ N, $a = 800$ mm, $b = 1000$ mm, $l = 3000$ mm, $d = 100$ mm

Lösung:

a) Biege- und Torsionsmomentenverlauf

$$M_B(x) = \frac{G}{2} \cdot x$$

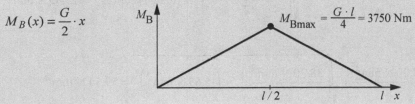

$$M_{Bmax} = \frac{G \cdot l}{4} = 3750 \text{ Nm}$$

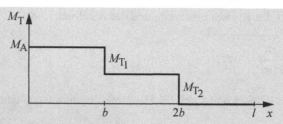

b) Biegespannungen in den Punkten D und F

Punkt D:

$$\sigma_D = \frac{M_B(x=a)}{I_y} \cdot z_{max} = \frac{M_B(x=a)}{W_y} = \frac{G \cdot a \cdot 32}{2\pi \cdot d^3} = \frac{5000\,\text{N} \cdot 800\,\text{mm} \cdot 32}{2\pi \cdot (100\,\text{mm})^3} = 20,37\frac{\text{N}}{\text{mm}^2}$$

Punkt F:

$$\sigma_F = \frac{M_B(x=l/2)}{W_y} = \frac{G \cdot l \cdot 32}{2 \cdot 2\pi \cdot d^3} = \frac{5000\,\text{N} \cdot 3000\,\text{mm} \cdot 32}{2 \cdot 2\pi \cdot (100\,\text{mm})^3} = 38,20\frac{\text{N}}{\text{mm}^2}$$

c) Schubspannungen in den Punkten D und F

Punkt D:

$$\tau_D = \frac{M_T(x=a)}{W_P} = \frac{M_A \cdot 16}{\pi \cdot d^3} = \frac{14000\,\text{Nm} \cdot 16}{\pi \cdot (100\,\text{mm})^3} = 71,30\frac{\text{N}}{\text{mm}^2}$$

Punkt F:

$$\tau_F = \frac{M_T(x=l/2)}{W_P} = \frac{(M_A - M_{T1}) \cdot 16}{\pi \cdot d^3} = \frac{7000\,\text{Nm} \cdot 16}{\pi \cdot (100\,\text{mm})^3} = 35,65\frac{\text{N}}{\text{mm}^2}$$

d) Hauptnormalspannung σ_1 und Hauptschubspannung τ_H in den Punkten D und F

Punkt D:

$$\sigma_{1D} = \frac{\sigma_x + \sigma_y}{2} + \sqrt{\left(\frac{\sigma_x - \sigma_y}{2}\right)^2 + \tau_{xy}^2}$$

$$= \frac{20,37\,\text{N/mm}^2}{2} + \sqrt{\left(\frac{20,37\,\text{N/mm}^2}{2}\right)^2 + \left(71,30\,\text{N/mm}^2\right)^2} = 82,21\,\text{N/mm}^2$$

$$\tau_H = \sqrt{\left(\frac{\sigma_x - \sigma_y}{2}\right)^2 + \tau_{xy}^2} = \sqrt{\left(\frac{20,37\,\text{N/mm}^2}{2}\right)^2 + \left(71,30\,\text{N/mm}^2\right)^2} = 72,03\,\text{N/mm}^2$$

Punkt F:

$$\sigma_{1F} = \frac{38,20\,\text{N/mm}^2}{2} + \sqrt{\left(\frac{38,20\,\text{N/mm}^2}{2}\right)^2 + \left(35,65\,\text{N/mm}^2\right)^2} = 59,54\,\text{N/mm}^2$$

$$\tau_H = \sqrt{\left(\frac{\sigma_x - \sigma_y}{2}\right)^2 + \tau_{xy}^2} = \sqrt{\left(\frac{38,20\,\text{N/mm}^2}{2}\right)^2 + \left(35,65\,\text{N/mm}^2\right)^2} = 40,44\,\text{N/mm}^2$$

e) MOHRscher Spannungskreis für die Punkte D und F

Punkt D: Punkt F:

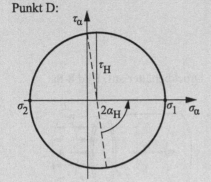
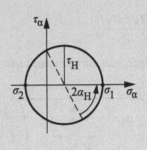

8.2.6 Sonderfälle des ebenen Spannungszustandes

Bei einem allgemeinen ebenen Spannungszustand wirken an einem Volumenelement des Bauteils oder der Struktur die Normalspannungen σ_x und σ_y sowie die Schubspannung τ_{xy}, Bild **8-1**e und Bild **8-2**.

Sonderfälle des allgemeinen ebenen Spannungszustands liegen vor, wenn nicht alle Spannungen gleichzeitig wirken. Diese Sonderfälle und die Darstellung mit dem MOHRschen Spannungskreis werden nachfolgend beschrieben.

8.2.6.1 Zweiachsiger Spannungszustand

Ein zweiachsiger Spannungszustand, Bild **8-7**, ist gekennzeichnet durch $\sigma_x \neq 0$, $\sigma_y \neq 0$ und $\tau_{xy} = 0$.

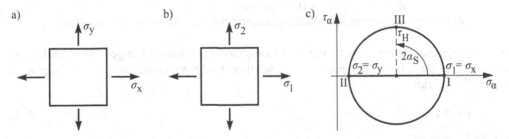

Bild 8-7 Zweiachsiger Spannungszustand
    a) Volumenelement mit den Spannungen σ_x, σ_y ($\tau_{xy} = 0$)
    b) Volumenelement mit den Hauptspannungen σ_1 und σ_2 ($\alpha_H = 0$)
    c) MOHRscher Spannungskreis für den zweiachsigen Spannungszustand mit $\sigma_1 = \sigma_x$, $\sigma_2 = \sigma_y$,
       $\tau_H = (\sigma_x - \sigma_y)/2$ und $\alpha_S = 45°$

Die Hauptnormalspannungen σ_1 und σ_2, Bild **8-7b**, erhält man mit den Gleichungen (8.9) und (8.10) oder dem MOHRschen Spannungskreis, Bild **8-7c**:

$$\sigma_1 = \sigma_x \,, \quad \sigma_2 = \sigma_y \,.$$

Die Hauptschubspannung τ_H ergibt sich mit Gleichung (8.12) oder dem MOHRschen Spannungskreis, Bild **8-7c**, als

$$\tau_H = \frac{\sigma_x - \sigma_y}{2} \,.$$

Ein zweiachsiger Spannungszustand tritt u. a. in einem Druckbehälter auf, Bild **8-8a**.

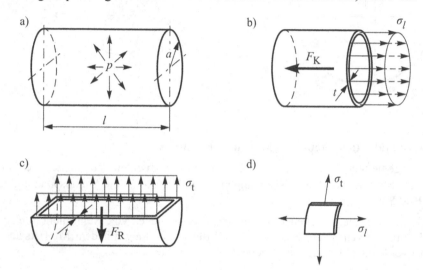

Bild 8-8 Zweiachsiger Spannungszustand in einem dünnwandigen Druckbehälter unter Innendruck
a) Behälter mit dem Innendruck p, der Länge l, dem Radius a und der Wanddicke t
b) Gedanklich aufgeschnittener Behälter mit resultierender Druckkraft F_K und der Längsspannung σ_l in der Behälterwand
c) Gedanklich aufgeschnittener Druckbehälter mit der resultierenden Druckkraft F_R und der Tangentialspannung σ_t in der Behälterwand
d) Volumenelement mit den Spannungen σ_l und σ_t (zweiachsiger Spannungszustand)

Der dünnwandige Behälter steht unter dem Innendruck p. Er hat die Länge l, den Durchmesser $2a$ und die Dicke t. Die Längsspannung im Behälter, Bild **8-8b**, errechnet sich mit der resultierenden Druckkraft

$$F_K = p \cdot \pi \cdot a^2 \tag{8.13}$$

mit der Beziehung

$$\sigma_l = \frac{F_K}{A_K} \tag{8.14},$$

wobei $A_K = 2\pi \cdot a \cdot t$ die Querschnittsfläche des dünnwandigen Behälters, Bild **8-8b**, darstellt. Damit folgt für die Längsspannung

$$\sigma_l = \frac{p \cdot \pi \cdot a^2}{2 \cdot \pi \cdot a \cdot t} = \frac{p \cdot a}{2t} \qquad (8.15).$$

Diese Gleichung wird auch als *erste Kesselformel* bezeichnet.

Die Tangentialspannung σ_t, Bild **8-8c**, errechnet sich mit $F_R = p \cdot 2a \cdot l$ in ähnlicher Weise:

$$\sigma_t = \frac{F_R}{A_R} = \frac{p \cdot 2a \cdot l}{2l \cdot t} = \frac{p \cdot a}{t} \qquad (8.16).$$

Gleichung (8.16) wird auch *zweite Kesselformel* genannt. σ_l und σ_t bilden einen zweiachsigen Spannungszustand, Bild **8-8d**, wobei σ_t doppelt so groß ist wie σ_l.

8.2.6.2   *Allseitiger Zug*

Der allseitige Zug (oder auch Druck) stellt einen Sonderfall des zweiachsigen Spannungszustands dar, Bild **8-9**. In diesem Fall ist $\sigma_x = \sigma_y = \sigma$ und $\tau_{xy} = 0$.

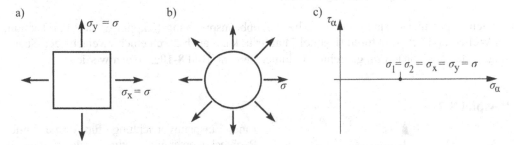

Bild 8-9 Allseitiger Zug
a) Volumenelement mit den Spannungen $\sigma_x = \sigma_y = \sigma$, $\tau_{xy} = 0$
b) Allseitiger Zugspannungszustand in einer Kreisscheibe
c) Der MOHRsche Spannungskreis für allseitigen Zug (oder Druck) schrumpft zu einem Punkt zusammen: $\sigma_1 = \sigma_2 = \sigma$, ($\tau_H = 0$)

Die Hauptnormalspannungen errechnen sich mit den Gleichungen (8.9) und (8.10) oder lassen sich im σ_α-τ_α-Diagramm, Bild **8-9c**, ablesen:

$$\sigma_1 = \sigma_2 = \sigma .$$

Allseitiger Zug herrscht auch in einem kugelförmigen, dünnwandigen Druckbehälter oder Druckkessel. Für den Innendruck p, den Durchmesser $2a$ und die Wanddicke t errechnet sich die Tangentialspannung σ_t in der Kesselwand mit

$$\sigma_t = \frac{p \cdot a}{2t} \qquad (8.17).$$

8.2.6.3   *Reiner Schub*

Ein reiner Schubspannungszustand liegt vor, wenn $\sigma_x = \sigma_y = 0$ und $\tau_{xy} = \tau$ ist, Bild **8-10**. In diesem Fall lassen sich die Hauptspannungen mit den Gleichungen (8.9), (8.10) und (8.12) oder mit dem MOHRschen Spannungskreis, Bild **8-10**b, bestimmen: $\sigma_1 = \tau$, $\sigma_2 = -\tau$ und $\tau_H = \tau$ sowie $\alpha_H = 45°$.

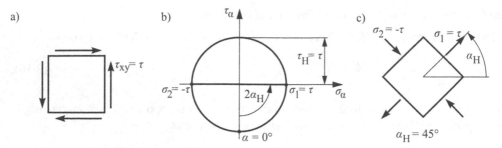

Bild 8-10 Reine Schubbeanspruchung
- a) Volumenelement bei reiner Schubbeanspruchung $\tau_{xy} = \tau$
- b) MOHRscher Spannungskreis mit $\sigma_1 = \tau$, $\sigma_2 = -\tau$ und $\tau_H = \tau$
- c) Gedrehtes Volumenelement mit einem (dem Schubspannungszustand äquivalenten) zweiachsigen Spannungszustand

Der Schubspannungszustand, der u. a. bei Schubbeanspruchung (Kapitel 6) und bei Torsion von Wellen und Tragstrukturen (Kapitel 7) auftritt, kann auch durch einen zweiachsigen Spannungszustand für ein um α_H gedrehtes Volumenelement, Bild **8-10**c, ersetzt werden.

Beispiel 8-2   ***

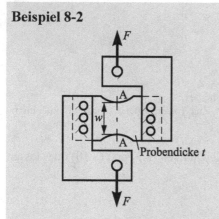

Eine Einspannvorrichtung für Proben mit Rechteckquerschnitt zur Materialuntersuchung wird in einer Prüfmaschine mit einer Kraft F in der dargestellten Weise belastet.

Man bestimme im Querschnitt A-A der Probe

- a) die Schnittgrößen,
- b) die maximale Schubspannung sowie
- c) die Hauptnormalspannung σ_1 und die Hauptschubspannung τ_H.

geg.: $F = 15$ kN, $w = 90$ mm, $t = 10$ mm

Lösung:

a) Schnittgrößen im Querschnitt A-A

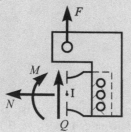

$\rightarrow:\quad N = 0$

$\downarrow:\quad Q = -F$

$\curvearrowright:\quad M = 0$

b) Maximale Schubspannung (siehe Kapitel 6.3.1.1)

$$\tau_{max} = \frac{3}{2}\tau_m = \frac{3}{2}\frac{Q}{A} = \frac{3}{2}\cdot\frac{-15000\,N}{90\,mm\cdot10\,mm} = -25\,\frac{N}{mm^2}$$

c) Hauptnormalspannung σ_1 und Hauptschubspannung τ_H.

$$\sigma_1 = \frac{\sigma_x+\sigma_y}{2} + \sqrt{\left(\frac{\sigma_x-\sigma_y}{2}\right)^2 + \tau_{xy}^{\,2}} = \tau_{max} = 25\,\frac{N}{mm^2}$$

$$\tau_H = \sqrt{\left(\frac{\sigma_x-\sigma_y}{2}\right)^2 + \tau_{xy}^{\,2}} = \tau_{max} = 25\,\frac{N}{mm^2}$$

Mohrscher Spannungskreis:

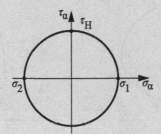

8.2.6.4 Einachsiger Zug

Im Prinzip stellt auch der einachsige Spannungszustand, wie er bei Stäben und Stabsystemen (Kapitel 4) und bei der Biegung von Balken und balkenartigen Strukturen auftritt (Kapitel 5.2 und 5.6), einen Sonderfall des ebenen Spannungszustands dar, für den $\sigma_x = \sigma$, $\sigma_y = \tau_{xy} = 0$ gilt, Bild **8-11**a. In diesem Fall ist $\sigma_1 = \sigma$, $\sigma_2 = 0$ und $\tau_H = \sigma/2$ (siehe Bild **8-11**b und Kapitel 3.3).

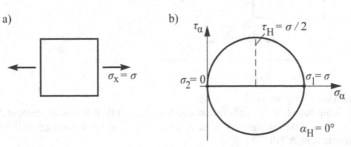

Bild 8-11 Einachsiger Zug
    a) Volumenelement mit $\sigma_x = \sigma\,(\sigma_y = \tau_{xy} = 0)$
    b) MOHRscher Spannungskreis mit $\sigma_1 = \sigma$, $\sigma_2 = 0$ und $\tau_H = \sigma/2$

8.3   Ebener Verzerrungszustand

Eine beliebig belastete Scheibe, Bild **8-12**a, mit den Spannungskomponenten σ_x, σ_y und τ_{xy} (siehe Kapitel 8.2.1), wird infolge der Belastung verformt. Dabei wird das Volumenelement ABCD, Bild **8-12**a, verschoben und verzerrt, Bild **8-12**b. Der Verschiebungsvektor $\vec{u}$ besteht aus den Komponenten u und v in x- und in y-Richtung. Die Verzerrungen (siehe auch Kapitel 3.4.3) setzen sich aus den Dehnungen ε_x und ε_y in x- und in y-Richtung und der Schubverformung γ_{xy} zusammen. Dabei werden die Dehnungen durch die Normalspannungen und die Schubverformung (Schiebung) durch die Schubspannung hervorgerufen.

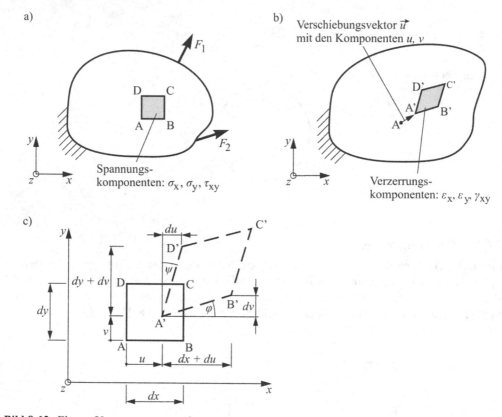

Bild 8-12   Ebener Verzerrungszustand
  a) Beliebig belastete, unverformte ebene Scheibe mit dem Volumenelement ABCD
  b) Infolge der Belastung verformte Scheibe mit dem verschobenen und verzerrten Volumenelement A'B'C'D'
  c) Darstellung der Verschiebungen und Verzerrungen an dem vergrößert dargestellten unverformten und verformten Volumenelement

Die Dehnung in x-Richtung ergibt sich mit der Längenänderung du des Volumenelements in x-Richtung und der Ausgangslänge dx, Bild **8-12**c:

$$\boxed{\varepsilon_x = \frac{du}{dx}}$$

(8.18).

Für die Dehnung in y-Richtung gilt analog

$$\boxed{\varepsilon_y = \frac{dv}{dy}}$$ (8.19).

Die Schubverformung (Schiebung) setzt sich aus den Winkeländerungen φ und ψ, Bild **8-12c**, zusammen. Somit gilt

$$\boxed{\gamma_{xy} = \varphi + \psi = \frac{dv}{dx} + \frac{du}{dy}}$$ (8.20),

wobei φ und ψ wegen der i. Allg. geringen Verformungen kleine Winkel darstellen.

8.4 Verallgemeinertes HOOKEsches Gesetz

Beim einachsigen Spannungszustand gilt das HOOKEsche Gesetz nach Gleichung (3.22). Bei reiner Schubbeanspruchung kommt das HOOKEsche Gesetz nach Gleichung (3.27) zum Einsatz. Auch bei allgemeiner ebener Beanspruchung existiert ein linearer Zusammenhang zwischen den Spannungen und den Verzerrungen. Dabei unterscheidet man zwischen dem HOOKEschen Gesetz bei ebenem Spannungszustand und dem HOOKEschen Gesetz bei ebenem Verzerrungszustand.

8.4.1 HOOKEsches Gesetz beim ebenem Spannungszustand

Beim ebenen Spannungszustand wirken alle auftretenden Spannungen (σ_x, σ_y, τ_{xy}) in der x-y-Ebene, Bild **8-2**. Eine Spannung σ_z in z-Richtung tritt nicht auf. Allerdings ergibt sich aufgrund der Querdehnung (siehe auch Kapitel 3.5.5) in z-Richtung eine Dehnung ε_z. Das HOOKEsche Gesetz lautet somit

$$\varepsilon_x = \frac{1}{E} \cdot (\sigma_x - v \cdot \sigma_y)$$ (8.21),

$$\varepsilon_y = \frac{1}{E} \cdot (\sigma_y - v \cdot \sigma_x)$$ (8.22),

$$\varepsilon_z = -\frac{v}{E} \cdot (\sigma_x + \sigma_y)$$ (8.23),

$$\gamma_{xy} = \frac{\tau_{xy}}{G}$$ (8.24)

oder in der Umkehrung

$$\sigma_x = \frac{E}{1 - v^2} \cdot (\varepsilon_x + v \cdot \varepsilon_y)$$ (8.25),

$$\sigma_y = \frac{E}{1-v^2} \cdot (\varepsilon_y + v \cdot \varepsilon_x) \tag{8.26},$$

$$\tau_{xy} = G \cdot \gamma_{xy} \tag{8.27}.$$

8.4.2 HOOKEsches Gesetz beim ebenen Verzerrungszustand

Beim ebenen Verzerrungszustand treten lediglich die Dehnungen ε_x, ε_y und γ_{xy} in der x-y-Ebene auf, Bild **8-12**. Da die Dehnung in z-Richtung in diesem Fall unterdrückt wird ($\varepsilon_z = 0$), entsteht eine Normalspannung σ_z in z-Richtung. Somit lautet das HOOKEsche Gesetz:

$$\varepsilon_x = \frac{1+v}{E} \cdot [(1-v) \cdot \sigma_x - v \cdot \sigma_y] \tag{8.28},$$

$$\varepsilon_y = \frac{1+v}{E} \cdot [(1-v) \cdot \sigma_y - v \cdot \sigma_x] \tag{8.29},$$

$$\gamma_{xy} = \frac{\tau_{xy}}{G} \tag{8.30},$$

$$\sigma_z = v \cdot (\sigma_x + \sigma_y) \tag{8.31}.$$

Die Umkehrung der Gleichungen liefert

$$\sigma_x = \frac{2G}{1-2v} \cdot [(1-v) \cdot \varepsilon_x + v \cdot \varepsilon_y] \tag{8.32},$$

$$\sigma_y = \frac{2G}{1-2v} \cdot [(1-v) \cdot \varepsilon_y + v \cdot \varepsilon_x] \tag{8.33},$$

$$\sigma_z = \frac{2G}{1-2v} \cdot v \cdot (\varepsilon_x + \varepsilon_y) \tag{8.34},$$

$$\tau_{xy} = G \cdot \gamma_{xy} \tag{8.35}.$$

Beispiel 8-3   ***

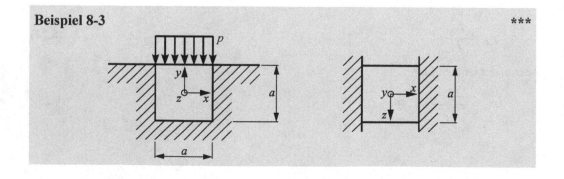

Ein elastischer Würfel aus Aluminium wird durch einen Druck p in eine Nut gepresst, deren Wandungen ideal starr sind.

Bestimmen Sie

a) die vom Würfel auf die Wandung ausgeübte Druckspannung und

b) die Längenänderung des Würfels in y- und z-Richtung.

geg.: $p = 100$ N/mm², $a = 10$ cm, $v = 0,3$, $E = 70000$ N/mm²

Lösung:

a) Auf die Wandung ausgeübte Druckspannung

Da sich der Würfel in z-Richtung ausdehnen kann, liegt ein ebener Spannungszustand vor. Es gilt das Hooksche Gesetz:

$$\varepsilon_x = \frac{1}{E} \cdot (\sigma_x - v \cdot \sigma_y)$$

mit $\sigma_y = -p = -100$ N/mm² und $\varepsilon_x = 0$ (starre Wandung)

$$\varepsilon_x = \frac{1}{E} \cdot (\sigma_x - v \cdot \sigma_y) = 0 \quad \Rightarrow \quad \sigma_x = v \cdot \sigma_y = 0,3 \cdot (-100 \text{ N/mm}^2) = -30 \text{ N/mm}^2$$

b) Längenänderung in y- und z-Richtung

y-Richtung:

$$\varepsilon_y = \frac{1}{E} \cdot (\sigma_y - v \cdot \sigma_x) = \frac{1}{70000 \text{ N/mm}^2} \cdot \left(-100 \text{ N/mm}^2 + 0,3 \cdot 30 \text{ N/mm}^2\right) = -1,3 \cdot 10^{-3}$$

$$\Delta y = \varepsilon_y \cdot a = -1,3 \cdot 10^{-3} \cdot 100 \text{ mm} = -0,13 \text{ mm}$$

z-Richtung:

$$\varepsilon_z = -\frac{v}{E} \cdot (\sigma_x + \sigma_y) = \frac{-0,3}{70000 \text{ N/mm}^2} \cdot (-30 \text{ N/mm}^2 - 100 \text{ N/mm}^2) = 5,57 \cdot 10^{-4}$$

$$\Delta z = \varepsilon_z \cdot a = 5,57 \cdot 10^{-4} \cdot 100 \text{ mm} = 0,06 \text{ mm}$$

8.5   Festigkeitsberechnung bei mehrachsigen Spannungszuständen

Unterliegt ein Bauteil einem mehrachsigen Spannungszustand, stellt sich die Frage, wann mit zunehmender Belastung die Festigkeitsgrenze erreicht wird. Da aufwändige Bauteilversuche meist nicht möglich sind, ermittelt man aus den im Bauteil herrschenden Normal- und Schubspannungen eine Vergleichsspannung σ_V. Diese wird dann den Werkstoffdaten des einachsigen Zugversuchs gegenübergestellt bzw. mit der entsprechenden zulässigen Spannung σ_{zul} verglichen. Für die Ermittlung der Vergleichsspannung σ_V haben sich die in Kapitel 8.5.2 dargestellten Festigkeitshypothesen bewährt.

8.5.1 Festigkeitsbedingung

Ein Festigkeitsnachweis ist erbracht, wenn die wirksame Spannung kleiner ist als die zulässige Spannung (siehe auch Kapitel 2.1). Als wirksame Spannung gilt bei mehrachsigen Spannungszuständen die Vergleichsspannung σ_V, die aus den Spannungskomponenten mittels einer geeigneten Hypothese ermittelt werden muss (siehe Kapitel 8.5.2). Somit lautet die Festigkeitsbedingung

$$\boxed{\sigma_V \le \sigma_{zul}} \tag{8.36}.$$

Die zulässige Spannung ergibt sich aus den Materialkennwerten des einachsigen Zugversuchs, Kapitel 3.5.1, und einem für den gewählten Festigkeitsnachweis zutreffenden Sicherheitsfaktor.

Soll plastische Verformung des Materials ausgeschlossen werden, so gilt

$$\boxed{\sigma_{zul} = \frac{R_{p0.2}}{S_F}} \tag{8.37}.$$

Falls der Werkstoff eine ausgeprägte Streckgrenze aufweist, wird anstatt $R_{p0,2}$ der Streckgrenzenwert R_e eingesetzt. Beim Nachweis gegen plastische Verformung kann die Vergleichsspannung σ_V mit der Schubspannungshypothese oder der Gestaltänderungsenergiehypothese ermittelt werden. Die zuletzt genannte Hypothese wird in der Praxis sehr häufig eingesetzt.

Bei Berechnung gegen Bruch ergibt sich σ_{zul} mit der nachfolgenden Beziehung:

$$\boxed{\sigma_{zul} = \frac{R_m}{S_B}} \tag{8.38}.$$

Bei sprödem Material oder erwartetem Sprödbruch wird die Vergleichsspannung nach der Normalspannungshypothese ermittelt. Die Materialkennwerte $R_{p0,2}$ oder R_e und R_m sowie die erforderlichen Sicherheiten S_F oder S_B sind im Anhang A1 und A2 angegeben.

8.5.2 Festigkeitshypothesen

Mit den Festigkeitshypothesen wird die Vergleichsspannung σ_V ermittelt, die im Zuge eines Festigkeitsnachweises der zulässigen Spannung gegenüberzustellen ist, Kapitel 8.5.1. Bewährt haben sich die Normalspannungshypothese bei der Vermeidung von Sprödbruch und die Schubspannungshypothese sowie die Gestaltänderungsenergiehypothese bei der Vermeidung von plastischer Verformung bzw. Fließen des Materials.

8.5.2.1 Normalspannungshypothese (NH)

Die Normalspannungshypothese, auch NAVIER-Hypothese genannt, geht davon aus, dass die größte Hauptnormalspannung σ_1 (siehe z. B. Kapitel 8.2.3) für das Eintreten eines Bruches (insbesondere eines Sprödbruches) verantwortlich ist. Somit lautet die Hypothese

$$\boxed{\sigma_V = \sigma_1} \tag{8.39}.$$

Sie gilt sowohl für ebene als auch für räumliche (dreiachsige) Spannungszustände. Liegt ein ebener Spannungszustand vor, Kapitel 8.2, lässt sich σ_V unmittelbar aus den Spannungskomponenten σ_x, σ_y und τ_{xy} ermitteln:

$$\sigma_V = \frac{\sigma_x + \sigma_y}{2} + \frac{1}{2}\sqrt{(\sigma_x - \sigma_y)^2 + 4\tau_{xy}{}^2} \tag{8.40},$$

siehe auch Gleichung (8.9).

8.5.2.2 Schubspannungshypothese (SH)

Die Schubspannungshypothese, auch Hypothese nach TRESCA genannt, geht davon aus, dass der doppelte Wert der Hauptschubspannung τ_H (siehe z. B. Kapitel 8.2.4) für das Eintreten von plastischer Verformung verantwortlich ist. Somit lautet die Hypothese

$$\boxed{\sigma_V = 2\tau_H} \tag{8.41}.$$

Versteht man τ_H als maximal auftretende Schubspannung, so gilt die Hypothese sowohl für den ebenen als auch den räumlichen (dreiachsigen) Spannungszustand.

Für den ebenen Spannungszustand ergibt sich mit σ_1, σ_2 oder σ_x, σ_y und τ_{xy}

$$\sigma_V = \sigma_1 - \sigma_2 = \sqrt{(\sigma_x - \sigma_y)^2 + 4\tau_{xy}{}^2} \tag{8.42},$$

siehe auch Kapitel 8.2.4.

8.5.2.3 Gestaltänderungsenergiehypothese (GEH)

Die Gestaltänderungsenergiehypothese, auch von-MISES-Hypothese genannt, errechnet die Vergleichsspannung mit den Differenzen der Hauptnormalspannungen in den verschiedenen Ebenen eines dreiachsigen Spannungszustands.

Für den ebenen Spannungszustand gilt

$$\boxed{\sigma_V = \sqrt{\sigma_1{}^2 + \sigma_2{}^2 - \sigma_1 \cdot \sigma_2}} \tag{8.43}$$

bzw.

$$\sigma_V = \sqrt{\sigma_x{}^2 + \sigma_y{}^2 - \sigma_x \cdot \sigma_y + 3\tau_{xy}{}^2} \tag{8.44}.$$

Die Vergleichsspannung nach der GEH wird verwendet, wenn plastische Verformungen bei Bauteilen und Strukturen vermieden werden sollen.

8.6 Überlagerung grundlegender Belastungen

Ergänzend zu den Betrachtungen der grundlegenden Belastungen Zug, Druck, Biegung, Schub und Torsion, siehe Kapitel 3 bis 7, sowie der mehrachsigen Spannungs- und Verzerrungszustände, siehe die Kapitel 8.1 bis 8.5, sollen hier noch einige praxisrelevante Kombinationen grundlegender Belastungsfälle betrachtet werden. Hierzu zählen die Überlagerung von Zug- und Biegebelastung, die Kombination von Biege- und Torsionsbelastung und die Superposition von Zug- und Torsionsbelastung.

8.6.1 Zug- und Biegebelastung bei Balken und balkenartigen Strukturen

Bei der Kombination von Zug- (oder Druck-) und Biegebelastung von Balken oder balkenähnlichen Strukturen werden die Normalspannung infolge der Normalkraft und die Normalspannung infolge des Biegemomentes überlagert.

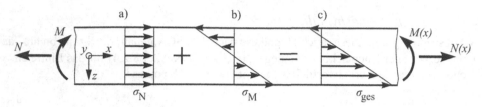

Bild 8-13 Überlagerung von Zug- und Biegebelastung in einem Balkenabschnitt
a) Zugspannung infolge der Normalkraft $N(x)$
b) Biegespannung infolge des Biegemomentes $M(x)$
c) Gesamtspannung infolge der Überlagerung von Zug- und Biegebelastung

Infolge der Normalkraft N wirkt die Normalspannung

$$\sigma_N = \sigma_x = \frac{N}{A} \tag{8.45},$$

siehe Gleichung (3.2) und Bild **8-13**a.

Das Biegemoment $M(x)$ bewirkt die Normalspannung

$$\sigma_M = \sigma_x = \frac{M}{I_y} \cdot z \tag{8.46},$$

betrachte Gleichung (5.13) und Bild **8-13**b.

Durch Überlagerung der Normalspannungen nach Gleichung (8.45) und Gleichung (8.46) ergibt sich die Spannungsverteilung

$$\sigma_{ges} = \frac{N}{A} + \frac{M}{I_y} \cdot z \tag{8.47},$$

siehe Bild **8-13**c.

Die maximale Gesamtspannung errechnet sich mit der Beziehung

$$\boxed{\sigma_{max} = \frac{N}{A} + \frac{M}{W_B}} \tag{8.48},$$

wobei sich die maximale Spannung bei Biegung mit Gleichung (5.21) errechnet und $W_B = W_y$ ist.

Beispiel 8-4   *******

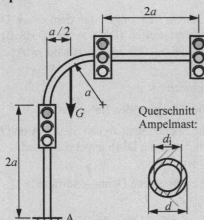

Querschnitt
Ampelmast:

Bestimmen Sie für die skizzierte Ampelanlage unter Berücksichtigung des Eigengewichts G von Ampelmast und des Eigengewichts F jeder Ampel an der Einspannstelle A des Ampelmastes

a) die Auflagerreaktionen,

b) die maximalen Normalspannungen infolge der Normalkraft und des Biegemoments sowie

c) die maximale Gesamtspannung.

geg.: Ampelgewicht $F = 100$ N, $G = 700$ N, $a = 1$ m, $d = 70$ mm, $d_i = 60$ mm

Lösung:

a) Auflagerreaktionen

Freischnitt:

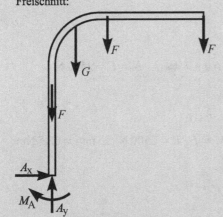

$$A_x = 0$$

$$A_y = 3F + G = 3 \cdot 100\,\text{N} + 700\,\text{N} = 1000\,\text{N}$$

$$M_A = -3F \cdot a - F \cdot a - G \cdot \frac{a}{2}$$

$$= -4 \cdot 100\,\text{N} \cdot 1\,\text{m} - 700\,\text{N} \cdot \frac{1}{2}\,\text{m}$$

$$= -750\,\text{Nm}$$

b) Maximale Normalspannungen σ_N und σ_M

$$\sigma_N = \frac{N}{A} = \frac{-A_y}{\frac{\pi}{4} \cdot (d^2 - d_i^2)} = \frac{-1000\,\text{N}}{\frac{\pi}{4} \cdot [(70\,\text{mm})^2 - (60\,\text{mm})^2]} = -0,98\,\frac{\text{N}}{\text{mm}^2}$$

$$\sigma_M = \frac{M}{W_B} = \frac{M_A}{\frac{\pi}{32d} \cdot (d^4 - d_i^4)} = \frac{-750000\,\text{Nmm} \cdot 32 \cdot 70\,\text{mm}}{\pi \cdot [(70\,\text{mm})^4 - (60\,\text{mm})^4]} = -48,40\,\frac{\text{N}}{\text{mm}^2}$$

c) Maximale Gesamtspannung

$$\sigma_{max} = \frac{N}{A} + \frac{M}{W_B} = -0,98\,\frac{\text{N}}{\text{mm}^2} - 48,40\,\frac{\text{N}}{\text{mm}^2} = -49,37\,\frac{\text{N}}{\text{mm}^2} \qquad \text{(Druckspannung maximal)}$$

Beispiel 8-5   *******

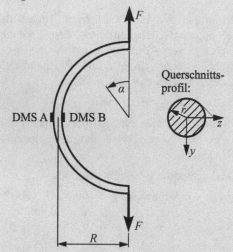

Auf einen Messbügel, an dem zwei Dehnungsmessstreifen (DMS A und DMS B) an der Stelle $\alpha = 90°$ appliziert sind, wirkt eine Kraft F.

Bestimmen Sie

a) die Schnittgrößen für $\alpha = 90°$,

b) die Spannungen an den Stellen A und B, an denen die DMS angebracht sind, sowie

c) die gemessene Dehnungsdifferenz $\varepsilon_B - \varepsilon_A$.

geg.: $F = 2500$ N, $R = 25$ mm, $r = 5$ mm, $E = 210000$ N/mm²

Lösung:

a) Schnittgrößen

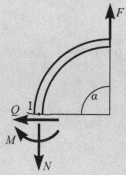

$$\downarrow: \quad N - F = 0 \quad \Rightarrow \quad N = F = 2500\,\text{N}$$

$$\leftarrow: \quad Q = 0$$

$$\curvearrowright: \quad M - F \cdot R = 0$$

$$\Rightarrow \quad M = F \cdot R = 2500\,\text{N} \cdot 25\,\text{mm} = 62,5\,\text{Nm}$$

b) Spannungen an den Stellen A und B

Stelle A:

$$\sigma_N = \frac{N}{A} = \frac{N}{\pi \cdot r^2} = \frac{2500\,\text{N}}{\pi \cdot (5\,\text{mm})^2} = 31,83\,\frac{\text{N}}{\text{mm}^2}$$

$$\sigma_{M,A} = -\frac{M}{W_B} = -\frac{M \cdot 32}{\pi \cdot d^3} = -\frac{62500\,\text{Nmm} \cdot 32}{\pi \cdot (2 \cdot 5\,\text{mm})^3} = -636,62\,\frac{\text{N}}{\text{mm}^2} \quad \text{(Druckspannung)}$$

$$\sigma_{max,A} = \sigma_N + \sigma_{M,A} = 31,83\,\frac{\text{N}}{\text{mm}^2} - 636,62\,\frac{\text{N}}{\text{mm}^2} = -604,79\,\frac{\text{N}}{\text{mm}^2}$$

Stelle B:

$$\sigma_{M,B} = \frac{M}{W_B} = 636,62\,\frac{\text{N}}{\text{mm}^2} \quad \text{(Zugspannung)}$$

$$\sigma_{max,B} = \sigma_N + \sigma_{M,B} = 31{,}83\,\frac{N}{mm^2} + 636{,}62\,\frac{N}{mm^2} = 668{,}45\,\frac{N}{mm^2}$$

b) Gemessene Dehnungsdifferenz $\varepsilon_B - \varepsilon_A$

$$\varepsilon_B - \varepsilon_A = \frac{1}{E} \cdot (\sigma_{max,B} - \sigma_{max,A})$$

$$= \frac{1}{210000\,N/mm^2} \cdot (668{,}45\,\frac{N}{mm^2} + 604{,}79\,\frac{N}{mm^2}) = 6{,}06 \cdot 10^{-3}$$

Beispiel 8-6

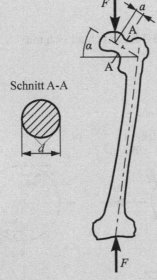

F a

A

α

A

Schnitt A-A

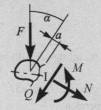

d

F

Aufgrund einer Sprungbelastung wirkt auf den Oberschenkelknochen eine Kraft F (siehe Fragestellung 1-5). Bestimmen Sie für den Bereich des Oberschenkelhalses (Schnitt A-A) die maximalen Spannungen. In diesem Bereich kann der Knochen als Kreisquerschnitt (Durchmesser d) idealisiert werden.

geg.: $F = 1500$ N, $a = 25$ mm, $d = 30$ mm, $\alpha = 45°$

Lösung:

a) Schnittkräfte im Bereich des Oberschenkelhalses

$\rightarrow$: $N + F \cdot \sin\alpha = 0 \quad \Rightarrow \quad N = -F \cdot \sin\alpha = -1060{,}7$ N

$\downarrow$: $Q + F \cdot \cos\alpha = 0 \quad \Rightarrow \quad Q = -F \cdot \cos\alpha = -1060{,}7$ N

$\curvearrowright$: $M + F \cdot \cos\alpha \cdot a = 0 \quad \Rightarrow \quad M = -F \cdot \cos\alpha \cdot a = -26{,}5$ Nm

b) Spannungen im Oberschenkelhals

$$\sigma_N = \frac{N}{A} = -\frac{F \cdot \sin\alpha}{(d/2)^2 \cdot \pi} = -\frac{1500\,N \cdot \sin 45°}{(30\,mm/2)^2 \cdot \pi} = -1{,}5\,\frac{N}{mm^2}$$

$$\sigma_M = \frac{M}{W_B} = \frac{-F \cdot \cos\alpha \cdot a \cdot 32}{\pi \cdot d^3} = \frac{-1500\,N \cdot \cos 45° \cdot 25\,mm \cdot 32}{\pi \cdot (30\,mm)^3} = -10{,}0\,\frac{N}{mm^2}$$

$$\sigma_{max} = \sigma_N + \sigma_M = -1{,}5\,\frac{N}{mm^2} - 10\,\frac{N}{mm^2} = -11{,}5\,\frac{N}{mm^2} \qquad \text{(Druckspannung maximal)}$$

$$\tau_{max} = \frac{4}{3}\cdot\frac{Q}{A} = -\frac{4}{3}\cdot\frac{F\cdot\cos\alpha}{(d/2)^2\cdot\pi} = -\frac{4}{3}\cdot\frac{1500\,N\cdot\cos 45°}{(30\,mm/2)^2\cdot\pi} = -2{,}00\,\frac{N}{mm^2}$$

8.6.2 Biege- und Torsionsbelastung von Wellen

Die maximale Biegespannung (Normalspannung) im oberen Wellenbereich erhält man mit

$$\sigma_M = \frac{M}{W_B} \tag{8.49},$$

wobei $W_B = W_y$, Bild **8-14**a.

Die maximale Schubspannung infolge der Torsion, Bild **8-14**b, errechnet sich mit

$$\tau_{M_T} = \frac{M_T}{W_T} = \frac{M_T}{W_P} \tag{8.50},$$

siehe auch Gleichung (7.14).

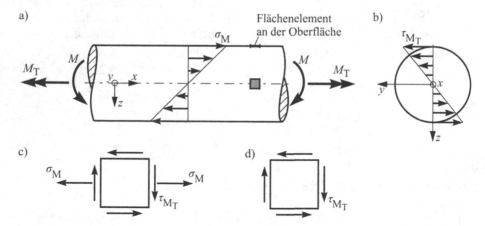

Bild 8-14 Überlagerung von Biege- und Torsionsbelastung in einer Welle

    a) Seitenansicht der Welle mit der Biegespannung (Normalspannung) σ_M infolge des Biegemoments M

    b) Querschnitt der Welle mit der Schubspannung τ_{M_T} infolge des Torsionsmomentes M_T

    c) Spannungszustand an einem Oberflächenelement im oberen Wellenbereich

    d) Reiner Schubspannungszustand an einem Oberflächenelement im mittleren Wellenbereich ($z = 0$)

Somit liegt an einem Flächenelement dA im oberen Bereich der Welle, siehe Bild **8-14**a und Bild **8-14**c, ein Sonderfall des ebenen Spannungszustands ($\sigma_y = 0$) vor. Für die Festigkeitsbetrachtung benötigt man eine Vergleichsspannung σ_V. Mit der Normalspannungshypothese (NH), Gleichung (8.40), erhält man

$$\boxed{\sigma_{V_{NH}} = \frac{\sigma_M}{2} + \frac{1}{2}\sqrt{\sigma_M{}^2 + 4\tau_{M_T}{}^2}}$$ (8.51)

oder

$$\sigma_{V_{NH}} = \frac{M}{2W_B} + \frac{1}{2}\sqrt{\left(\frac{M}{W_B}\right)^2 + 4\cdot\left(\frac{M_T}{W_P}\right)^2}$$ (8.52).

Mit der Gestaltänderungsenergiehypothese (GEH), Gleichung (8.44), folgt

$$\boxed{\sigma_{V_{GEH}} = \sqrt{\sigma_M{}^2 + 3\tau_{M_T}{}^2}}$$ (8.53)

bzw.

$$\sigma_{V_{GEH}} = \sqrt{\left(\frac{M}{W_B}\right)^2 + 3\cdot\left(\frac{M_T}{W_P}\right)^2}$$ (8.54).

Im mittleren Wellenbereich, Bild **8-14d**, liegt lediglich ein reiner Schubspannungszustand vor. Die Vergleichspannung nach der Gestaltänderungsenergiehypothese ist dort

$$\sigma_{V_{GEH}} = \sqrt{3\tau_{M_T}{}^2} = \sqrt{3}\frac{M_T}{W_P}$$ (8.55).

Beispiel 8-7   ***

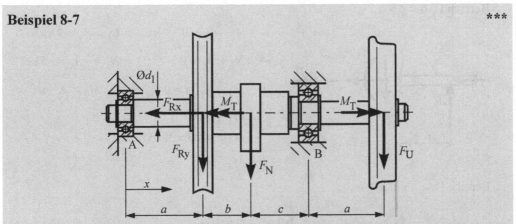

Die Welle eines Kompressors mit einer Riemenscheibe, einem Nocken und einem Laufrad ist in A und B wie dargestellt gelagert (Fragestellung 1-3). Der Antrieb erfolgt über die Riemenscheibe mit einem Antriebsmoment M_T. Aus den Riemenkräften ergeben sich eine Axialkraft F_{Rx} und eine Radialkraft F_{Ry}. Durch den Nocken wird die Welle radial mit F_N und durch die Unwucht des Laufrades mit einer Kraft F_U belastet. Das Laufrad nimmt das komplette Moment M_T ab.

geg.: $F_{Rx} = 5$ kN, $F_{Ry} = 20$ kN, $F_N = 1$ kN, $F_U = 5$ kN, $M_T = 1000$ Nm, $a = 400$ mm, $b = 250$ mm, $c = 300$ mm, $d_1 = 60$ mm, $R_{p0,2} = 490$ N/mm²

Bestimmen Sie

a) die Auflagerkräfte in A und B,

b) die Schnittgrößen im Bereich $0 < x < a + b$,

c) die maximalen Spannungen in den einzelnen Bereichen,

d) die maximale Normalspannung im Wellenbereich zwischen Lager A und Riemenscheibe,

e) die maximale Vergleichsspannung nach der Gestaltänderungsenergiehypothese und

f) die Sicherheit gegen plastisches Versagen.

Lösung:

a) Auflagerkräfte in den Lagerpunkten A und B

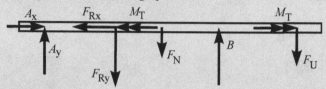

$\rightarrow:\quad A_x - F_{Rx} = 0 \qquad \Rightarrow \qquad A_x = F_{Rx} = 5\,\text{kN}$

$\widehat{A}:\quad F_{Ry} \cdot a + F_N \cdot (a+b) - B \cdot (a+b+c) + F_U \cdot (2a+b+c) = 0 \qquad \Rightarrow \qquad B = 16{,}2\,\text{kN}$

$\uparrow:\quad A_y - F_{Ry} - F_N + B - F_U = 0 \qquad \Rightarrow \qquad A_y = F_{Ry} + F_N - B + F_U = 9{,}8\,\text{kN}$

b) Schnittgrößen im Bereich $0 < x < a + b$

Bereich I: $0 < x < a$

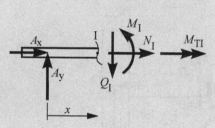

$\uparrow:\quad A_y - Q_I = 0 \qquad \Rightarrow \qquad Q_I = A_y = 9{,}8\,\text{kN}$

$\rightarrow:\quad N_I + A_x = 0 \qquad \Rightarrow \qquad N_I = -A_x = -5\,\text{kN}$

$\widehat{I}:\quad M_I - A_y \cdot x = 0 \qquad \Rightarrow \qquad M_I = A_y \cdot x$

$M_I(x=0) = 0$

$M_I(x=a) = 3915{,}8\,\text{Nm}$

$\rightarrow\!\!\!\rightarrow:\quad M_{TI} = 0$

Bereich II: $a < x < a + b$

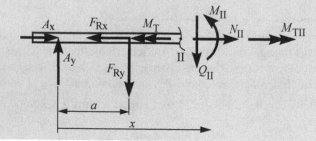

$\uparrow:\quad A_y - F_{Ry} - Q_{II} = 0 \quad \Rightarrow \quad Q_{II} = A_y - F_{Ry} = -10,2\,\text{kN}$

$\rightarrow:\quad N_{II} - F_{Rx} + A_x = 0 \quad \Rightarrow \quad N_{II} = F_{Rx} - A_x = 0$

$\widehat{II}:\quad M_{II} - A_y \cdot x + F_{Ry} \cdot (x - a) = 0 \quad \Rightarrow \quad M_{II} = A_y \cdot x - F_{Ry} \cdot (x - a)$

$\qquad M_{II}(x = a) = 3915,8\,\text{Nm} \qquad M_{II}(x = a + b) = 1363,2\,\text{Nm}$

$\twoheadrightarrow:\quad M_{TII} - M_T = 0 \quad \Rightarrow \quad M_{TII} = M_T = 1000\,\text{Nm}$

c) Maximale Spannungen in den einzelnen Bereichen

Bereich I: $0 < x < a$

$$\sigma_{NI} = \frac{4 N_I}{d_1^2 \cdot \pi} = -\frac{4 \cdot 5\,\text{kN}}{(60\,\text{mm})^2 \cdot \pi} = -1,77\,\text{N/mm}^2$$

$$\sigma_{MI} = \frac{M_{I\text{max}}}{W_B} = \frac{M_{I\text{max}} \cdot 32}{\pi \cdot d_1^3} = \frac{3915,8\,\text{Nm} \cdot 32}{\pi \cdot (60\,\text{mm})^3} = 184,66\,\text{N/mm}^2$$

$$\tau_{QI} = \frac{4}{3} \cdot \frac{Q_I}{A} = \frac{4}{3} \cdot \frac{Q_I \cdot 4}{\pi \cdot d_1^2} = \frac{4}{3} \cdot \frac{9,8\,\text{kN} \cdot 4}{\pi \cdot (60\,\text{mm})^2} = 4,62\,\text{N/mm}^2$$

$$\tau_{MTI} = 0$$

Bereich II: $a < x < a + b$

$$\sigma_{NII} = 0$$

$$\sigma_{MII} = \frac{M_{II\text{max}}}{W_B} = \frac{M_{II\text{max}} \cdot 32}{\pi \cdot d_1^3} = \frac{3915,8\,\text{Nm} \cdot 32}{\pi \cdot (60\,\text{mm})^3} = 184,66\,\text{N/mm}^2$$

$$\tau_{MTII} = \frac{M_{TII}}{W_T} = \frac{M_{TII} \cdot 16}{\pi \cdot d_1^3} = \frac{1000\,\text{Nm} \cdot 16}{\pi \cdot (60\,\text{mm})^3} = 23,58\,\text{N/mm}^2$$

$$\tau_{QII} = \frac{4}{3} \cdot \frac{Q_{II}}{A} = \frac{4}{3} \cdot \frac{Q_{II} \cdot 4}{\pi \cdot d_1^2} = \frac{4}{3} \cdot \frac{(-10,2\,\text{kN}) \cdot 4}{\pi \cdot (60\,\text{mm})^2} = -4,81\,\text{N/mm}^2$$

d) Maximale Normalspannung im Wellenbereich zwischen Lager A und Riemenscheibe

Maximale Druckspannung:

$$\sigma_D = \sigma_N - \sigma_M = -1,77\,\text{N/mm}^2 - 184,67\,\text{N/mm}^2 = -186,44\,\text{N/mm}^2$$

Maximale Zugspannung

$$\sigma_Z = \sigma_N + \sigma_M = -1,77\,\text{N/mm}^2 + 184,67\,\text{N/mm}^2 = 182,90\,\text{N/mm}^2$$

e) Maximale Vergleichsspannung nach GEH im Bereich der Riemenscheibe

$$\sigma_{V\text{GEH}} = \sqrt{\sigma_{MII}^2 + 3\tau_{MTII}^2}$$

$$= \sqrt{(184,66\,\text{N/mm}^2)^2 + 3 \cdot (23,58\,\text{N/mm}^2)^2} = 189,12\,\text{N/mm}^2$$

f) Sicherheit gegen plastisches Versagen

$$\sigma < \sigma_{zul} = \frac{R_{p0,2}}{S_F} \quad \Rightarrow \quad S_F = \frac{R_{p0,2}}{|\sigma_D|} = \frac{490\,\text{N/mm}^2}{189,12\,\text{N/mm}^2} = 2,6$$

8.6.3 Zug- und Torsionsbelastung in einer Rohrstruktur

Die Normalspannung im Rohr infolge der Normalkraft N erhält man mit

$$\sigma_N = \frac{N}{A} \tag{8.56},$$

wobei A die Querschnittfläche des Rohrs darstellt. Die Schubspannung infolge des Torsionsmoments M_T lässt sich errechnen mit

$$\tau_{M_T} = \frac{M_T}{W_T} \tag{8.57}$$

und W_T als dem Torsionswiderstandsmoment des Rohrs (siehe auch Gleichung (7.29) und Bild 7 – 7). Betrachtet man ein Volumenelement des Rohrs (die Lage siehe in Bild 8-15a), so erhält man auch hier einen Sonderfall des ebenen Spannungszustands ($\sigma_y = 0$).

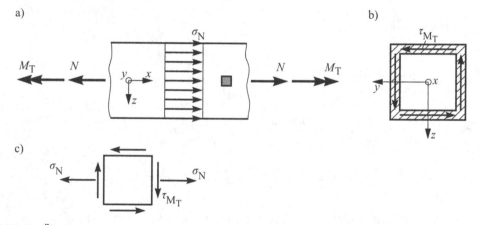

Bild 8-15 Überlagerung von Zug- und Torsionsbelastung in einem dünnwandigen Rechteckrohr
    a) Seitenansicht des Rohrs mit der Normalspannung σ_N infolge der Normalkraft N
    b) Querschnitt des Rohrs mit der Schubspannung τ_{M_T} infolge des Torsionsmomentes M_T
    c) Spannungszustand an einem Volumenelement des Rohrs

Die Normalspannungshypothese, Gleichung (8.40), lautet nun

$$\sigma_{V_{NH}} = \frac{\sigma_N}{2} + \frac{1}{2}\sqrt{\sigma_N^2 + 4\tau_{M_T}^2} \tag{8.58}$$

oder

$$\sigma_{V_{NH}} = \frac{N}{2A} + \frac{1}{2}\sqrt{\left(\frac{N}{A}\right)^2 + 4\cdot\left(\frac{M_T}{W_T}\right)^2} \tag{8.59}.$$

Für die Gestaltänderungsenergiehypothese, Gleichung (8.44), gilt

$$\sigma_{V_{GEH}} = \sqrt{\sigma_N^2 + 3\tau_{M_T}^2} \tag{8.60}$$

bzw.

$$\sigma_{V_{GEH}} = \sqrt{\left(\frac{N}{A}\right)^2 + 3\cdot\left(\frac{M_T}{W_T}\right)^2} \tag{8.61}.$$

Die Normalspannungshypothese ist zu verwenden, wenn bei einem spröden Material Trennbruch zu erwarten ist. Soll bei einem zähen Material plastische Verformung vermieden werden, so ist beim Festigkeitsnachweis die Vergleichsspannung σ_V mit der Gestaltänderungsenergiehypothese zu berechnen. Der Vergleich von $\sigma_{V_{NH}}$ und $\sigma_{V_{GEH}}$ mit der jeweils zulässigen Spannung σ_{zul} erfolgt nach den Festigkeitsbedingungen in Kapitel 8.5.1.

Beispiel 8-8

Eine Getriebewelle aus einem legierten Stahl ist im mittleren Wellenbereich (Durchmesser d) durch eine Zugkraft F und ein Torsionsmoment M_T belastet.

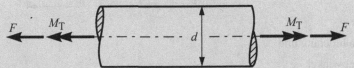

Bestimmen Sie

a) die Normalspannung σ_N und die Schubspannung τ_{M_T} im betrachteten Bereich der Welle,

b) die Vergleichsspannung nach der Gestaltänderungsenergiehypothese und

c) die Sicherheit gegen plastische Verformung der Welle.

geg.: $F = 4000$ N, $M_T = 150$ Nm, $d = 22$ mm, $R_{p0,2} = 500$ N/mm^2

Lösung:

a) Normalspannung σ_N und Schubspannung τ_{M_T}

$$\sigma_N = \frac{N}{A} = \frac{F}{A} \qquad A = \frac{\pi\cdot d^2}{4} = \frac{\pi\cdot(22\,\text{mm})^2}{4} = 380{,}13\,\text{mm}^2$$

$$\sigma_N = \frac{4000\,\text{N}}{380{,}13\,\text{mm}^2} = 10{,}5\,\text{N/mm}^2$$

$$\tau_{M_T} = \frac{M_T}{W_T} \qquad W_T = W_P = \frac{\pi\cdot d^3}{16} = \frac{\pi\cdot(22\,\text{mm})^3}{16} = 2090{,}7\,\text{mm}^3$$

$$\tau_{M_T} = \frac{150000\,\text{Nmm}}{2090,7\,\text{mm}^3} = 71,74\,\text{N/mm}^2$$

b) Vergleichsspannung nach der Gestaltänderungsenergiehypothese

$$\sigma_{V_{GEH}} = \sqrt{\sigma_N^2 + 3\tau_{M_T}^2} = \sqrt{(10,5\,\text{N/mm}^2)^2 + 3 \cdot (71,74\,\text{N}/\text{mm}^2)^2} = 124,7\,\text{N/mm}^2$$

c) Sicherheit gegen plastische Verformung der Welle

$$\sigma_{V_{GEH}} = \sigma_{zul} = \frac{R_{p0,2}}{S_F}$$

$$\Rightarrow \quad S_F = \frac{R_{p0,2}}{\sigma_{V_{GEH}}} = \frac{500\,\text{N/mm}^2}{124,7\,\text{N/mm}^2} = 4,0$$

Beispiel 8-9

Eine Rohrkonstruktion ist an einem Ende eingespannt und am anderen Ende durch eine Kraft F und ein Torsionsmoment M_T belastet.

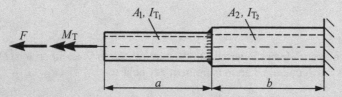

Man berechne

a) die Längenänderung und

b) den Verdrehwinkel

des Rohres.

geg.: $F, M_T, A_1, A_2, I_{T_1}, I_{T_2}, E, v$

Lösung:

a) Längenänderung

$$\Delta l = \Delta l_1 + \Delta l_2 = \frac{F \cdot a}{E \cdot A_1} + \frac{F \cdot b}{E \cdot A_2}$$

b) Verdrehwinkel

$$\varphi = \varphi_1 + \varphi_2 = \frac{M_T \cdot a}{G \cdot I_{T_1}} + \frac{M_T \cdot b}{G \cdot I_{T_2}} \qquad \text{mit} \qquad G = \frac{E}{2 \cdot (1+v)}$$

9 Stabilitätsprobleme bei Stäben und Balken

Bisher wurden nur solche Belastungssituationen von Bauteilen und Strukturen betrachtet, bei denen sich nach Aufbringen der Last eine eindeutige, stabile Gleichgewichtslage einstellte. Es gibt aber Fälle, für die die Stabilität nicht mehr gegeben ist und instabile bzw. indifferente Gleichgewichtslagen auftreten. Solche Stabilitätsprobleme sind z. B. das Knicken von Druckstäben, das Kippen von Balken und das Beulen von dünnwandigen Platten und Schalen. Das Ausknicken von schlanken Stäben und das Kippen hoher und schmaler Balken werden nachfolgend ausführlicher behandelt.

9.1 Knicken von Stäben

Schlanke Druckstäbe können bei höherer Belastung ausknicken, obwohl die Festigkeitsgrenzen des Materials bei weitem noch nicht erreicht sind, Bild **9-1**. Ist die Kraft (Last) $F < F_K$, liegt eine stabile Gleichgewichtslage und somit ein Festigkeitsproblem vor, Bild **9-1a**. Erreicht die Kraft F jedoch die Knicklast F_K des Stabs, so kommt es plötzlich zum seitlichen Ausweichen (Knicken) des Stabs, Bild **9-1b**. Diese instabile Situation gilt es zu vermeiden, da es infolge des Ausknickens eines Stabs auch zum Zusammenbruch großer Strukturen kommen kann.

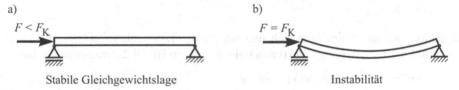

a) $F < F_K$

b) $F = F_K$

Stabile Gleichgewichtslage   Instabilität

Bild 9-1 Stabilität und Instabilität eines Druckstabs
    a) Druckstab mit der Kraft $F < F_K$ (F_K: kritische Kraft, Knickkraft) als Beispiel für eine stabile Gleichgewichtslage
    b) Druckstab wird bei $F = F_K$ instabil: weicht seitlich aus (biegt sich durch)

Es ist also wichtig, die kritische Knickkraft F_K für Stäbe verschiedener Querschnitte, Längen, Lagerungen und Werkstoffe zu ermitteln und dafür zu sorgen, dass die tatsächliche Belastung mit der Kraft F die Knickkraft F_K mit Sicherheit nicht erreicht. Bei einem Stabilitätsnachweis muss also gezeigt werden, dass $F < F_K$ bzw.

$$\boxed{F \le \frac{F_K}{S_K}} \tag{9.1}$$

ist. Der Sicherheitsfaktor S_K gegen Ausknicken des Stabs muss i. Allg. mindestens 1,5 sein:

$$S_K \ge 1,5 \,.$$

9.1.1 Ermittlung der Knickkraft

Die Ermittlung der kritischen Kraft (Knickkraft oder Knicklast) erfolgt mit der EULERschen Knicktheorie durch Betrachtung der Schnittgrößen am verformten (durchgebogenen) Stab, Bild **9-2**.

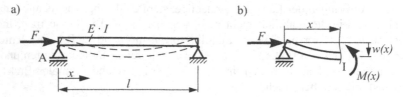

Bild 9-2 Ermittlung der Knickkraft
     a) Belasteter Stab mit der Kraft F, der Länge l und der Biegesteifigkeit $E \cdot I$ = konst. verbiegt
        sich
     b) Gleichgewichtsbetrachtungen am durchgebogenen Stab mit der Kraft F, dem Biegemoment
        $M(x)$ und der Durchbiegung $w(x)$

Das Schnittmoment $M(x)$ erhält man durch das Momentengleichgewicht um den Schnittpunkt I, Bild **9-2**b:

$$\widehat{\text{I}}: \quad M(x) - F \cdot w(x) = 0 \tag{9.2}.$$

Für $M(x)$ folgt somit

$$M(x) = F \cdot w(x) \tag{9.3}.$$

Die Durchbiegung des Stabs lässt sich nun mittels der Differentialgleichung der Biegelinie (siehe Kapitel 5.4.1, Gleichung (5.75)) ermitteln. Für die in Bild **9-2** dargestellte Situation gilt

$$E \cdot I \cdot w'' = -M(x) = -F \cdot w(x) = -F \cdot w \tag{9.4}$$

oder

$$E \cdot I \cdot w'' + F \cdot w = 0 \tag{9.5}.$$

Mit

$$k^2 = \frac{F}{E \cdot I} \tag{9.6}$$

erhält man eine homogene Differentialgleichung 2. Ordnung mit konstantem Koeffizienten:

$$\boxed{w'' + k^2 \cdot w = 0} \tag{9.7}.$$

Deren allgemeine Lösung lautet

$$w = C_1 \cdot \sin kx + C_2 \cdot \cos kx \tag{9.8}.$$

Die Konstanten C_1 und C_2 lassen sich mit den Randbedingungen für den gelagerten Stab, Bild **9-2**a, bestimmen. Dabei führt $w(x = 0) = 0$ zu

$$C_2 = 0 \tag{9.9}$$

und $w(x = l) = 0$ zu

$$C_1 \cdot \sin kl = 0 \qquad (9.10).$$

Gleichung (9.10) ist erfüllt, wenn

$$\sin kl = 0 \, ,$$

d. h. für $k \cdot l = n \cdot \pi$ bzw.

$$k = n \cdot \frac{\pi}{l} \qquad (9.11)$$

mit $n = 1, 2, 3, \ldots$ als den Eigenwerten des Problems.

Da der niedrigste Eigenwert die geringste Knicklast liefert, ist nur $n = 1$ technisch interessant. Somit folgt aus Gleichung (9.11)

$$k = \frac{\pi}{l} \qquad (9.12).$$

Setzt man Gleichung (9.12) in Gleichung (9.6) ein, so erhält man

$$k^2 = \frac{\pi^2}{l^2} = \frac{F}{E \cdot I}$$

und daraus mit $F = F_K$ die kritische Kraft oder Knicklast F_K:

$$\boxed{F_K = \frac{\pi^2}{l^2} \cdot E \cdot I} \qquad (9.13).$$

Die Knicklast F_K ist somit abhängig von der Länge l (Knicklänge) des Stabs und der Biegesteifigkeit $E \cdot I$ (siehe auch Kapitel 5.4.1) mit E als dem Elastizitätsmodul des Materials und $I = I_{min}$ als dem minimalen Flächenträgheitsmoment des Stabquerschnitts. Der Stab knickt somit um die Querschnittsachse mit minimalem Flächenträgheitsmoment I_{min}, siehe z. B. Bild **9-3**, aus.

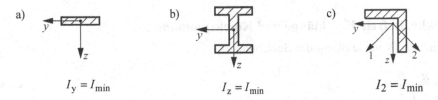

Bild 9-3 Stabquerschnitte mit Kennzeichnung der Querschnittsachsen mit minimalem Flächenträgheitsmoment I_{min}
      a) Rechteckquerschnitt: $I_y = I_{min}$ b) I-Profil: $I_z = I_{min}$ c) Winkelprofil: $I_2 = I_{min}$

Der Knicklast, Gleichung (9.13), ist eine bestimmte Knickform (Eigenform) zugeordnet. Diese ergibt sich für den Knickfall in Bild **9-2** durch Einsetzen von C_2, Gleichung (9.9), und k, Gleichung (9.12) in Gleichung (9.8) als Sinushalbwelle (siehe z. B Bild **9-1b** und Bild **9-2a**):

$$w = C_1 \cdot \sin \pi \frac{x}{l} \qquad (9.14).$$

Die Amplitude C_1 in Gleichung (9.14) ist unbestimmt. Sie wächst bei Erreichen der Knickkraft plötzlich an.

Bei anderen Lagerungsarten ändern sich die Knickform und die Knicklast erheblich.

9.1.2 Knickfälle nach EULER

Bei druckbelasteten Stäben hängt die Knicklast von den Lagerungsarten, der Biegesteifigkeit $E \cdot I$ und der Stablänge l und die Knickform insbesondere von der Lagerungsart ab. Bild **9-4** zeigt die vier EULERschen Knickfälle, die als Basis für die Untersuchung der Knickstabilität von Stäben mit konstanter Biegesteifigkeit gelten.

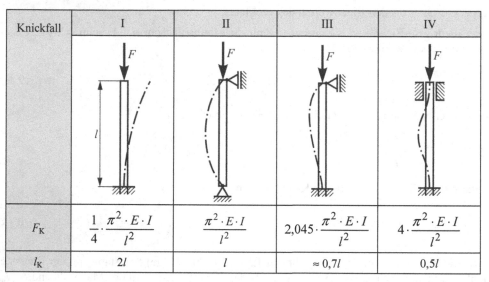

Knickfall	I	II	III	IV
(Knickform)				
F_K	$\dfrac{1}{4} \cdot \dfrac{\pi^2 \cdot E \cdot I}{l^2}$	$\dfrac{\pi^2 \cdot E \cdot I}{l^2}$	$2{,}045 \cdot \dfrac{\pi^2 \cdot E \cdot I}{l^2}$	$4 \cdot \dfrac{\pi^2 \cdot E \cdot I}{l^2}$
l_K	$2l$	l	$\approx 0{,}7l$	$0{,}5l$

Bild 9-4 Die vier EULERschen Knickfälle mit den Knicklasten F_K, den Knickformen ($- \cdot -$) und den freien Knicklängen l_K

9.1.3 Knickkraft, freie Knicklänge und Knickspannung

Allgemein kann die Knickkraft mit der Beziehung

$$F_K = \frac{\pi^2 \cdot E \cdot I}{l_K{}^2}$$

(9.15)

ermittelt werden. Hierin ist l_K die so genannte reduzierte oder freie Knicklänge, Bild **9-4**. Für die EULERschen Knickfälle und auch für andere Knicksituationen kann man die freie Knicklänge näherungsweise ermitteln, indem man die Knickform mit einer Sinushalbwelle vergleicht, Bild 9-5. Für den einseitig fest eingespannten Stab (EULER-Fall I) gilt somit $l_K = 2l$, Bild 9-5a, und für den Rahmen, Bild 9-5b, ist eine freie Knicklänge $l_K = 2..3l$ zu berücksichtigen.

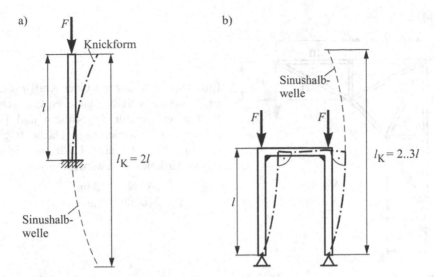

Bild 9-5 Zusammenhang zwischen Knickform und freier Knicklänge
  a) Einseitig eingespannter Stab (EULER-Fall I) mit der freien Knicklänge $l_K = 2l$
  b) Rahmen mit der zugehörigen Knickform, der zur Sinushalbwelle ergänzten Knickform und der freien Knicklänge $l_K = 2..3l$

Die Knickspannung errechnet sich mit der Knickkraft F_K, Gleichung (9.15), und der Querschnittsfläche A des Stabs:

$$\sigma_K = \frac{F_K}{A} = \frac{\pi^2 \cdot E \cdot I}{l_K^2 \cdot A}$$

(9.16).

Mit dem minimalen Trägheitsradius i_{min} der Querschnittsfläche,

$$i_{min} = \sqrt{\frac{I_{min}}{A}}$$

(9.17),

und dem Schlankheitsgrad λ des Stabs,

$$\lambda = \frac{l_K}{i_{min}}$$

(9.18),

ergibt sich die Knickspannung auch wie folgt:

$$\sigma_K = \frac{\pi^2 \cdot E}{\lambda^2}$$

(9.19).

Beispiel 9-1   ***

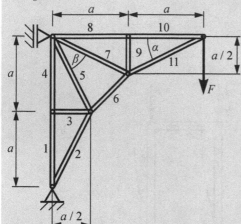

Ein Wandkran, der mit einer Kraft F belastet ist, besteht aus Stäben gleichen Querschnitts. Bestimmen Sie für die Stäbe 6 und 11 das mindestens erforderliche Flächenträgheitsmoment I, damit eine 1,5-fache Sicherheit gegen Ausknicken gewährleistet ist.

geg.: $F = 25$ kN, $a = 2$ m,
         $E = 210000$ N/mm²

Lösung:

a) Stabkräfte (Lösung siehe Beispiel 7-3 in [1])

$S_6 = -47,5$ kN $S_{11} = -56$ kN

b) Winkel α und β

$$\alpha = \arctan\frac{1}{2} = 26,57° \qquad\qquad \beta = 90° - 2\alpha = 36,87°$$

c) Stab 11

EULER-Knickfall II:

$$S_{11} < \frac{F_{K11}}{S_K} = \frac{\pi^2 \cdot E \cdot I_{11}}{S_K \cdot l_{11}{}^2}$$

$$\Rightarrow \quad I_{11} = \frac{S_{11} \cdot S_K \cdot a^2}{\pi^2 \cdot E \cdot \cos^2 \alpha} = \frac{56\,\text{kN} \cdot 1,5 \cdot (2\,\text{m})^2}{\pi^2 \cdot 210000\,\text{N/mm}^2 \cdot \cos^2 26,57°} = 202642,4\,\text{mm}^4$$

Stab 6

EULER-Knickfall II:

$$S_6 < \frac{F_{K6}}{S_K} = \frac{\pi^2 \cdot E \cdot I_6}{S_K \cdot l_6{}^2} \qquad\qquad\qquad l_6 = \frac{2a \cdot \sin(\beta/2)}{\cos\alpha}$$

$$I_6 = \frac{S_6 \cdot S_K}{\pi^2 \cdot E} \cdot \left(\frac{2a \cdot \sin(\beta/2)}{\cos\alpha}\right)^2 = \frac{47,5\,\text{kN} \cdot 1,5}{\pi^2 \cdot 210000\,\text{N/mm}^2} \cdot \left(\frac{2 \cdot 2\,\text{m} \cdot \sin 18,43°}{\cos 26,57°}\right)^2$$

$$= 68753,6\,\text{mm}^4$$

Um 1,5-fache Sicherheit gegen Ausknicken zu gewährleisten, ist ein Flächenträgheitsmoment von 202642,4 mm⁴ erforderlich.

Beispiel 9-2

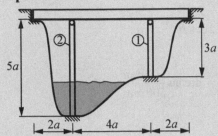

Für die in Beispiel 4-3 dargestellte Brücke bestimme man für den Pfeiler ① die Sicherheit gegen Ausknicken.

geg.: $S_1 = -213$ kN, $a = 3$ m,
$E = 210000$ N/mm², $I_{min} = 2840$ cm⁴

Lösung:

a) Knickkraft: EULER-Knickfall III:

$$F_K = 2{,}045 \cdot \frac{\pi^2 \cdot E \cdot I_{min}}{(3a)^2}$$

b) Sicherheit gegen Ausknicken des Pfeilers ①

$$S_K = \frac{F_K}{S_1} = \frac{2{,}045\pi^2 \cdot 210000\,\text{N/mm}^2 \cdot 2840\,\text{cm}^4}{(3 \cdot 3\,\text{m})^2 \cdot 213\,\text{kN}} = 7{,}0$$

Beispiel 9-3   ***

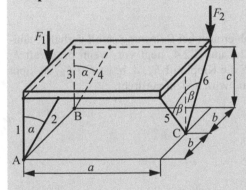

Die nebenstehend skizzierte Konstruktion ist durch zwei Kräfte F_1 und F_2 belastet.

Man bestimme

a) die Auflagerreaktionen in A, B und C,

b) die Stabkraft im Stab 6 und

c) die maximale Kraft F_2, damit 1,5-fache Sicherheit gegen Ausknicken gewährleistet ist.

geg.: F_1, F_2, $a = 800$ mm, $b = 300$ mm,
$c = 500$ mm, $I_{min} = 490$ mm⁴,
$E = 210000$ N/mm²

Lösung:

a) Auflagerreaktionen in A, B und C
   Freischnitt:

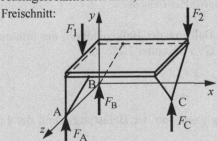

$$F_A = \frac{F_1 - F_2}{2}$$

$$F_B = \frac{F_1 + F_2}{2}$$

$$F_C = F_2$$

(Ermittlung der Auflagerreaktionen siehe Beispiel 8-2 in [1])

b) Stabkraft im Stab 6

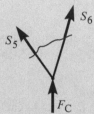

$$S_6 = S_5 = -\frac{F_2}{2\cos\beta}$$

$$\beta = \arctan\frac{b}{c} = \arctan\frac{300\,mm}{500\,mm} = 30,96°$$

c) Maximale Kraft F_2 (EULER-Knickfall II)

$$S_6 < \frac{F_K}{S_K} \quad\Rightarrow\quad \frac{F_2}{2\cos\beta} < \frac{\pi^2 \cdot E \cdot I}{S_K} \cdot \left(\frac{\cos\beta}{c}\right)^2$$

$$\Rightarrow \quad F_2 < \frac{2\cos\beta \cdot \pi^2 \cdot E \cdot I}{S_K} \cdot \left(\frac{\cos\beta}{c}\right)^2$$

$$F_2 < \frac{2\cos 30,96° \cdot \pi^2 \cdot 210000\,N/mm^2 \cdot 490\,mm^4}{1,5} \cdot \left(\frac{\cos 30,96°}{500\,mm}\right)^2$$

$$F_2 < 3415,1\,N$$

9.2   Kippen von Balken

Bei einem hohen schlanken Balken ist zu prüfen, ob er sich bei Belastung stabil verhält. Stabilität und damit ein Festigkeitsproblem, Kapitel 5.2.3 und 5.2.4, liegt vor, wenn die Kraft F, Bild 9-6, kleiner als die Kippkraft F_K ist. Erreicht F die Kippkraft F_K, d. h. ist $F = F_K$, so kippt der Balken, Bild 9-6. Er weicht in y-Richtung aus und wird zudem verdreht.

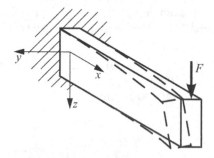

Bild 9-6
Kippen eines Balkens

Die Kippkraft F_K hängt von der Lagerungsart des Balkens, der Balkenlänge l, der minimalen Biegesteifigkeit $E \cdot I_{min}$ und der Torsionssteifigkeit $G \cdot I_T$, Kapitel 7.2.2, ab:

$$F_K = \beta \cdot \frac{1}{l^2} \cdot \sqrt{E \cdot I_{min} \cdot G \cdot I_T} \tag{9.20}.$$

Der Faktor β ergibt sich nach Bild **9-7** in Abhängigkeit von der Belastungs- und der Lagerungsart.

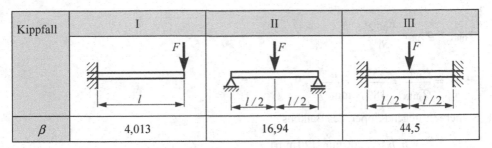

Kippfall	I	II	III
β	4,013	16,94	44,5

Bild 9-7 Grundlegende Kippfälle mit dem Faktor β für die Belastungs- und Lagerungsart (siehe Gleichung (9.20))

Im Rahmen eines Stabilitätsnachweises muss für hohe und schlanke Balken gezeigt werden, dass $F < F_K$, bzw.

$$F \le \frac{F_K}{S_{Kipp}} \tag{9.21}$$

ist. Der Sicherheitsfaktor S_{Kipp} gegen Kippen des Balkens muss i. Allg. größer als 1,5 sein.

Beispiel 9-4   ***

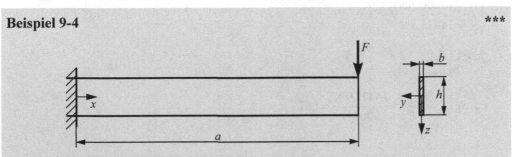

Ein Kragbalken ist durch eine Kraft F belastet.

Man bestimme:

a) die Sicherheit gegen plastische Verformung des Balkens und

b) die Sicherheit gegen Kippen des Balkens.

geg.: $F = 8$ kN, $a = 3$ m, b = 20 mm, h = 200 mm, E = 210000 N/mm², $v = 0,3$, $R_{p0,2} = 355$ N/mm²

Lösung:

a) Sicherheit gegen plastische Verformung des Balkens

$$W_y = \frac{b \cdot h^2}{6} = \frac{20\,\text{mm} \cdot (200\,\text{mm})^2}{6} = 133333,3\,\text{mm}^3$$

$$\sigma_{max} = \frac{M_{max}}{W_y} = \frac{F \cdot a}{W_y} = \frac{8000\,\text{N} \cdot 3000\,\text{mm}}{133333,3\,\text{mm}^3} = 180\,\frac{\text{N}}{\text{mm}^2}$$

$$\sigma_{max} \leq \sigma_{zul} = \frac{R_{p0,2}}{S_F}$$

$$\Rightarrow S_F = \frac{R_{p0,2}}{\sigma_{max}} = \frac{355\,\text{N/mm}^2}{180\,\text{N/mm}^2} = 1,97$$

b) Sicherheit gegen Kippen des Balkens

$$I_{min} = I_z = \frac{h \cdot b^3}{12} = \frac{200\,\text{mm} \cdot (20\,\text{mm})^3}{12} = 133333,3\,\text{mm}^4$$

$$I_T = c_1 \cdot h \cdot b^3 = 0,31 \cdot 200\,\text{mm} \cdot (20\,\text{mm})^3 = 496000\,\text{mm}^4$$

$$G = \frac{E}{2(1+v)} = \frac{210000\,\text{N/mm}^2}{2(1+0,3)} = 80769,23\,\frac{\text{N}}{\text{mm}^2}$$

$$F_K = \beta \cdot \frac{1}{l^2} \sqrt{E \cdot I_{min} \cdot G \cdot I_T}$$

$$= \frac{4,013}{(3000\,\text{mm})^2} \sqrt{210000\,\text{N/mm}^2 \cdot 1333333,3\,\text{mm}^4 \cdot 80769,2\,\text{N/mm}^2 \cdot 496000\,\text{mm}^4}$$

$$= 14933,8\,\text{N}$$

$$F \leq \frac{F_K}{S_{Kipp}}$$

$$\Rightarrow S_{Kipp} = \frac{F_K}{F} = \frac{15477,9\,\text{N}}{8000\,\text{N}} = 1,87$$

10 Energiemethoden

Die Begriffe Arbeit und Energie spielen in der gesamten Mechanik eine wichtige Rolle. So lassen sich mit den Arbeitssätzen und den Energiemethoden der Mechanik z. B. Gleichgewichtsbetrachtungen aufstellen, aber auch die Verformungen elastischer Systeme ermitteln. Die nachfolgend beschriebenen Begriffe und Methoden sollen im Rahmen dieses Lehrbuchs insbesondere zur Ermittlung der Verformungen von Bauteilen und Strukturen sowie zur Lösung statisch unbestimmter Probleme dienen. Sie stellen eine Alternative zu den beispielsweise in den Kapiteln 3.4, 4.1, 4.2, 5.4, 7.1.2 und 7.2.2 beschriebenen Methoden der Verformungsermittlung dar.

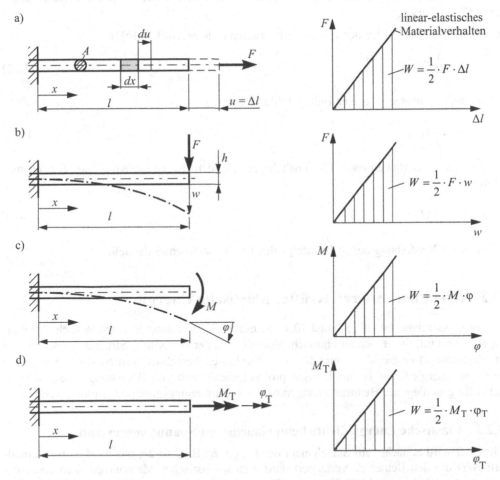

Bild 10-1 Arbeit der äußeren Kräfte und Momente bei grundlegenden Beanspruchungen
a) Stab unter Zugbelastung: $W = F \cdot \Delta l/2$
b) Balken mit Einzelkraft belastet: $W = F \cdot w/2$
c) Balken mit Biegemoment: $W = M \cdot \varphi/2$
d) Stab oder Balken mit Torsionsmoment belastet: $W = M_T \cdot \varphi_T/2$

10.1 Arbeit der äußeren Kräfte: Formänderungsarbeit

Äußere Kräfte, die einen festen Körper verformen, verrichten Arbeit, wenn sich die Kraftangriffspunkte verschieben. Diese Arbeit nennt man Verformungs- oder Formänderungsarbeit.

Ein Zugstab, Bild 10-1a, wird bei Belastung mit einer Kraft F um die Längenänderung Δl ausgedehnt (vergleiche auch die Kapitel 3.4.1 und 4.1.1). Die Arbeit W der Kraft ergibt sich unter Berücksichtigung linear-elastischen Materialverhaltens gemäß dem HOOKEschen Gesetz (siehe Kapitel 3.5.4) als

$$W = \frac{1}{2} F \cdot \Delta l \tag{10.1},$$

Bild 10-1a. Die Arbeit der Kraft F entspricht somit der Fläche unter der Kraft-Verlängerungs-Kurve (F-Δl-Kurve).

Bei Biegebelastung gilt für den einzelkraftbelasteten Balken (Bild 10-1b)

$$W = \frac{1}{2} F \cdot w \tag{10.2}$$

und für den momentenbelasteten Balken (Bild 10-1c):

$$W = \frac{1}{2} M \cdot \varphi \tag{10.3}.$$

Für den Stab oder Balken unter Torsionsbelastung (Bild 10-1d) ist die Arbeit des Torsionsmomentes M_T

$$W = \frac{1}{2} M_T \cdot \varphi_T \tag{10.4},$$

wobei φ_T die Verdrehung des Stabs infolge des Torsionsmomentes darstellt.

10.2 Arbeit der inneren Kräfte: Elastische Energie

Die Formänderungsarbeit W, Kapitel 10.1, die durch die Belastung in eine elastische Struktur eingebracht wird, findet sich als elastische Energie U in der verformten Struktur wieder. Neben der elastischen Energie, die später für reale Strukturen berechnet werden soll, ist auch die elastische Energiedichte $\overline{U}$ als Energie pro Volumeneinheit von Bedeutung. Diese soll zunächst für grundlegende Beanspruchungen bzw. Beanspruchungszustände ermittelt werden.

10.2.1 Elastische Energiedichte beim einachsigen Spannungszustand

Betrachtet wird zunächst ein Stabelement der Länge dx, Bild **10-2a**, das infolge der Normalkraft $N(x)$ um den Betrag du verlängert wird. Linear-elastisches Materialverhalten vorausgesetzt, ergibt sich das in Bild **10-2b** dargestellte Kraft-Verlängerungs-Diagramm. Die Arbeit der inneren Kräfte dU ergibt sich dann als Fläche unter der Geraden und beträgt

$$dU = \frac{1}{2} N(x) \, du \tag{10.5}.$$

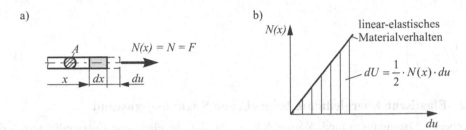

Bild 10-2 Arbeit der inneren Kräfte beim Zugstab
      a) Mittenbereich eines Zugstabs (siehe auch Bild 10-1a) mit Schnittkraft $N(x) = F$, der Elementlänge dx und der Elementverlängerung du
      b) Normalkraft-Verlängerungs-Diagramm ($N(x)$-du-Diagramm) des betrachteten Stabelements mit der inneren Energie dU

Die elastische Energiedichte $\overline{U}$, die als Energie pro Volumeneinheit definiert ist, errechnet sich mit Gleichung (10.5) und dem Teilvolumen $dV = A \cdot dx$ des Stabelements:

$$\overline{U} = \frac{dU}{dV} = \frac{dU}{A \cdot dx} = \frac{1}{2} \cdot \frac{N(x)}{A} \cdot \frac{du}{dx} \tag{10.6}.$$

Mit der Normalspannung $\sigma = N(x)/A$, siehe Gleichung (3.2), und der Dehnung $\varepsilon = du/dx$, siehe Gleichung (3.17), folgt:

$$\boxed{\overline{U} = \frac{1}{2}\sigma \cdot \varepsilon} \tag{10.7}.$$

Dieser Zusammenhang wird als CLAPEYRONsche Formel bezeichnet. Für den einachsigen Spannungszustand mit der Spannung σ und der Dehnung ε kann die elastische Energiedichte auch unmittelbar aus dem Spannungs-Dehnungs-Diagramm als Fläche unter der HOOKEschen Gerade verstanden werden, Bild **10-3**a.

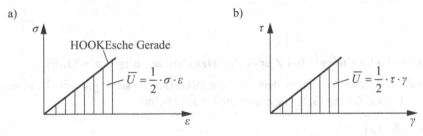

Bild 10-3 Elastische Energiedichte bei einachsigem Spannungszustand und bei reinem Schubspannungszustand
      a) Spannungs-Dehnungs-Diagramm (σ-ε-Diagramm) bei Zugbelastung mit der elastischen Energiedichte $\overline{U} = \sigma \cdot \varepsilon / 2$
      b) Schubspannungs-Schubverformungs-Diagramm (τ-γ-Diagramm) bei Schubbelastung: $\overline{U} = \tau \cdot \gamma / 2$

Mit dem HOOKEschen Gesetz bei Zug, Gleichung (3.22), errechnet sich die Energiedichte mit

$$\overline{U} = \frac{1}{2}E \cdot \varepsilon^2 \tag{10.8}$$

oder

$$\boxed{\overline{U} = \frac{\sigma^2}{2E}} \qquad (10.9).$$

10.2.2 Elastische Energiedichte beim ebenen Spannungszustand

Beim ebenen Spannungszustand, Kapitel 8.2, ergibt sich die elastische Energiedichte mit den Spannungen σ_x, σ_y und τ_{xy} sowie den Verzerrungsgrößen ε_x, ε_y und γ_{xy} wie folgt:

$$\boxed{\overline{U} = \frac{1}{2} \cdot (\sigma_x \cdot \varepsilon_x + \sigma_y \cdot \varepsilon_y + \tau_{xy} \cdot \gamma_{xy})} \qquad (10.10).$$

10.2.3 Elastische Energiedichte bei reiner Schubbeanspruchung

Die Energiedichte für reine Schubbeanspruchung folgt für $\sigma_x = \sigma_y = 0$, $\tau_{xy} = \tau$ und $\gamma_{xy} = \gamma$ unmittelbar aus Gleichung (10.10):

$$\boxed{\overline{U} = \frac{1}{2} \cdot \tau \cdot \gamma} \qquad (10.11).$$

$\overline{U}$ stellt auch die Fläche unter der Geraden im Schubspannungs-Schubverformungs-Diagramm (τ-γ-Diagramm), Bild **10-3**b, dar.

Mit dem HOOKEschen Gesetz bei Schub, Gleichung (3.27), folgt auch

$$\overline{U} = \frac{1}{2} \cdot G \cdot \gamma^2 \qquad (10.12)$$

oder

$$\boxed{\overline{U} = \frac{\tau^2}{2G}} \qquad (10.13).$$

10.2.4 Elastische Energie bei Zug- oder Druckbelastung eines Stabs

Für einen Zug- oder Druckstab, in dem die Normalkraft $N(x)$ wirkt, gilt mit Gleichung (10.9) und $\sigma = N(x)/A$, Gleichung (3.2), die elastische Energiedichte

$$\overline{U} = \frac{N^2(x)}{2E \cdot A^2} \qquad (10.14).$$

Nach Gleichung (10.6) erhält man mit $\overline{U}$, Gleichung (10.14), die elastische Energie U durch Integration über die Balkenlänge l, Bild 10-1a,

$$dU = \overline{U} \cdot dV$$

bzw.

$$U = \int \overline{U} \cdot dV = \int \overline{U} \cdot A \cdot dx = \int_{x=0}^{l} \frac{N^2(x) \cdot A}{2E \cdot A^2} dx$$

und somit

$$U = \int\limits_{x=0}^{l} \frac{N^2(x)}{2E \cdot A}\,dx \qquad (10.15).$$

10.2.5 Elastische Energie bei Biegebelastung von Balken und balkenartigen Strukturen

Bei einem Balken oder einer balkenartigen Struktur, bei der im Inneren das Schnittmoment $M(x)$ wirkt, erhält man mit Gleichung (10.9) und der Beziehung für die Biegespannung $\sigma = \sigma(x)$, Gleichung (5.13), die elastische Energiedichte

$$\overline{U} = \frac{M^2(x) \cdot z^2}{2E \cdot I_y^{\,2}} \qquad (10.16).$$

Für die elastische Energie bei Biegung ergibt sich durch Integration und einige Umformungen:

$$U = \int\limits_{x=0}^{l} \frac{M^2(x)}{2E \cdot I_y}\,dx \qquad (10.17).$$

Die elastische Energie infolge der Querkraft (bei Querkraftbiegung) kann i. Allg. bei schlanken Balken ($h \ll l$), siehe Bild 10-1b vernachlässigt werden.

10.2.6 Elastische Energie bei Torsionsbelastung von Wellen und Tragstrukturen

Bei Wellen oder Tragstrukturen unter Torsionsbelastung, bei denen das Torsionsmoment $M_T(x)$ im Inneren wirkt, ergibt sich mit Gleichung (10.13) und der Beziehung für die Schubspannung, Gleichung (7.10), die elastische Energiedichte

$$\overline{U} = \frac{M_T^{\,2}(x) \cdot r^2}{2G \cdot I_P^{\,2}} \qquad (10.18).$$

Durch Integration erhält man die elastische Energie bei Torsion

$$U = \int\limits_{x=0}^{l} \frac{M_T^{\,2}(x)}{2G \cdot I_P}\,dx \qquad (10.19).$$

Diese Beziehung besitzt Gültigkeit für Kreis- oder Kreisringquerschnitte der Welle. Für beliebige Querschnitte von Strukturen gilt

$$U = \int\limits_{x=0}^{l} \frac{M_T^{\,2}(x)}{2G \cdot I_T}\,dx \qquad (10.20)$$

mit I_T als dem Torsionsflächenträgheitsmoment, siehe Bild 7-7.

10.2.7 Elastische Energie bei überlagerter Belastung

Tritt in einer Struktur oder einer Teilstruktur eine überlagerte Beanspruchung auf, die sich aus der Normalkraft $N(x)$, dem Biegemoment $M(x)$ und dem Torsionsmoment $M_T(x)$ zusammensetzt, so ergibt sich die gesamte elastische Energie als Summe der Einzelenergien:

$$U_{ges} = U_N + U_B + U_T$$

oder

$$U_{ges} = \int\limits_{x=0}^{l} \frac{N^2(x)}{2E \cdot A}\,dx + \int\limits_{x=0}^{l} \frac{M^2(x)}{2E \cdot I_y}\,dx + \int\limits_{x=0}^{l} \frac{M_T^2(x)}{2G \cdot I_T}\,dx \qquad (10.21).$$

10.3 Arbeitssatz der Elastostatik

Der Arbeitssatz der Elastostatik sagt aus, dass bei elastischen Strukturen die Arbeit der äußeren Kräfte (siehe Kapitel 10.1) gleich der elastischen Energie (siehe Kapitel 10.2) ist. Es gilt somit

$$\boxed{W = U} \qquad (10.22)$$

für jedes elastische System.

Der Arbeitssatz, Gleichung (10.22), kann zur Ermittlung von Verformungen in Bauteilen und Strukturen herangezogen werden. Dies soll an einem eingespannten Balken, der am Ende durch eine Einzelkraft F belastet ist, Bild **10-4**, verdeutlicht werden. Gesucht ist die maximale Durchbiegung w_{max} des Balkens.

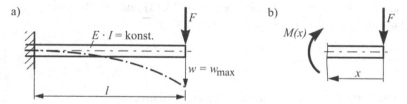

Bild 10-4 Ermittlung der maximalen Durchbiegung w_{max} des Balkens mit dem Arbeitssatz
        a) Eingespannter Balken, belastet durch eine Einzelkraft F
        b) Freischnitt des Balkens zur Ermittlung des Schnittmoments $M(x)$

Für die Anwendung des Arbeitssatzes wird die Arbeit der äußeren Kräfte und die elastische Energie des belasteten Biegebalkens benötigt.

Die Arbeit der äußeren Kräfte ergibt sich in Anlehnung an Gleichung (10.2) und Bild 10-1b:

$$W = \frac{1}{2} F \cdot w_{max} \qquad (10.23).$$

Mit dem Schnittmoment $M(x) = -F \cdot x$, siehe Bild **10-4**b und Gleichung (10.17), erhält man die elastische Energie im Balken

$$U = \int\limits_{x=0}^{l} \frac{M^2(x)}{2E \cdot I} dx = \frac{1}{2E \cdot I} \cdot \int\limits_{x=0}^{l} F^2 \cdot x^2 dx = \frac{F^2}{2E \cdot I} \cdot \frac{x^3}{3}\bigg|_0^l = \frac{F^2 \cdot l^3}{6E \cdot I} \qquad (10.24).$$

Nun folgt mit dem Arbeitssatz, Gleichung (10.22) und den Gleichungen (10.23) und (10.24)

$$\frac{1}{2} F \cdot w_{max} = \frac{F^2 \cdot l^3}{6E \cdot I} \qquad (10.25)$$

und daraus

$$w_{max} = \frac{F \cdot l^3}{3E \cdot I} \qquad (10.26).$$

Der Arbeitssatz stellt somit eine Alternative zur Integration der Differentialgleichung der Biegelinie, Kapitel 5.4.3.1, dar.

Beispiel 10-1   ✱✱✱

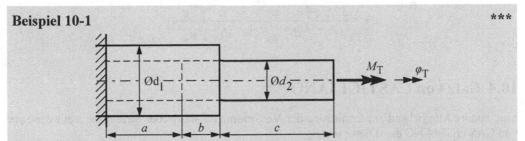

Ein Rohr (Außendurchmesser d_1) und ein Rundprofil (Durchmesser d_2) werden ineinander gesteckt (Überlappungslänge b) und miteinander verklebt. Die Gesamtkonstruktion wird durch ein Torsionsmoment M_T belastet und damit um einen Winkel φ_T verdreht.

Man bestimme

a) die Arbeit des Torsionsmoments,

b) die elastische Energie des Systems und

c) die Gesamtverdrehung φ_T.

geg.: M_T, d_1, d_2, G

Lösung:

a) Arbeit des Torsionsmoments

$$W = \frac{1}{2} M_T \cdot \varphi_T$$

b) Elastische Energie des Systems

Behandlung als Dreibereichsproblem:
$$M_{T_1} = M_{T_2} = M_{T_3} = M_T$$

$$U_{T_1} = \int\limits_0^a \frac{M_{T_1}^2}{2G \cdot I_{P_1}} dx_1 = \frac{M_T^2 \cdot a}{2G \cdot I_{P_1}} = \frac{M_T^2 \cdot a \cdot 32}{2G \cdot \pi \cdot (d_1^4 - d_2^4)}$$

$$U_{T_2} = \int_0^b \frac{M_{T_2}^2}{2G \cdot I_{P_2}} dx_2 = \frac{M_T^2 \cdot b}{2G \cdot I_{P_2}} = \frac{M_T^2 \cdot b \cdot 32}{2G \cdot \pi \cdot d_1^4}$$

$$U_{T_2} = \int_0^c \frac{M_{T_3}^2}{2G \cdot I_{P_3}} dx_3 = \frac{M_T^2 \cdot c}{2G \cdot I_{P_3}} = \frac{M_T^2 \cdot c \cdot 32}{2G \cdot \pi \cdot d_2^4}$$

$$U_{T_{ges}} = U_{T_1} + U_{T_2} + U_{T_3} = \frac{16 M_T^2}{G \cdot \pi} \left(\frac{a}{d_1^4 - d_2^4} + \frac{b}{d_1^4} + \frac{c}{d_2^4} \right)$$

c) Gesamtverdrehung φ_T

$$W = U_{T_{ges}} \quad \Rightarrow \quad \frac{1}{2} M_T \cdot \varphi_T = \frac{16 M_T^2}{G \cdot \pi} \left(\frac{a}{d_1^4 - d_2^4} + \frac{b}{d_1^4} + \frac{c}{d_2^4} \right)$$

$$\Rightarrow \quad \varphi_T = \frac{32 M_T}{G \cdot \pi} \left(\frac{a}{d_1^4 - d_2^4} + \frac{b}{d_1^4} + \frac{c}{d_2^4} \right)$$

10.4 Satz von CASTIGLIANO

Eine andere Möglichkeit zur Ermittlung der Verformungen elastischer Strukturen stellt der Satz von CASTIGLIANO dar. Dieser lautet:

„Die partielle Ableitung der elastischen Energie nach der wirkenden Kraft bzw. nach dem wirkenden Moment liefert die Verschiebung des Kraftangriffspunktes bzw. die Verdrehung des Momentenangriffspunktes."

Allgemein, d. h. auch bei mehreren Kräften und Momenten, gilt für die Verschiebung u_i in Richtung der Kraft F_i

$$\boxed{u_i = \frac{\partial U}{\partial F_i}} \tag{10.27}$$

und für die Verdrehung φ_i in Richtung des Moments M_i

$$\boxed{\varphi_i = \frac{\partial U}{\partial M_i}} \tag{10.28}.$$

Die Vorgehensweise bei Anwendung des Satzes von CASTIGLIANO soll ebenfalls am eingespannten Balken mit Einzellast, Bild **10-4**, verdeutlicht werden.

Nach Gleichung (10.24) gilt für die elastische Energie

$$U = \frac{F^2 \cdot l^3}{6E \cdot I} \tag{10.29}.$$

Durch Ableitung der elastischen Energie, Gleichung (10.29), nach der wirkenden Kraft F erhält man

$$w_{\max} = \frac{\partial U}{\partial F} = \frac{2F \cdot l^3}{6E \cdot I} = \frac{F \cdot l^3}{3E \cdot I}. \tag{10.30}$$

Im Gegensatz zum Arbeitssatz kann man mit dem Satz von CASTIGLIANO die maximale Durchbiegung $w_{\max}$ ohne Kenntnis der Arbeit der äußeren Kräfte lediglich mit der elastischen Energie U bestimmen.

Beispiel 10-2   ***

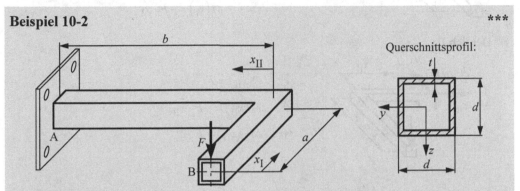

Querschnittsprofil:

Eine Tragstruktur ist an einem Ende an einer Wand befestigt und am anderen durch eine Kraft F belastet. Die gesamte Tragstruktur ist aus einem Rohrprofil (siehe dargestellte Querschnittsfläche) zusammengeschweißt.

Man bestimme

a) die Auflagerreaktionen an der Wandbefestigung,

b) die Schnittgrößenverläufe im Rahmen,

c) die Flächenträgheitsmomente I_y und I_T sowie die Widerstandsmomente W_y und W_T des Querschnittsprofils,

d) die elastische Energie U_{ges} des Systems,

e) die Absenkung w des Kraftangriffspunktes mit dem Satz von CASTIGLIANO,

f) die maximale Vergleichsspannung σ_V nach der Gestaltänderungsenergiehypothese sowie

g) die Sicherheit S_F gegen plastische Verformung der Tragstruktur.

geg.: $F, a, b, d, t, E, G, R_{p0,2}$

<u>Lösung:</u>

a) Auflagerreaktionen in der Einspannung

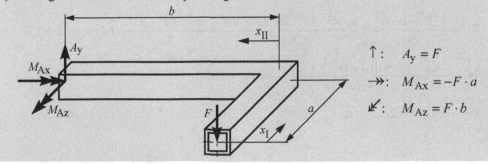

$\uparrow:\quad A_y = F$

$\rightarrow\!\!\!\!\rightarrow:\quad M_{Ax} = -F \cdot a$

$\swarrow:\quad M_{Az} = F \cdot b$

b) Schnittgrößenverläufe in der Tragstruktur (Zweibereichsproblem)

Bereich I:

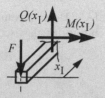

$\uparrow:\quad Q(x_I) - F = 0 \quad \Rightarrow \quad Q(x_I) = F$

$\twoheadrightarrow:\quad M(x_I) + F \cdot x_I = 0$

$\Rightarrow \quad M(x_I) = -F \cdot x_I$

Bereich II:

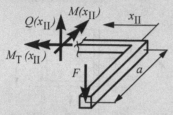

$\uparrow:\quad Q(x_{II}) = F$

$\nearrow:\quad M(x_{II}) = -F \cdot x_{II}$

$\twoheadleftarrow:\quad M_T(x_{II}) = F \cdot a$

Q-Verlauf

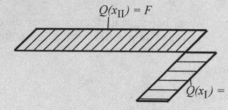

M-Verlauf

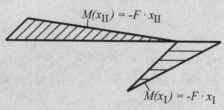

M_T-Verlauf

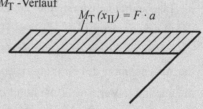

c) Flächenträgheitsmomente und Widerstandsmomente

$$I_y = \frac{b \cdot h^3 - b_i \cdot h_i^3}{12} = \frac{d \cdot d^3 - (d - 2t) \cdot (d - 2t)^3}{12} = \frac{d^4 - (d - 2t)^4}{12}$$

$$W_y = \frac{b \cdot h^3 - b_i \cdot h_i^3}{6d} = \frac{d \cdot d^3 - (d - 2t) \cdot (d - 2t)^3}{6d} = \frac{d^4 - (d - 2t)^4}{6d} \qquad \text{(siehe Bild 5-15)}$$

$$I_T = \frac{4A_m^2 \cdot t}{U} = \frac{4 \cdot [(d - t)^2]^2 \cdot t}{4 \cdot (d - t)} = (d - t)^3 \cdot t$$

$$W_T = 2A_m \cdot t = 2 \cdot (d - t)^2 \cdot t \qquad\qquad\qquad \text{(siehe Bild 7-7)}$$

d) Elastische Energie des Systems

Der Einfluss der Querkraft kann bei schlanken Tragstrukturen vernachlässigt werden. Für das Zweibereichsproblem gilt:

$$U_{\text{ges}} = U_{\text{I}} + U_{\text{II}}$$

$$U_{\text{I}} = \int_{x_{\text{I}}=0}^{a} \frac{M^2(x_{\text{I}})}{2E \cdot I_y} dx_{\text{I}} = \frac{1}{2E \cdot I_y} \cdot \int_{x_{\text{I}}=0}^{a} F^2 \cdot x_{\text{I}}^2 dx_{\text{I}} = \frac{F^2}{2E \cdot I_y} \cdot \frac{x_{\text{I}}^3}{3}\bigg|_0^a = \frac{F^2 \cdot a^3}{6E \cdot I_y} \cdot$$

$$U_{\text{II}} = \int_{x_{\text{II}}=0}^{b} \frac{M^2(x_{\text{II}})}{2E \cdot I_y} dx_{\text{II}} + \int_{x_{\text{II}}=0}^{b} \frac{M_T^2(x_{\text{II}})}{2G \cdot I_T} dx_{\text{II}}$$

$$= \frac{1}{2E \cdot I_y} \cdot \int_{x_{\text{II}}=0}^{b} F^2 \cdot x_{\text{II}}^2 dx_{\text{II}} + \frac{1}{2G \cdot I_T} \cdot \int_{x_{\text{II}}=0}^{b} F^2 \cdot a^2 dx_{\text{II}} = \frac{F^2 \cdot b^3}{6E \cdot I_y} + \frac{F^2 \cdot a^2 \cdot b}{2G \cdot I_T}$$

$$U_{\text{ges}} = \frac{F^2 \cdot a^3}{6E \cdot I_y} + \frac{F^2 \cdot b^3}{6E \cdot I_y} + \frac{F^2 \cdot a^2 \cdot b}{2G \cdot I_T}$$

e) Absenkung w des Kraftangriffspunktes mit dem Satz von CASTIGLIANO

$$w = \frac{\partial U_{\text{ges}}}{\partial F} = \frac{F \cdot a^3}{3E \cdot I_y} + \frac{F \cdot b^3}{3E \cdot I_y} + \frac{F \cdot a^2 \cdot b}{G \cdot I_T}$$

f) Maximale Vergleichsspannung nach der Gestaltänderungsenergiehypothese im Bereich II (bei Vernachlässigung des Querkrafteinflusses)

Maximale Biegespannung:

$$\sigma_{\text{M}} = \frac{M_{\text{max}}}{W_y} = \frac{F \cdot b \cdot 6d}{d^4 - (d-2t)^4},$$

Maximale Schubspannung infolge Torsion:

$$\tau_{\text{M}_{\text{T}}} = \frac{M_{\text{T}}}{W_{\text{T}}} = \frac{F \cdot a}{2 \cdot (d-t^2) \cdot t}$$

Maximale Vergleichsspannung:

$$\sigma_{\text{VGEH}} = \sqrt{\sigma_{\text{M}}^2 + 3\tau_{\text{M}_{\text{T}}}^2} = \sqrt{\left[\frac{6F \cdot b \cdot d}{d^4 - (d-2t)^4}\right]^2 + 3 \cdot \left[\frac{F \cdot a}{2 \cdot (d-t^2) \cdot t}\right]^2}.$$

g) Sicherheit gegen plastische Verformung

$$S_{\text{F}} = \frac{R_{\text{p0,2}}}{\sigma_{\text{VGEH}}} = \frac{R_{\text{p0,2}}}{\sqrt{\left[\dfrac{6F \cdot b \cdot d}{d^4 - (d-2t)^4}\right]^2 + 3 \cdot \left[\dfrac{F \cdot a}{2 \cdot (d-t^2) \cdot t}\right]^2}}$$

10.4.1 Hilfskraft

Möchte man die Verformung (Verschiebung) u_H an einer beliebigen Stelle eines elastischen Systems bestimmen, so ist die Einführung einer Hilfskraft H erforderlich.

Die elastische Energie des Systems ist somit von den wirkenden Kräften und Momenten sowie der Hilfskraft H abhängig:

$$U = U(F, M, H) \tag{10.31}.$$

Die Ableitung der elastischen Energie nach der Hilfskraft ergibt dann

$$\boxed{u_H = \frac{\partial U}{\partial H}} \tag{10.32}.$$

Nach der Ableitung setzt man die Hilfskraft null und erhält so die gesuchte Verschiebung u_H in Richtung der Hilfskraft.

Beispiel 10-3

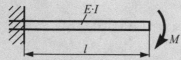

Für den gezeichneten Balken, der am Ende mit einem Moment belastet ist, bestimme man die Absenkung w am Balkenende.

Lösung:

Einführung der Hilfskraft an der Stelle und in Richtung der gesuchten Verschiebung.

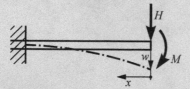

Schnittmoment: $M(x) = -M - H \cdot x$

Elastische Energie:

$$U = \int_{x=0}^{l} \frac{M^2(x)}{2E \cdot I}\,dx = \int_{x=0}^{l} \frac{(-M - H \cdot x)^2}{2E \cdot I}\,dx = \int_{x=0}^{l} \frac{M^2 + 2M \cdot H \cdot x + H^2 \cdot x^2}{2E \cdot I}\,dx$$

$$= \frac{1}{2E \cdot I}\left[M^2 \cdot x + M \cdot H \cdot x^2 + H^2 \cdot \frac{x^3}{3} \right]_0^l = \frac{1}{2E \cdot I}\left(M^2 \cdot l + M \cdot H \cdot l^2 + H^2 \cdot \frac{l^3}{3} \right)$$

Absenkung w:

$$w = \frac{\partial U}{\partial H} = \frac{1}{2E \cdot I}\left(0 + M \cdot l^2 + 2H \cdot \frac{l^3}{3} \right)\Bigg|_{H=0}$$

$$w = \frac{M \cdot l^2}{2E \cdot I}$$

10.4.2 Hilfsmoment

Die Verdrehung an einer beliebigen Stelle einer Struktur erhält man durch Einführung eines Hilfsmomentes M_H.

Mit der elastischen Energie

$$U = U(F, M, M_H) \tag{10.33}$$

lässt sich die Verdrehung φ_H in Richtung von M_H mit

$$\boxed{\varphi_H = \frac{\partial U}{\partial M_H}} \tag{10.34}$$

und der Nullsetzung von M_H nach der Ableitung ermitteln.

Beispiel 10-4

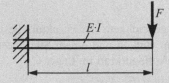

Für den nebenstehenden Balken berechne man die Verdrehung φ am Balkenende.

<u>Lösung:</u>

Einführung eines Hilfsmomentes.

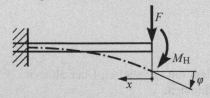

Schnittmoment: $M(x) = -F \cdot x - M_H$

Elastische Energie:

$$U = \int_{x=0}^{l} \frac{M^2(x)}{2E \cdot I}\, dx = \int_{x=0}^{l} \frac{(-F \cdot x - M_H)^2}{2E \cdot I}\, dx = \frac{1}{2E \cdot I} \cdot \left(F^2 \cdot \frac{l^3}{3} + F \cdot M_H \cdot l^2 + M_H{}^2 \cdot l \right)$$

Verdrehung φ:

$$\varphi = \frac{\partial U}{\partial M_H} = \frac{1}{2E \cdot I} \cdot \left(0 + F \cdot l^2 + 2M_H \cdot l \right) \bigg|_{M_H = 0} = \frac{F \cdot l^2}{2E \cdot I}$$

10.5 Satz von MENABREA

Einen Sonderfall des Satzes von CASTIGLIANO stellt der Satz von MENABREA dar. Er ist geeignet zur Bestimmung der statisch Überzähligen X bei statisch unbestimmten Problemen (siehe z. B. Kapitel 5.5).

Der Satz von MENABREA lautet:

> *„Die partielle Ableitung der elastischen Energie nach der statisch Überzähligen ist null."*

Formelmäßig gilt:

$$\boxed{\frac{\partial U}{\partial X} = 0}$$ (10.35),

wobei die elastische Energie in Abhängigkeit von den äußeren Kräften und Momenten sowie von der statisch Überzähligen X zu bestimmen ist. Die Anwendung des Satzes von MENABREA wird in Beispiel 10-3 verdeutlicht.

Beispiel 10-5   ✱✱✱

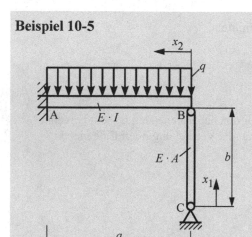

Für die gezeichnete Tragstruktur, bestehend aus einem Balken und einem Stab, bestimme man die Auflagerkraft im Lager C.

geg.: $q, a, b, E \cdot A, E \cdot I$

<u>Lösung:</u>

Es handelt sich um ein statisch unbestimmtes Problem mit der statisch Überzähligen $C = X$. Diese lässt sich mit dem Satz von MENABREA bestimmen:

$$\frac{\partial U_{ges}}{\partial X} = 0$$

$$U_{ges} = U_{Stab} + U_{Balken}$$

$$U_{Stab} = \int_{x_1 = 0}^{b} \frac{N^2(x_1)}{2E \cdot A} dx_1$$

$$\uparrow : \quad N(x_1) + X = 0 \quad \Rightarrow \quad N(x_1) = -X$$

$$U_{Stab} = \int_{x_1 = 0}^{b} \frac{X^2}{2E \cdot A} dx_1 = \frac{X^2}{2E \cdot A} \cdot x_1 \bigg|_0^b = \frac{X^2 \cdot b}{2E \cdot A}$$

$$U_{\text{Balken}} = \int\limits_{x_2=0}^{a} \frac{M^2(x_2)}{2E \cdot I} dx_2$$

$\curvearrowright\Gamma:\quad M(x_2) - X \cdot x_2 + \dfrac{q \cdot x_2{}^2}{2} = 0$

$$M(x_2) = X \cdot x_2 - \frac{q \cdot x_2{}^2}{2}$$

$$U_{\text{Balken}} = \frac{1}{2E \cdot I} \cdot \int\limits_{x_2=0}^{a} \left(X^2 \cdot x_2{}^2 - X \cdot q \cdot x_2{}^3 + \frac{q^2 \cdot x_2{}^4}{4} \right) dx_2$$

$$= \frac{1}{2E \cdot I} \cdot \left[X^2 \cdot \frac{a^3}{3} - X \cdot q \cdot \frac{a^4}{4} + \frac{q^2 \cdot a^5}{20} \right]$$

$C = X$

$$U_{\text{ges}} = \frac{X^2 \cdot b}{2E \cdot A} + \frac{1}{2E \cdot I} \cdot \left[X^2 \cdot \frac{a^3}{3} - X \cdot q \cdot \frac{a^4}{4} + \frac{q^2 \cdot a^5}{20} \right]$$

$$\frac{\partial U_{\text{ges}}}{\partial X} = \frac{X \cdot b}{E \cdot A} + \frac{1}{2E \cdot I} \cdot \left[X \cdot \frac{2a^3}{3} - q \cdot \frac{a^4}{4} \right] = 0$$

$$\Rightarrow \quad X = \frac{q \cdot a^4}{8E \cdot I \cdot \left(\dfrac{b}{E \cdot A} + \dfrac{a^3}{3E \cdot I} \right)} = C$$

Für den Sonderfall $E \cdot A \to \infty$ (starrer Stab bzw. Loslager bei B) gilt:

$$X = \frac{3}{8} q \cdot a$$

(siehe auch Gleichung (5.125)).

Beispiel 10-6   ***

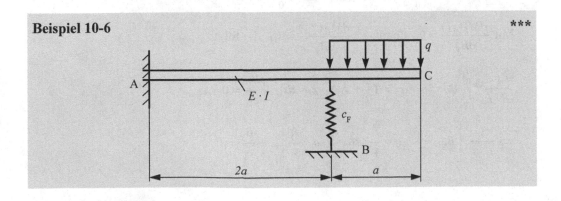

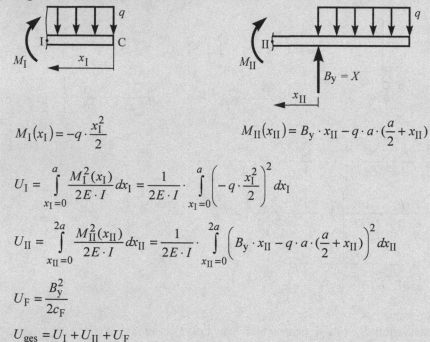

Für den gegebenen Träger mit konstanter Streckenlast q sind unter Berücksichtigung der Biegesteifigkeit $E \cdot I$ und der Federsteifigkeit c_F zu ermitteln:

a) die Lagerkraft in B mit dem Satz von MENABREA,

b) die Absenkung und Verdrehung des Querschnittes C mit dem Satz von CASTIGLIANO.

geg.: $q, a, E \cdot I, c_F = E \cdot I / a^3$

Lösung:

a) Lagerkraft in B mit dem Satz von MENABREA

$$M_I(x_I) = -q \cdot \frac{x_I^2}{2} \qquad\qquad M_{II}(x_{II}) = B_y \cdot x_{II} - q \cdot a \cdot \left(\frac{a}{2} + x_{II}\right)$$

$$U_I = \int_{x_I=0}^{a} \frac{M_I^2(x_I)}{2E \cdot I} dx_I = \frac{1}{2E \cdot I} \cdot \int_{x_I=0}^{a} \left(-q \cdot \frac{x_I^2}{2}\right)^2 dx_I$$

$$U_{II} = \int_{x_{II}=0}^{2a} \frac{M_{II}^2(x_{II})}{2E \cdot I} dx_{II} = \frac{1}{2E \cdot I} \cdot \int_{x_{II}=0}^{2a} \left(B_y \cdot x_{II} - q \cdot a \cdot \left(\frac{a}{2} + x_{II}\right)\right)^2 dx_{II}$$

$$U_F = \frac{B_y^2}{2c_F}$$

$$U_{ges} = U_I + U_{II} + U_F$$

Die Differentation wird unter dem Integral durchgeführt.

$$\frac{\partial U_{ges}}{\partial B_y} = \frac{1}{E \cdot I} \cdot \left(\int_0^a M_I(x_I) \cdot \frac{\partial M_I(x_I)}{\partial B_y} dx_I + \int_0^{2a} M_{II}(x_{II}) \cdot \frac{\partial M_{II}(x_{II})}{\partial B_y} dx_{II}\right) + \frac{B_y}{c_F} = 0$$

Mit $\dfrac{\partial M_I(x_I)}{\partial B_y} = 0$ und $\dfrac{\partial M_{II}(x_{II})}{\partial B_y} = x_{II}$ folgt:

$$\frac{1}{E \cdot I} \cdot \int_0^{2a} \left[B_y \cdot x_{II} - q \cdot a \cdot \left(\frac{a}{2} + x_{II}\right)\right] \cdot x_{II} \cdot dx_{II} + \frac{B_y}{c_F} = 0$$

$$\Rightarrow \frac{1}{E \cdot I} \cdot \left[B_y \cdot \frac{x_{II}^3}{3} - q \cdot \frac{a^2}{4} \cdot x_{II}^2 - q \cdot a \cdot \frac{x_{II}^3}{3}\right]_0^{2a} + \frac{B_y}{c_F} = 0$$

$$\Rightarrow \frac{1}{E \cdot I} \cdot \left[B_y \cdot \frac{8}{3} \cdot a^3 - \frac{11}{3} q \cdot a^4 \right] + \frac{B_y \cdot a^3}{E \cdot I} = 0$$

$$\Rightarrow B_y = q \cdot a$$

b) Absenkung und Neigung des Querschnitts in C mit dem Satz von CASTIGLIANO

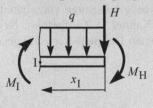
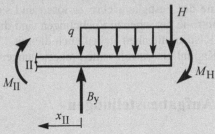

$$M_I(x_I) = -H \cdot x_I - q \cdot \frac{x_I^2}{2} - M_H$$

$$M_{II}(x_{II}) = q \cdot a \cdot x_{II} - H \cdot (a + x_{II})$$
$$- q \cdot a \cdot (\frac{a}{2} + x_{II}) - M_H$$

Absenkung im Punkt C:

$$w_C = \frac{\partial U}{dH} = \frac{1}{E \cdot I} \cdot \left(\int_0^a M_I(x_I) \cdot \frac{\partial M_I(x_I)}{\partial H} dx_I + \int_0^{2a} M_{II}(x_{II}) \cdot \frac{\partial M_{II}(x_{II})}{\partial H} dx_{II} \right)$$

Mit $\dfrac{\partial M_I(x_I)}{\partial H} = -x_I$ und $\dfrac{\partial M_{II}(x_{II})}{\partial H} = -(a + x_{II})$ folgt:

$$w_C = \frac{1}{E \cdot I} \cdot \left(\int_0^a q \cdot \frac{x_I^3}{2} dx_I + \int_0^{2a} \frac{1}{2} q \cdot a^2 \cdot (a + x_{II}) dx_{II} \right) = \frac{17}{8 E \cdot I} \cdot q \cdot a^4$$

Verdrehung im Punkt C

$$\varphi_C = \frac{\partial U}{\partial M_H} = \frac{1}{E \cdot I} \cdot \left(\int_0^a M_I(x_I) \cdot \frac{\partial M_I(x_I)}{\partial M_H} dx_I + \int_0^{2a} M_{II}(x_{II}) \cdot \frac{\partial M_{II}(x_{II})}{\partial M_H} dx_{II} \right)$$

Mit $\dfrac{\partial M_I(x_I)}{\partial M_H} = -1$ und $\dfrac{\partial M_{II}(x_{II})}{\partial M_H} = -1$ folgt:

$$\varphi_C = \frac{1}{E \cdot I} \cdot \left(\int_0^a q \cdot \frac{x_I^2}{2} dx_I + \int_0^{2a} \frac{1}{2} q \cdot a^2 dx_{II} \right) = \frac{7}{6 E \cdot I} \cdot q \cdot a^3$$

11 Klausuraufgaben

Die Technische Mechanik ist nicht allein durch das Lesen eines Buches erlernbar. Die folgenden Aufgaben sollen deshalb den Leser dazu ermuntern, selbstständig Fragestellungen und Probleme der Festigkeitslehre zu lösen und sich so auf anstehende Klausuren vorzubereiten. Zur Kontrolle der eigenen Rechnungen sind die Ergebnisse in Kapitel 11.2 aufgeführt. Neben diesen Klausuraufgaben stellen auch die mit *** gekennzeichneten Beispiele der vorangegangenen Kapitel klausurrelevante Fragestellungen dar.

11.1 Aufgabenstellungen

Aufgabe 1

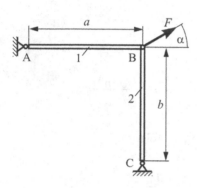

Ein Stabsystem, bestehend aus einem Aluminiumstab, Stab 1, und einem Stahlstab, Stab 2, ist in A und C wie dargestellt gelagert und in B durch eine Kraft F belastet.

Man bestimme:

a) die Stabkräfte in den Stäben 1 und 2,

b) die Spannungen in den Stäben 1 und 2,

c) die Stabverlängerungen und

d) die Verschiebung des Punktes B.

geg.: $F, a, b, A_1, A_2, E_1, E_2, \alpha$

Aufgabe 2

Für den skizzierten Querschnitt, bestehend aus einem scharfkantigen T-Stahl und einem U-Profil, bestimme man die axialen Flächenträgheitsmomente I_y und I_z bezüglich des Gesamtschwerpunkts S.

geg.: $h = 40$ mm, $b = 40$ mm, $t = 5$ mm

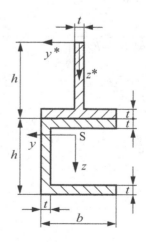

Aufgabe 3

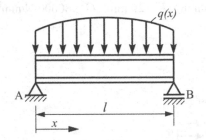

Ein Stahlträger ist durch eine quadratische Streckenlast $q(x)$ belastet. Bestimmen Sie die Biegelinie des Trägers und den Wert der maximalen Durchbiegung.

geg.: $q(x) = a \cdot x^2 + b \cdot x + c$, $a = -0,16$ kN/m³,
$b = 0,8$ kN/m², $c = 1$ kN/m, $l = 5$ m,
$E = 210000$ N/mm², $I = 2000$ cm⁴

Aufgabe 4

Die dargestellte Vorrichtung dient zur Temperatur-überwachung eines Wärmeofens. Die Maximaltemperatur wurde gerade erreicht und die Heizung ausgeschaltet. Sinkt die Temperatur in dem senkrechten Stab auf die Minimaltemperatur, wird der waagerechte Balken durchgebogen und der Kontakt geschlossen, so dass die Heizung wieder eingeschaltet wird.

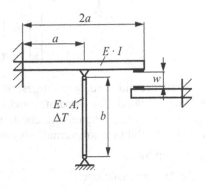

Bestimmen Sie für das Schließen des Schalters:

a) die Stabkraft S und

b) die Temperaturänderung ΔT.

geg.: $a, b, w, E \cdot A, E \cdot I, \alpha_T$

Aufgabe 5

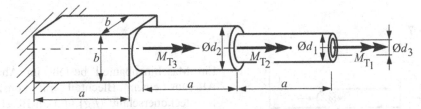

Eine einseitig fest eingespannte Welle besteht aus einem Balken, einer Vollwelle und einer Hohlwelle, die fest miteinander verbunden sind. Am freien Ende greift ein Torsionsmoment M_{T1} sowie am ersten Absatz M_{T2} und am zweiten Absatz M_{T3} an.

Man bestimme:

a) die Torsionsflächenträgheitsmomente und die Torsionswiderstandsmomente,

b) den Torsionsmomentenverlauf entlang der Welle,

c) die maximalen Torsionsmomente M_{T1}, M_{T2} und M_{T3} so, dass in allen Bereichen plastische Verformung mit zweifacher Sicherheit verhindert wird, und

d) die Verdrehung am freien Ende für die bestimmten Torsionsmomente.

geg.: $a = 150$ mm, $b = 50$ mm, $d_1 = 30$ mm, $d_2 = 40$ mm, $d_3 = 20$ mm, $G = 80000$ N/mm^2,
$R_{p0,2} = 350$ N/mm^2

Aufgabe 6

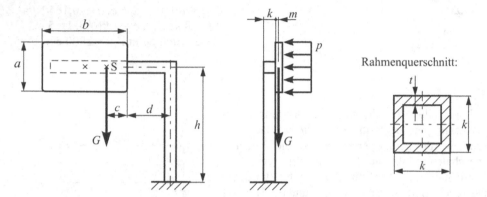

Ein Straßenschild wird, wie dargestellt, von einer Rahmenkonstruktion gehalten. Die Konstruktion ist durch das Gesamtgewicht G von Schild und Rahmen, das im Schwerpunkt S angenommen werden kann, und durch die Windlast p auf das Schild belastet. Die Windbelastung auf den Rahmen soll vernachlässigt werden.

Bestimmen Sie:

a) die Auflagerreaktionen,

b) Ort und Größe der maximalen Biegemomente in der Rahmenkonstruktion und

c) die maximale Biegespannung im Rahmen

geg.: $G, p, a, b, c, d, h, k, m$, t

Aufgabe 7

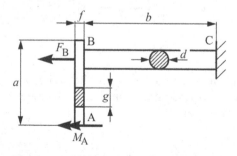

Ein Maschinenbauteil besteht im Abschnitt AB aus einem Blechteil mit konstantem Rechteckquerschnitt $(f \cdot g)$ und im Bereich BC aus einer Vollwelle mit dem Durchmesser d. Das Bauteil ist, wie dargestellt, bei C fest eingespannt und bei A durch ein Moment M_A sowie bei B durch eine Kraft F_B belastet.

Bestimmen Sie:

a) die Schnittgrößen in den Bereichen AB und BC.

b) die auftretenden maximalen Spannungen im Blechteil und in der Welle

c) die maximale Vergleichsspannung (nach von Mises) in der Welle und

d) die Sicherheit gegen plastische Verformung.

geg.: $M_A = 40$ Nm, $F_B = 8000$ N, $a = 20$ cm, $b = 30$ cm, $d = 12$ mm; $f = 6$ mm, $g = 20$ mm,
$R_{p0,2} = 355$ N/mm^2

Aufgabe 8

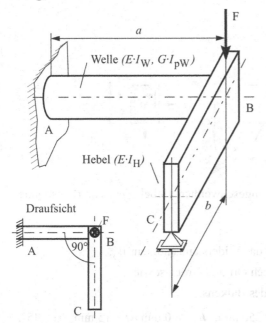

Ein System bestehend aus einer Welle und einem Hebel (siehe Skizze), ist an der Stelle A fest eingespannt und bei B durch eine Kraft F belastet.

a) Für den Fall, dass sich bei C keine Lagerung befindet, bestimme man die Absenkung an der Stelle C.

b) Für den Fall, dass sich bei C eine Abstützung befindet, bestimme man die Auflagerkraft X an der Stelle C.

geg.: $F, a, b, E \cdot I_W, G \cdot I_{pW}, E \cdot I_H$

Aufgabe 9

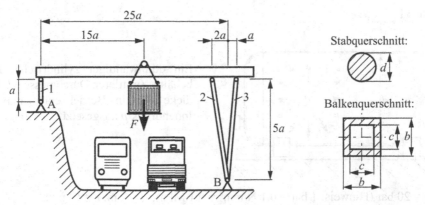

Für das Verladen von Gütern wird die dargestellte Brücke eingesetzt. Die maximal zulässige Traglast ist F_{max}. Für die drei Stäbe ist ein Kreisquerschnittprofil und für den Balken ein Rechteckprofil verwendet worden. Das Gewicht der Verladebrücke kann vernachlässigt werden.

Ermitteln Sie:

a) die Auflagerreaktionen in A und B

b) den Durchmesser der drei Stäbe so, dass sowohl für die Druckbelastung als auch gegen das Ausknicken zweifache Sicherheit gewährleistet ist sowie

c) Ort und Größe der im Balken auftretenden maximalen Biegespannung.

geg.: $F_{max} = 250$ kN, $a = 600$ mm, $b = 400$ mm, $c = 200$ mm, $E = 210000$ N/mm^2, $R_{p0,2} = 235$ N/mm^2

Aufgabe 10

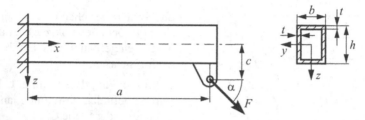

Ein Kragarm aus einem Hohlprofil mit einem angeschweißten Hebel dient zur Befestigung eines Seils (Seilkraft F).

Bestimmen Sie:

a) die Flächenträgheitsmomente I_y und I_z sowie das Widerstandsmoment W_y,

b) die maximale Normalspannung im Balken nach Ort und Größe sowie

c) die Sicherheit gegen plastische Verformung des Balkens.

geg.: $F = 150$ kN, $a = 5$ m, $b = 300$ mm, $c = 250$ mm, $h = 400$ mm, $t = 15$ mm, $\alpha = 45°$, $R_{p0,2} = 355$ N/mm^2

Aufgabe 11

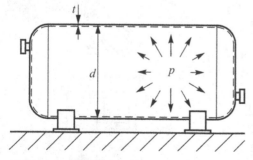

Ein dünnwandiger zylindrischer Druckbehälter (mittlerer Durchmesser d, Wanddicke t) ist im Betrieb einem maximalen Innendruck p ausgesetzt.

geg.: $p = 20$ bar (Hinweis: 1 bar = 0,1 N/mm^2 = 0,1 MPa), $d = 2$ m, $t = 12$ mm, $R_m = 520$ MPa, $E = 210000$ N/mm^2, $v = 0,3$

Bestimmen Sie

a) die in der Zylinderwand auftretende Tangentialspannung σ_t und die Längsspannung σ_l,

b) den MOHRschen Spannungskreis für den in der Behälterwand vorliegenden Spannungszustand,

c) die Dehnungen ε_t und ε_l in Tangential- und in Längsrichtung in der Behälterwand sowie

d) die Sicherheit gegen Bruch des Behälters.

Aufgabe 12

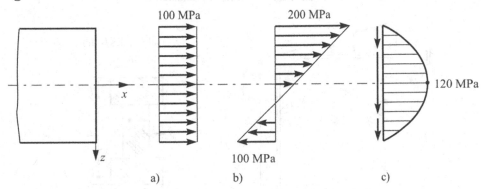

a)   b)   c)

Ein Balken mit einem Querschnitt A und einem Widerstandsmoment W gegen Biegung ist drei verschiedenen Belastungssituationen ausgesetzt.

Bestimmen Sie anhand der gezeigten Spannungsverteilungen die entsprechenden Schnittgrößen.

geg.: $A = 50 \text{ mm}^2$, $W = 80 \text{ mm}^3$

Aufgabe 13

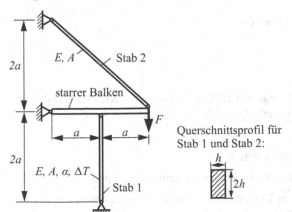

Querschnittsprofil für
Stab 1 und Stab 2:

Ein einseitig, gelenkig gelagerter starrer Balken wird über die Stäbe 1 und 2 gehalten und am Ende mit der Einzellast F belastet. Stab 1 und Stab 2 besitzen das skizzierte Rechteckprofil und zusätzlich unterliegt Stab 1 einer Temperaturveränderung ΔT.

geg.: $F, E, A, \alpha, \Delta T, a, h$

Man bestimme

a) die Stabkräfte S_1 und S_2,

b) die Knicksicherheit für Stab 1 sowie

c) die Temperaturänderung ΔT^*, damit Stab 1 unbelastet ist.

Aufgabe 14

Ein Rahmen (Biegesteifigkeit $E \cdot I$) mit skizziertem Querschnitt wird im Abschnitt AB durch eine linear veränderliche Streckenlast (Maximalwert q_0) belastet.

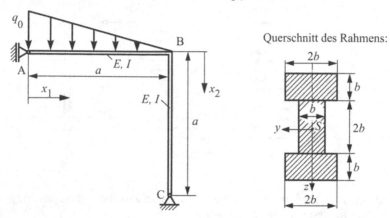

geg.: $q_0 = 10$ N/mm, $a = 800$ mm, $E = 2 \cdot 10^5$ N/mm², $\sigma_{zul} = 80$ N/mm²

Man bestimme

a) die Auflagerkräfte in A und C,

b) die Gleichung der Biegelinie in den Abschnitten AB und BC,

c) das Maß b, damit die zulässige Spannung σ_{zul} im gesamten Rahmen nicht überschritten wird und

d) die Verschiebung im Lager A für diese Situation.

Aufgabe 15

Ein Abschleppwagen hebt ein Auto der Masse m mit Hilfe des skizzierten Krans an. Dabei ist der Träger DF horizontal ausfahrbar. Die Träger AG und BC sind als starr anzunehmen.

Bestimmen Sie

a) die Stützkraft im Punkt C sowie die Gelenkkräfte in G,

b) den Momentenverlauf im gesamten horizontalen Träger GF (mit Skizze) und

c) die maximale Länge s_{max} des ausfahrbaren Trägers so, dass eine zulässige Spannung σ_{zul} im horizontalen Träger GF nicht überschritten wird.

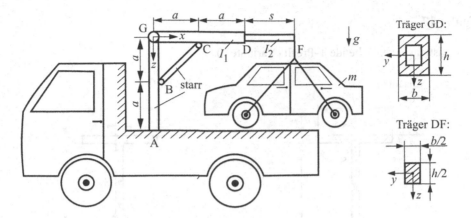

geg.: $m, g, a, b, h,\ I_1 = \dfrac{5}{64} b \cdot h^3,\ I_2 = \dfrac{1}{192} b \cdot h^3,\ E,\ \sigma_{zul} = 8 \dfrac{m \cdot g \cdot a}{b \cdot h^2}$

Aufgabe 16

Zwei Stäbe mit einem Vollkreisquerschnitt (Radius r) sind im Punkt B gelenkig miteinander verbunden und in A und C gelenkig gelagert. Am Punkt B greift die vertikale Kraft F an. Der Punkt B wird vertikal geführt, sodass keine horizontalen Verschiebungen möglich sind.

Ermitteln Sie

a) die Stabkräfte,

b) die Verschiebung im Punkt B und

c) die Knicksicherheit des Stabsystems.

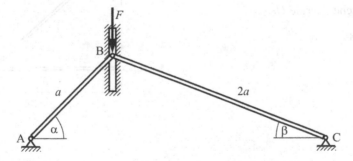

geg.: $a = 800$ mm, $r = 7$ mm, $\alpha = 45°$, $F = 2$ kN, $E = 210000$ N/mm^2

Aufgabe 17

Gegeben ist das untenstehende T-Profil (Variante a).

Variante a   Variante b

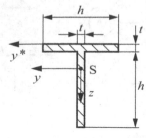
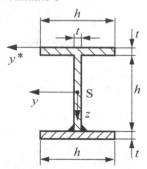

a) Berechnen Sie hierfür das Widerstandsmoment W_y gegen Biegung.
b) Durch das Anschweißen eines unteren Gurtes wird das T-Profil verstärkt. Berechnen Sie
   für das so entstandene I-Profil (Variante b) das Widerstandsmoment W_y gegen Biegung.

geg.: $h, t = h/10$

Aufgabe 18

Berechnen Sie für das nebenstehende Fachwerk die elastische Energie U.

geg.: $F, a, E \cdot A$

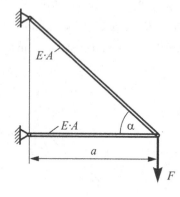

11.2 Ergebnisse

Aufgabe 1

a) Stabkräfte in den Stäben 1 und 2

$$S_1 = F \cdot \cos \alpha \qquad\qquad\qquad S_2 = F \cdot \sin \alpha$$

b) Spannungen in den Stäben 1 und 2

$$\sigma_1 = \frac{S_1}{A_1} = \frac{F \cdot \cos \alpha}{A_1} \qquad\qquad \sigma_2 = \frac{S_2}{A_2} = \frac{F \cdot \sin \alpha}{A_2}$$

c) Stabverlängerungen

$$\Delta l_1 = \frac{S_1 \cdot a}{E_1 \cdot A_1} = \frac{F \cdot a \cdot \cos \alpha}{E_1 \cdot A_1} \qquad \Delta l_2 = \frac{S_2 \cdot b}{E_2 \cdot A_2} = \frac{F \cdot b \cdot \sin \alpha}{E_2 \cdot A_2}$$

d) Verschiebung des Punktes B

$$\Delta l = \sqrt{\Delta l_1{}^2 + \Delta l_2{}^2}$$

$$= \sqrt{\left(\frac{F \cdot a \cdot \cos \alpha}{E_1 \cdot A_1}\right)^2 + \left(\frac{F \cdot b \cdot \sin \alpha}{E_2 \cdot A_2}\right)^2}$$

$$\tan \beta = \frac{\Delta l_2}{\Delta l_1} = \frac{E_1 \cdot A_1 \cdot b}{E_2 \cdot A_2 \cdot a} \cdot \tan \alpha$$

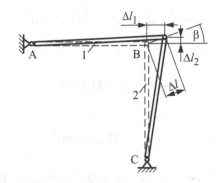

Aufgabe 2

$$y_S{}^* = \frac{\sum y_{Si} \cdot A_i}{\sum A_i} = \frac{2625 \, \text{mm}^3}{925 \, \text{mm}^2} = 2{,}8 \, \text{mm} \qquad z_S{}^* = \frac{\sum z_{Si} \cdot A_i}{\sum A_i} = \frac{43562{,}5 \, \text{mm}^3}{925 \, \text{mm}^2} = 47{,}1 \, \text{mm}$$

$$I_y = \sum (I_{y1} + \bar{z}_{Si}{}^2 \cdot A_i) = 416150{,}0 \, \text{mm}^4 \qquad I_z = \sum (I_{z1} + \bar{y}_{Si}{}^2 \cdot A_i) = 119165{,}3 \, \text{mm}^4$$

Aufgabe 3

$$w(x) = \frac{1}{E \cdot I} \left[\frac{a}{360} x^6 + \frac{b}{120} x^5 + \frac{c}{24} x^4 - (\frac{a}{72} l^3 + \frac{b}{36} l^2 + \frac{c}{12} l) x^3 + (\frac{a}{90} l^5 + \frac{7b}{360} l^4 + \frac{c}{12} l^3) x \right]$$

$$w_{max} = 6{,}6 \, \text{mm}$$

Aufgabe 4

a) Stabkraft S

$$S = \frac{6E \cdot I \cdot w}{5a^3}$$

b) Temperaturänderung ΔT

$$\Delta T = -\frac{2w}{5\alpha_T \cdot b} \cdot \left(1 + \frac{3 \cdot b \cdot I}{a^3 \cdot A}\right)$$

Aufgabe 5

a) Torsionsflächenträgheitsmomente und die Torsionswiderstandsmomente

Teil 1:

$$I_{T_1} = \frac{\pi}{32}(d_1^4 - d_3^4) = 63813,6 \, \text{mm}^4 \qquad W_{T_1} = \frac{\pi}{16 d_1}(d_1^4 - d_3^4) = 4254,2 \, \text{mm}^3$$

Teil 2:

$$I_{T_2} = \frac{\pi \cdot d_2^4}{32} = 251327,4 \, \text{mm}^4 \qquad W_{T_2} = \frac{\pi \cdot d_2^3}{16} = 12566,4 \, \text{mm}^3$$

Teil 3:

$$I_{T_3} = c_1 \cdot b \cdot b^3 = 881250 \, \text{mm}^3 \qquad W_{T_3} = c_2 \cdot b \cdot b^2 = 26000 \, \text{mm}^3$$

b) Torsionsmomentenverlauf entlang der Welle

Bereich I: $2a < x < 3a$

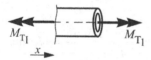

$$M_{T\,I} = M_{T1}$$

Bereich II: $a < x < 3a$

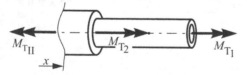

$$M_{T\,II} = M_{T1} + M_{T2}$$

Bereich II: $0 < x < a$

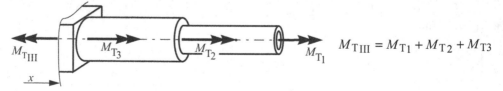

$$M_{T\,III} = M_{T1} + M_{T2} + M_{T3}$$

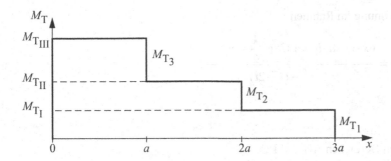

c) Maximale Torsionsmomente M_{T1}, M_{T2} und M_{T3} so, dass in allen Bereichen plastische Verformung mit zweifacher Sicherheit verhindert wird

Bereich I: $\tau_{I,max} = \dfrac{M_{T_I}}{W_{T_1}} \leq \tau_{zul} = \dfrac{0,58 R_{p0,2}}{S_F} \Rightarrow M_{T_I} \leq \dfrac{0,58 R_{p0,2}}{S_F} \cdot W_{T_1} = 431,8\,\text{Nm}$

Bereich II: $\tau_{II,max} = \dfrac{M_{T_{II}}}{W_{T_2}} \leq \tau_{zul} \Rightarrow M_{T_2} \leq \tau_{zul} \cdot W_{T_2} - M_{T_1} = 843,7\,\text{Nm}$

Bereich III: $\tau_{III,max} = \dfrac{M_{T_{III}}}{W_{T_3}} \leq \tau_{zul} \Rightarrow M_{T_3} \leq \tau_{zul} \cdot W_{T_3} - (M_{T_1} + M_{T_2}) = 1363,5\,\text{Nm}$

d) Verdrehung am freien Ende für die bestimmten Torsionsmomente

$$\varphi_{ges} = \varphi_I + \varphi_{II} + \varphi_{III} = \frac{M_{T_I} \cdot a}{G \cdot I_{T_1}} + \frac{M_{T_{II}} \cdot a}{G \cdot I_{T_2}} + \frac{M_{T_{III}} \cdot a}{G \cdot I_{T_3}} = 2,78 \cdot 10^{-2} \approx 1,6°$$

Aufgabe 6

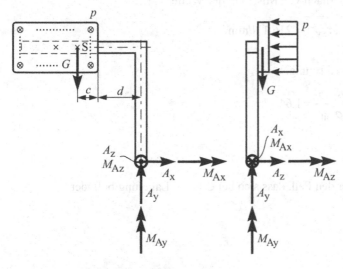

a) Auflagerraktionen

$A_y = G$, $A_x = 0$, $A_z = p \cdot a \cdot b$

$M_{Ax} = p \cdot a \cdot b \cdot h - G \cdot (0,5k + m)$

$M_{Ay} = p \cdot a \cdot b \cdot (d + 0,5b)$

$M_{Az} = -G \cdot (c + d)$

b) Ort und Größe der maximalen Biegemomente

Ort: Einspannung (Punkt A)

Größe:

$M_x = |M_{Ax}|$
$= |p \cdot a \cdot b \cdot h - G \cdot (0,5k + m)|$

$M_z = |M_{Az}| = |-G \cdot (c + d)|$

c) Maximale Biegespannung im Rahmen

$$\sigma_{max} = \frac{M_x}{W_x} + \frac{M_z}{W_z} = \frac{6k \cdot [p \cdot a \cdot b \cdot h + G \cdot (-\frac{k}{2} - m + c + d)]}{k^4 - (k - 2t)^4}$$

Aufgabe 7

a) Schnittgrößen in den Bereichen AB und BC

Bereich AB   Bereich BC

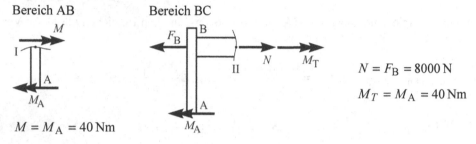

$M = M_A = 40\,\mathrm{Nm}$

$N = F_B = 8000\,\mathrm{N}$

$M_T = M_A = 40\,\mathrm{Nm}$

b) Auftretende maximale Spannungen im Blechteil und in der Welle

Blechteil:

$$\sigma_{max} = \frac{M}{W_B} = \frac{M_A \cdot 6}{f \cdot g^2} = 100\,\mathrm{N/mm}^2$$

Vollwelle:

$$\sigma_{max} = \frac{N}{A} = \frac{4F_B}{d^2 \cdot \pi} = 70{,}7\,\mathrm{N/mm}^2 \qquad \tau_{max} = \frac{M_T}{W_T} = \frac{16M_T}{d^3 \cdot \pi} = 117{,}9\,\mathrm{N/mm}^2$$

c) Maximale Vergleichsspannung (nach von Mises) in der Welle

$$\sigma_V = \sqrt{\sigma_x^2 + \sigma_y^2 - \sigma_x\sigma_y + 3\tau_{xy}^2} = 216{,}1\,\mathrm{N/mm}^2$$

d) Sicherheit gegen plastische Verformung.

$$\sigma_V \leq \sigma_{zul} = \frac{R_{p0,2}}{S_F} \Rightarrow S_F = \frac{R_{p0,2}}{\sigma_{zul}} = 1{,}64$$

Aufgabe 8

a) Absenkung an der Stelle C, für den Fall, dass sich bei C keine Lagerung befindet

$$w_{FC} = \frac{F \cdot a^3}{3E \cdot I_W}$$

b) Auflagerkraft X an der Stelle C, für den Fall, dass sich bei C eine Abstützung befindet

$$X = \frac{F}{1 + \dfrac{3b^2 \cdot E \cdot I_W}{a^2 \cdot G \cdot I_{Pw}} + \dfrac{b^3 \cdot I_W}{a^3 \cdot I_H}}$$

Aufgabe 9

a) Auflagerreaktionen in A und B

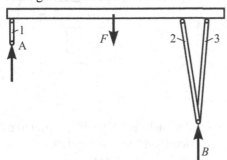

$A = 100$ kN und $B = 150$ kN

b) Durchmesser der drei Stäbe so, dass sowohl für die Druckbelastung als auch gegen das Ausknicken zweifache Sicherheit gewährleistet ist

	Festigkeit	Ausknicken
Stab 1	<u>32,92 mm</u>	29,00 mm
Stab 2	24,16 mm	<u>57,66 mm</u>
Stab 3	33,24 mm	<u>65,82 mm</u>

c) Ort und Größe der im Balken auftretenden maximalen Biegespannung.

$$M_{max}(x = 15a) = 900000\,\text{Nm}$$

$$\sigma_{max}(x = 15a) = \frac{M}{W_B} = \frac{M_{max} \cdot 6b}{b^4 - c^4} = 90\,\text{N/mm}^2$$

Aufgabe 10

a) Flächenträgheitsmomente I_y und I_z sowie das Widerstandsmoment W_y

$$I_y = 460307500\,\text{mm}^4,\ I_z = 293107500\,\text{mm}^4,\ W_y = 2301537{,}5\,\text{mm}^3$$

b) Maximale Normalspannung im Balken nach Ort und Größe

$$M_{max} = 503{,}813\,\text{kNm},\ N = 106{,}06\,\text{kN},\ A = 20100\,\text{mm}^2$$

$$\sigma_{max}(x = 0) = \frac{M_{max}}{W_y} + \frac{N}{A} = 224{,}18\,\frac{\text{N}}{\text{mm}^2}$$

c) Sicherheit gegen plastische Verformung des Balkens

$$\sigma_{max} \leq \sigma_{zul} = \frac{R_{p0,2}}{S_F} \Rightarrow S_F = \frac{R_{p0,2}}{\sigma_{max}} = 1,58$$

Aufgabe 11

a) Tangentialspannung σ_t und Längsspannung σ_l in der Behäl-
    terwand

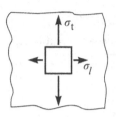

$$\sigma_t = \frac{p \cdot d}{2t} = 166,7 \,\text{N/mm}^2$$

$$\sigma_l = \frac{p \cdot d}{4t} = 83,3 \,\text{N/mm}^2$$

b) MOHRscher Spannungskreis

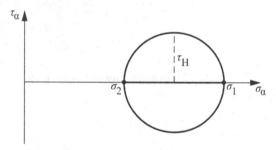

Zweiachsiger Spannungszustand mit
den Hauptnormalspannungen

$$\sigma_1 = \sigma_t = 166,7 \,\text{N/mm}^2 \,,$$

$$\sigma_2 = \sigma_l = 83,3 \,\text{N/mm}^2$$

und der Hauptschubspannung

$$\tau_H = 41,6 \,\text{N/mm}^2 \,.$$

c) Dehnungen ε_t und ε_l in Tangential- und in Längsrichtung

$$\varepsilon_t = \frac{1}{E} \cdot (\sigma_t - v \cdot \sigma_l) = 0,00067 = 0,067\% = 0,67\permil$$

$$\varepsilon_l = \frac{1}{E} \cdot (\sigma_l - v \cdot \sigma_t) = 0,00016 = 0,016\% = 0,16\permil$$

d) Sicherheit gegen Bruch

Normalspannungshypothese: $\sigma_V = \sigma_1 = \dfrac{R_m}{S_B}$

Sicherheit: $S_B = \dfrac{R_m}{\sigma_1} = 3,1$

Aufgabe 12

a) Normalkraft: $N = 5$ kN

b) Überlagerung von Normalkraft und Biegemoment: $N = 2{,}5$ kN und $M = 12$ Nm

c) Querkraft: $Q = 4$ kN

Aufgabe 13

a) Stabkräfte S_1 und S_2

$$S_1 = \frac{-2F - \sqrt{2} \cdot E \cdot A \cdot \alpha \cdot \Delta T}{1 + \sqrt{2}}$$

$$S_2 = \frac{2F - E \cdot A \cdot \alpha \cdot \Delta T}{1 + \sqrt{2}}$$

b) Knicksicherheit für Stab 1

$$S_K = \left| \frac{(1 + \sqrt{2}) \cdot \pi^2 \cdot h^4 \cdot E}{24a^2 \cdot (-2F - \sqrt{2} \cdot \alpha \cdot \Delta T \cdot E \cdot A)} \right|$$

c) Temperaturänderung ΔT^*, damit Stab 1 unbelastet ist

$$\Delta T^* = \frac{-\sqrt{2} \cdot F}{E \cdot A \cdot \alpha}$$

Aufgabe 14

a) Auflagerkräfte in A und C

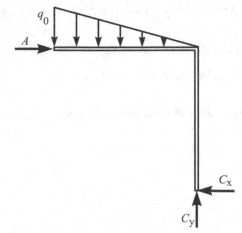

$$A = \frac{1}{3} q_0 \cdot a$$

$$C_x = \frac{1}{3} q_0 \cdot a$$

$$C_y = \frac{1}{2} q_0 \cdot a$$

b) Gleichung der Biegelinie in den Abschnitten AB und BC

$$w(x_1) = \frac{q_0}{24E \cdot I} \cdot \left(x_1^4 - \frac{x_1^5}{5a} - \frac{17}{3}a^3 \cdot x_1 + \frac{73}{15}a^4 \right)$$

$$w(x_2) = \frac{q_0}{3E \cdot I} \cdot \left(\frac{1}{2}a^2 \cdot x_2^2 - \frac{1}{6}a \cdot x_2^3 - \frac{1}{3}a^3 \cdot x_2 \right)$$

c) Maß b, damit die zulässige Spannung σ_{zul} im gesamten Rahmen nicht überschritten wird

$$b = \sqrt[3]{\frac{q_0 \cdot a^2}{15 \cdot \sigma_{zul}}} = 17{,}47 \text{ mm}$$

d) Verschiebung im Lager A für diese Situation

$$w_A = \frac{73}{3600} \cdot \frac{q_0}{E} \cdot \left(\frac{a}{b} \right)^4 = 4{,}46 \text{ mm}$$

Aufgabe 15

a) Stützkraft in Punkt C sowie die Gelenkkräfte in G

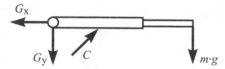

$$C = 2\sqrt{2} \cdot m \cdot g + \sqrt{2}\frac{m \cdot g \cdot s}{a}$$

$$G_x = m \cdot g \cdot \left(2 + \frac{s}{a} \right), \quad G_y = m \cdot g \cdot \left(1 + \frac{s}{a} \right)$$

b) Momentenverlauf im gesamten horizontalen Träger GF (mit Skizze)

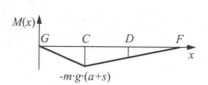

Bereich GC ($0 < x < a$):

$$M(x) = -m \cdot g \cdot \left(1 + \frac{s}{a} \right) \cdot x$$

Bereich CF ($a < x < 3a$):

$$M(x) = -m \cdot g \cdot (a + s - x)$$

c) maximale Länge s_{max} des ausfahrbaren Trägers, dass eine zulässige Spannung σ_{zul} im horizontalen Träger GF nicht überschritten wird

$$s_{max} = \frac{1}{6}a$$

Aufgabe 16

a) Stabkräfte

$S_1 = -2514\,\text{N} \qquad S_2 = -628,5\,\text{N}$

b) Verschiebung im Punkt B

$u_\text{y} = -0,088\,\text{mm}$

c) Knicksicherheit des Stabsystems

$S_\text{K} = 2,4$

Aufgabe 17

a) Widerstandsmoment W_y gegen Biegung (Variante 1: T-Profil)

$$W_\text{y} = \frac{113}{3720}h^3$$

b) Widerstandsmoment W_y gegen Biegung (Variante 2: I-Profil)

$$W_\text{y} = \frac{23}{200}h^3$$

Aufgabe 18

Energie des Stabsystems

$$U = \frac{F^2 \cdot a}{2E \cdot A} \cdot \left(1 + 2\sqrt{2}\right)$$

Anhang

A1 Werkstoffkennwerte für die Festigkeitsberechnung

Werkstoff		R_m N/mm²	R_e, $R_{p0,2}$ N/mm²	ε_B %	E N/mm²
Stähle					
S235JR	1.0037	360	235	26	210000
S355JR	1.0045	510	355	22	210000
C45E	1.1191	700	490	14	210000
C60E	1.1221	850	580	11	210000
42CrMo4	1.7225	1100	900	10	210000
34CrNiMo6	1.6582	1200	1000	9	210000
X3CrNiMo13-4	1.4313	900	800	11	210000
Eisenkohlenstoff-Gusswerkstoffe					
EN-GJL-250	EN-JL 1040	250	165	≈ 0,5	110000
EN-GJS-400-18	EN-JS 1020	400	250	18	169000
EN-GJS-600-3	EN-JS 1060	600	370	3	174000
GS-30CrMoV64	1.7725	850	700	14	210000
Nichteisenmetalle					
EN-AW-AlMg3-H14	EN AW-5754	240	180	4	70000
EN-AW-AlCu4Mg1-T3	EN AW-2024	425	290	9	73000
EN-AW-AlSi1MgMn-T6	EN AW-6082	310	255	10	70000
EN-AW-AlZn5,5MgCu-T651	EN AW-7075	540	460	8	70000
MgAl6Zn-F27	3.5612.08	270	175	8	44000
Kunststoffe					
Polyvinylchlorid, hart	PVC-U	50	20	10	3000
Polyoxymethylen	POM	65	12	25	2800
GFK-Laminat, UP-Harz, Glasfasergewebe 55%		250	50	–	16000

Bei den hier angegebenen Werkstoffkennwerten handelt es sich um eine kleine Auswahl. Weitere Kennwerte sind in [2] und [3] angegeben. Um eine Verwechslung mit der Querschnittsfläche A zu vermeiden, wird in dieser Zusammenstellung die Bruchdehnung mit ε_B bezeichnet.

A2   Sicherheitsfaktoren für die Festigkeitsberechnung

Bezeichnung	Versagensart	Stähle	Duktile Eisenguss-werkstoffe[1]	Duktile Aluminiumknetle-gierungen
S_F	plastische Ver-formung	1,5	2,1	1,5
S_B	Gewaltbruch	2,0	2,8	2,0
S_D	Dauerbruch	1,5	2,1	1,5

[1] nicht zerstörungsfrei geprüft, große Schadensfolgen

S_F: Sicherheitsfaktor gegen plastische Verformung

S_B: Sicherheitsfaktor gegen Gewaltbruch

S_D: Sicherheitsfaktor gegen Dauerbruch

Diese Angaben sind Richtwerte. Detailliertere Angaben sind z. B. in [2] und [3] zu finden. Sicherheitsfaktoren werden im Allgemeinen in technischen Vorschriften und Regelwerken fest vorgegeben.

A3   Dichte, Querdehnzahlen und Wärmeausdehnungskoeffizienten von Werkstoffen

Werkstoff	Dichte ρ [kg / dm³]	Querdehnzahl ν [-]	Wärmeausdehnungskoeffizient α_T [K^{-1}]
Stahl	7,8	0,3	$1,2 \cdot 10^{-5}$
Grauguss	7,2	0,25	$1,0 \cdot 10^{-5}$
Al-Legierungen	2,8	0,34	$2,4 \cdot 10^{-5}$
Cu-Legierungen	8,9	0,36	$1,6 \cdot 10^{-5}$
Mg-Legierungen	1,8	0,34	$2,6 \cdot 10^{-5}$
Plexiglas	1,2	0,36	$7 \cdot 10^{-5}$
GFK	1,7	0,33	$2,5 \cdot 10^{-5}$
Gummi	1,1	0,5	

Die angegebenen Kennzahlen stellen Richtwerte dar. Detailliertere Angaben sind z. B. in [4] und [5] zu finden.

A4   Wichtige Formelzeichen

$a, b, c, d,$ e, f, h, k, l	Abmessungen	[m]
c	Federkonstante	[N/m]
c_B	Federkonstante eines Balkens	[N/m]
c_S	Federkonstante eines Stabes	[N/m]
c_T	Federkonstante bei Torsion	[N/m]
d, D	Durchmesser	[mm]
e	Volumendehnung	[%]
i_{min}	Minimaler Trägheitsradius	[mm]
l	Länge	[m]
Δl	Längenänderung beim Stab	[mm]
l_0	Ausgangslänge	[m]
l_K	Freie Knicklänge	[m]
m	Masse	[kg]
p	Druck	[bar = 0,1 N/mm^2]
p	Flächenlast	[N/m^2]
q	Streckenlast	[N/m]
r, R	Radius	[m]
t	Wanddicke	[mm]
u	Verschiebung in x-Richtung	[mm]
u_i	Verschiebung des Kraftangriffspunktes	[mm]
v	Verschiebung in y-Richtung	[mm]
w	Verschiebung in z-Richtung, Durchbiegung beim Balken	[mm]
w_{max}	Maximale Durchbiegung eines Balkens	[mm]
x, y, z	Kartesische Koordinaten	[m]
y_S^*, z_S^*	Schwerpunktskoordinaten	[m]
z_{max}	Maximaler Randfaserabstand	[mm]
A, A^*	Querschnittsfläche	[mm^2]
$A, B, C,$ F_A, F_B	Auflagerkräfte	[N]
A_0	Ausgangsquerschnitt	[mm^2]
E	Elastizitätsmodul	[N/mm^2]
$E \cdot A$	Dehnsteifigkeit	[N]
$E \cdot I_y$	Biegesteifigkeit	[Nmm^2]

F	Kraft, Last	[N]
F_Z	Fliehkraft	[N]
F_K	Knickkraft, Kippkraft	[N]
G	Gewicht, Gewichtskraft	[N]
G	Schubmodul	[N/mm²]
$G \cdot I_T$, $G \cdot I_P$	Torsionssteifigkeit	[Nmm²]
I_1, I_2	Größtes und kleinstes Hauptträgheitsmoment	[mm⁴]
I_P	Polares Flächenträgheitsmoment	[mm⁴]
I_y, I_z	Axiale Flächenträgheitsmomente bzgl. der y-Achse bzw. der z-Achse	[mm⁴]
I_{yz}	Zentrifugales Flächenträgheitsmoment, Deviationsmoment	[mm⁴]
M, M_B	Biegemoment	[Nm]
$M(x)$	Biegemoment (Schnittmoment)	[Nm]
M_1, M_2	Biegemomente um die Hauptträgheitsachsen	[Nm]
M_{max}	Maximales Biegemoment	[Nm]
$M_T = M_x$	Torsionsmoment	[Nm]
M_y, M_z	Biegemoment um die y-Achse bzw. um die z-Achse	[Nm]
$N(x)$	Normalkraft (Schnittkraft normal zur Querschnittsfläche)	[N]
$Q(x)$	Querkraft (Schnittkraft tangential zur Querschnittsfläche)	[N]
R_e	Fließgrenze oder Streckgrenze	[N/mm²]
$R_{p0,2}$	0,2%-Dehngrenze	[N/mm²]
R_m	Zugfestigkeit	[N/mm²]
S	Stabkraft	[N]
S_y	Statisches Moment bezüglich der y-Achse	[mm³]
S_B	Sicherheit gegen Bruch	[–]
S_F	Sicherheit gegen plastische Verformung (Fließen)	[–]
S_K	Sicherheit gegen Knicken	[–]
S_{Kipp}	Sicherheit gegen Kippen	[–]
ΔT	Temperaturdifferenz	[K]
U	Umfang	[m]
U	Elastische Energie (Arbeit der inneren Kräfte)	[Nm]
$\overline{U}$	Elastische Energiedichte	[N/mm²]
V	Volumen	[m³]
W	Formänderungsarbeit (Arbeit der äußeren Kräfte)	[Nm]
W_P	Polares Widerstandsmoment	[mm³]

W_y, W_z	Widerstandsmomente bzgl. der y-Achse bzw. der z-Achse	$[\text{mm}^3]$
W_B	Widerstandsmoment bei Biegung	$[\text{mm}^3]$
W_T	Torsionswiderstandsmoment	$[\text{mm}^3]$
X	Statisch überzählige Kraft	$[\text{N}]$
α	Winkel	$[°]$
α_H	Hauptspannungswinkel	$[°]$
α_S	Winkel der Hauptschubspannung	$[°]$
α_T	Wärmeausdehnungskoeffizient	$[1/\text{K}]$
γ	Spezifisches Gewicht	$[\text{N/dm}^3]$
γ, γ_{xy}	Schubverformung, Schiebung	$[-]$
ε	Dehnung	$[\%]$
ε_{ges}	Gesamtdehnung	$[\%]$
ε_p	Plastische Dehnung	$[\%]$
ε_T	Thermische Dehnung	$[\%]$
ε_x, ε_y, ε_z	Dehnung in x-, y- und z-Richtung	$[\%]$
ϑ	Spezifischer Verdrehwinkel	$[°/\text{m}]$
λ	Schlankheitsgrad	$[-]$
κ	Krümmung	$[1/\text{m}]$
ν	Querdehnzahl	$[-]$
ρ	Dichte	$[\text{kg/dm}^3]$
ρ	Krümmungsradius	$[\text{m}]$
σ	Normalspannung	$[\text{N/mm}^2]$
$\sigma(x)$, $\sigma(z)$	Spannungsverteilungen	$[\text{N/mm}^2]$
σ_1, σ_2	Hauptnormalspannungen	$[\text{N/mm}^2]$
σ_{max}	Maximale Normalspannung	$[\text{N/mm}^2]$
σ_x, σ_y, σ_z	Normalspannungen in x-, y- und z-Richtung	$[\text{N/mm}^2]$
σ_{zul}	Zulässige Spannung	$[\text{N/mm}^2]$
σ_K	Knickspannung	$[\text{N/mm}^2]$
σ_T	Wärmespannung	$[\text{N/mm}^2]$
σ_V	Vergleichsspannung	$[\text{N/mm}^2]$
σ_α	Normalspannung in einer um α geneigten Schnittebene	$[\text{N/mm}^2]$
τ	Schubspannung, Tangentialspannung	$[\text{N/mm}^2]$
τ_m	Mittlere Schubspannung	$[\text{N/mm}^2]$

τ_{max}	Maximale Schubspannung	[N/mm^2]
τ_{zul}	Zulässige Schubspannung	[N/mm^2]
τ_{xy}, τ_{xz}	Schubspannung	[N/mm^2]
τ_H	Hauptschubspannung	[N/mm^2]
τ_α	Schubspannung in einer um α geneigten Schnittebene	[N/mm^2]
φ	Verdrehwinkel, Neigungswinkel	[°]
$\varphi = \varphi_T$	Verdrehung bei Torsion	[°]
φ_i	Verdrehung des Momentenangriffspunktes	[–]
φ_{max}	Maximale Verdrehung eines Balkens	[°]
ω	Winkelgeschwindigkeit	[1/s]

Diese und auch weitere Formelzeichen werden im Text erläutert.

Literatur

[1] Richard, H.A., Sander, M.: Technische Mechanik. Statik. Wiesbaden: Springer Vieweg, 2012

[2] Wittel, H., u.a.: Roloff/Matek Maschinenelemente. Normung, Berechnung, Gestaltung, Tabellen. Wiesbaden: Springer Vieweg, 2013

[3] FKM-Richtlinie: Rechnerischer Festigkeitsnachweis für Maschinenbauteile. Frankfurt: VDMA-Verlag, 2003

[4] Hütte. Das Ingenieurwissen. Berlin: Springer Vieweg, 2012

[5] Dubbel Taschenbuch für den Maschinenbau. Berlin: Springer Vieweg, 2014

[6] Hahn, H.G.: Technische Mechanik. München: Hanser-Verlag, 1992

Sachwortverzeichnis

Printed in the United States
By Bookmasters